가족사정 핸드북

남순현 저

양 성 원

머리말

살아가면서 용기가 필요할 때가 있다. 처음에 부산에 계신 전영주 교수님으로부터 가족사정책을 발간하자는 제의를 받았을 때, 서울과 부산이라는 거리상의 이유 등으로 거절을 했다. 하지만 솔직히 자신이 없었다. 두 번째 제의는 이화여자대학교 박영숙 교수님께서 척도북을 정리하시면서 연락을 주셨다. 그 당시는 지방대학에 부임하여 교수라는 위치를 공고히 해야 한다는 사명감에서 학생지도에 힘쓰고 있을 때였다. 너무 바쁘다는 이유로 거절했지만, 그 또한, 자신이 없었기 때문이다. 하지만 이제 용기를 내보려고 한다.

현재 시판되고 있는 『가족평가 핸드북(이후 일부 수정하여 현재는 『가족평가』로 발간)』은 연구자들이 사용하기 유용한 평가서로써 지금까지도 많이 활용되고 있는 것으로 알고 있다. 본서는 기존의 저서와 차별화되게 몇 가지를 시도해보았다. 첫째, 이미 석학이 되어 계신 연구자들이라면 이런 수고를 덜하겠지만, 이제 연구를 시작하는 석박사들은 논문을 준비할 때 가족치료책과 가족사정책이 모두 필요하다. 이런 수고를 덜고자 한다. 본서에서는 1부에 국내에서 많이 활용되고 있는 가족치료 접근법을 가족사정을 중심으로 소개한다. 2부에서는 치료현장에서 다루어야 하는 면담, 행동관찰, 가족개념, 생애주기를 통한 가족사정 및 비언어적 매체를 활용한 주관적인 사정을 소개하고, 3부에서는 객관적인 사정을 소개한다. 연구자가 필요하다고 생각되는 모든 사정도구들이 수록되었다고 보아도 과언이 아니다. 그동안 많은 연구자들이 연구를 하면서 척도를 개발하고 보완해온 덕분에 정리하는데도 수월하게 최신 버전의 척도들을 소개할 수 있게 되었다. 아울러, 대부분의 연구자들이 척도 개발시 신뢰도와 타당도의 중요성을 절감하여 보고하고 있기 때문에, 본서에서도 연구자들의 표준화 작업을 생생하게 보고할 수 있었다.

서구에서도 가족 척도를 정리한 서적들이 있다. 예를 들면, 『Handbook of Family Measurement Techniques: Abstract』와 『Family Assessment: A Guide to Methods and Measures』 등이 있다. 본서에서 3부 객관적 사정의 목차는 결혼(이혼, 재혼 포함), 가족기능(구조, 권력 포함), 가족관계(의사소통 포함)라는 3가지 측면으로 구분하여 정리하였다. 또한, 가능한 심리평가에서 이루어지는 개인사정 척도(예, MBTI)는 소개하지 않았다. 기존의 『가족평가 핸드북』에서는 『Handbook of Family Measurement Techniques: Abstract』의 목차에 의거하여 가족문제와 관련된 척도들도 소개하고 있지만, 본서에서는 삭제하였다. 가족문제와 관련 척도들, 예컨대 학대, 알코올중독 등의 척도는 이미 시판되고 있는 『심리 척도 핸드북』에서 손쉽게 찾아볼 수 있기 때문이다.

가장 중요한 것 중의 하나는 본서의 제목이다. '평가(evaluation)'와 '사정(assessment)'에 대한 고민이다. 심리학을 전공한 후, 가족치료에 관심을 갖고 있는 저자는 평가라는 단어가 더 익숙하다. 하지만 개인에 대한 심리평가는 의학적으로 진단하고 평가보고서 작성까지의 마침표가 이루어지는 작업이다. 반면에, 가족치료에서 사정은 가족치료가 이루어지는 기간 동안 그리고 가족치료 후 추후 회기까지도 계속 진행되어 가는 치료과정이다. 이에 본서에서는 가족치료에서 이루어지는 모든 역동적인 과정을 사정이라는 개념으로 정리하였다.

이제 저자의 용기가 빛을 발할 때가 되었다. 저자의 용기에 대한 독자의 화답을 받고자 한다. 가족연구에 관심을 갖은 석박사 연구자, 연구에 매진하고 있는 가족연구전문가와 예비가족치료자와 가족치료전문가라면 누구나 손쉽게 접할 수 있는 가족사정도구들을 소개하고자 한다. 저자 또한, 연구할 때 본서는 많은 도움이 될 것 같다. 디지털 정보화 시대에 출판의 열악한 환경 속에서도 출간을 응해 주신 출판사에 감사한다. 향후 10년 뒤에는 더 좋은 가족사정 핸드북이 발간되길 고대해 본다.

2022년 여름

設木

차 례

PART 1

가족치료모델

가족사정의 필요성

가족은 시공간 차원에서 역동적으로 기능하는 하나의 체계이다. 가족치료에서 가족을 이해하기 위한 가족사정은 반드시 필요하며, 고도의 지식과 기술을 요한다. 가족사정은 초창기에 진단이란 용어로 사용되었다. 그러나 진단(診斷: diagnosis)이란 용어는 증상, 질병, 역기능과 같은 부정적 의미를 내포하는 경향이 있다. 반면에, 사정(査定: assessment)이란 개념은 환자의 잘못된 부분을 포함하기도 하지만, 문제해결, 성장증진, 기능향상, 잠재력 실현, 새로운 자원 개발에 활용될 수 있는 강점, 자원, 건강한 기능, 다른 긍정적 요인들을 평가하는 광의의 의미를 내포한다. 따라서 가족사정(family assessment)이란 가족을 하나의 단위로 보고, 가족 내·외부요인 및 양자 간의 상호작용 등을 파악하기 위해 자료를 수집, 분석하고 종합하여 그 가족에 대한 개입을 계획하는 일련의 과정을 말한다(조흥식 외, 2017, p.85). 가족개입의 궁극적 목적 또한, 가족을 어려움에 처하게 만든 가족의 상호작용 양상을 가족 스스로 이해하게 한 후, 가족이 원하는 변화를 위해 필요한 새로운 행동양식을 가족과 함께 찾아내는 것이다(Tomm, 1987).

개인치료와 달리, 가족치료에서 사정의 중요성이 강조되지 않은 것은 사실이다. 가족치료자는 가족을 변별하기보다는 가족에게 어떤 형태의 가족치료가 바람직한지를 결정하기 위해 사정을 해왔다. 가족사정은 제공한 치료의 방향을 결정하기 위해 가족을 충분히 알아 가기 위한 과정이고, 사정과정은 가족이 어떻게 작용할지에 대한 정보와 가족 안에서 나타난 문제의 기능에 대한 정보를 얻기 위해 가족치료자가 설계하는 연속적인 행위인 셈이다. 따라서 가족치료자는 선호하는 치료접근 외에도 가족치료에 대한 접근법을 충분히 숙지하고 이해하여야 한다.

그렇다면, 가족사정은 왜 실시하는 것인가? 가족사정은 다음과 같은 목적에서 실시한다(Collins, Jordan, & Coleman, 2010). 첫째, 가족이 가족단위로 일하기에 적합한 가족인지를 판단하고, 만일 그렇다면 어떤 개입이 주요 이슈를 다루기에 적절한지를 판단한다. 둘째, 가족에게 어떤 변화가 구체적으로 일어나야 하는지를 규명한다. 셋째, 현실적 목표에 기초해 장단기 목표를 세운다. 넷째, 가족이 바라는 변화를 위해 필요하거나 활용 가능한 환경과 지역사회 자원, 가족의 강점과 자원을 확인한다. 다섯째, 개입결과를 평가하기 위한 기초로 가족기능의 기초선에 대한 정보를 모으고 이해한다. 여섯째, 최종 도달지점을 분명히 하고 가족치료자와 가족이 바라는 결과의 달성을 측정할 수 있도록 상호 동의된 변화표적을 규명한다. 다시 말해서, 가족사정의 목적은 가족이 현재 겪고 있는 어려움은 어떤 것이고, 그 어려움을 지속시키고 있는 가족의 상호작용 양상은 무엇이며, 가족은 자신들의 상호작용 유형 중에서 어떤 점을 변화시키기를 원하는가를 알아내는 것이다.

가족사정의 궁극적인 목적은 가족을 어려움에 처하게 만든 가족의 상호작용 양상을 가족 스스로 이해하게 한 후, 가족이 원하는 변화를 위해 필요한 새로운 행동양식을 가족과 함께 찾아가는 것이다. 가족사정의 기능 중 하나는 가족체계가 어떻게 기능하고 있는가를 발견하는 것이고, 다른 하나는 가족체계의 상호작용 유형에 개입하기 위한 방법을 찾아내는 것이다. 그렇기 때문에, 사정과 개입과정은 별개의 분리된 것이 아니라 상호작용적이며 순환적일 수밖에 없다. 즉, 사정방법은 정보수집전략인 동시에 개입방법인 것이다.

가족치료는 초기단계, 중간단계, 종결단계로 나뉜다. 가족사정은 일반적으로 가족치료의 초기단계에서 이루어지는 것이 사실이다. 가족치료의 초기단계에서 이루어지는 가족사정을 통해 가족치료자는 치료계획을 수립한다. 하지만 가족치료자는 초기단계에서 수집한 가족에 대한 정보에만 의존해서는 안된다. 가족치료는 역동적인 과정이기 때문에 가족치료자는 매 순간 가족의 변화에 깨어 있어야 한다. 아울러, 가족치료 종결단계에서 가족치료자는 추후 회기에 대한 계획을 수립할 수 있어야 한다. 따라서 가족사정은 가족치료의 전 과정에서 이루어진다고 보는 것이 타당하다. 초기사정은 개입을 위한 계획을 수립하는 단계이다. 초기면담부터 시작하여 가족과의 일상적인 대화로부터 사정이 시작된다. 초기사정에서 가장 중요한 것은 라포(rapport) 형성이고, 치료자와 가족 간의 신뢰감과 친밀한 관계형성이 결정적인 역할을 한다. 초기사정단계에서는 환자 가족의 이름, 연령 등을 확인하고, 가족이 문제라고 지칭하는 것과 가족의 강점과 자원 등을 탐색한다. 가족사정은 개인과 가족의 발달단계에 따른 정보도 수집하여야 한다. 이 과정에서 가족치료자는 가족이 가족치료 장면에 오게 된 계기와 가족관계망에 대한 정보를 확인할 수 있다. 개입이 이루어지는 중간단계에서 사정은 가족구조, 하위체계, 가족기능, 가족규칙, 가족신화, 가족환경, 가족의사소통 및 가족원의 욕구와 관심사 등에 대한 탐색이 이루어진다. 가족치료자는 사정에 근거하여 가족이 문제를 지각하고 해결하려는 관점에 대한 개입계획을 설정해야 한다. 치료계획은 가족치료과정에서 새롭게 직면하는 문제에 따라 수정될 수 있다. 이 과정에서 가족치료자는 목표를 달성하기 위한 과제나 개입에 대해 가족과 계약이 이루어지며, 가족치료자의 개입과정에 대한 가족의 생각을 함께 나누기도 한다. 따라서 가족치료자는 사정하는 과정 자체가 치료적 개입이라는 마음가짐을 갖는 것이 중요하다. 이런 의미에서 가족사정은 치료인 동시에 사정이다. 종결단계에서는 환자 가족의 정서적 반응을 확인하고 변화된 가족관계 유형을 확인하며, 재사정하는 작업이 이루어진다(조흥식 외, 2017). 환자 가족이 치료를 종결할 준비가 됐는지 가족치료자와의 정서적 분리를 확인해보는 것이 중요하다. 종결단계의 사정은 치료의 효과를 평가할 수 있는 근거이며, 추후 회기에 대한 계획 설립과정이다. Johnson과 Yanca(2010)의 가족사정틀을 소개하면 표 1과 같다.

표 1 Johnson와 Yanca의 사회력 전개틀: 가족

Ⅰ. 일반적인 정보(기관의 필요에 따라 구성)
  A. 가족원의 이름과 생년월일, 사망일
  B. 결혼날짜, 재혼의 경우 이전 결혼날짜
  C. 종교, 인종, 문화적 배경
  D. 처음 접촉한 날짜, 의뢰자

Ⅱ. 체계로서의 가족(각 회기에서 강점, 자원, 도전기록)
  A. 가족구조
    1. 가족체계 내에서 기능하고 있는 모든 사람 규명
      (체계의 일부로 기능한다면, 확대가족과 비혈연 관계도 포함)
    2. 하위체계: 부부, 부모, 형제, 부모-자녀 하위체계나 그 외 하위체계의 기능과 관계기술
    3. 가족결속력: 가족이 그 체계, 경계, 관계를 유지하는 방법 기술, 가족원 사이의 연결과 분리의 이슈, 가족규칙과 규범, 정서적 분위기 포함
    4. 가족환경
      1) 생활상태
      2) 사회경제적 지위
      3) 지역사회나 이웃의 특징 및 그 가족과 지역사회나 이웃의 관계:
        가족에게 중요한 지역사회 조직과 기관, 이들과의 관계 특성 포함, 지역사회와 이웃 자원 그리고 그 지역사회에서 가족을 위한 책임 및 영향력 기술
      4) 확대가족: 친척, 확대가족 내 중요한 사람, 이 가족체계의 영향에서의 강점, 이로부터 비롯되는 자원 · 책임 · 영향력

  B. 가족기능
    1. 의사소통 양식
    2. 의사결정 양식
    3. 역할수행
      1) 일과 집안일의 기준과 실천
      2) 부모 역할과 자녀양육의 기준과 실천
      3) 체계 구성원 지지: 성장, 격려, 돌봄, 관심
    4. 가족이 습관적으로 적용하고 대처하는 메커니즘
    5. 가족의 생태도 구성

  C. 가족발달 · 역사
    1. 뿌리, 문화집단과 이전 세대가 가족체계에 미친 영향
    2. 가족생애에 중요한 사건
    3. 가족생애 발달단계
    4. 가계도 구성

Ⅲ. 관심사 및 욕구
  A. 이 가족은 왜 기관에 왔는가? 어떤 도움을 요구하는가?

B. 가족원 개인의 욕구
C. 가족 내 하위체계의 욕구(부부체계나 부모체계에 특별한 관심 필요):
적절한 기능을 위해 필요한 변화나 자원, 그 외 원조 규명
D. 가족체계의 욕구: 개인과 하위체계의 욕구가 가족체계에 어떻게 영향을 주는지 고려, 체계로서의 가족의 영향을 주는 환경적인 책임, 기대, 다양한 요인 고려, 가족체계의 욕구 충족 방해물 규명

Ⅳ. 욕구를 충족시킴에 있어 강점과 도전
A. 이 가족은 도움이 제공된 결과로 무슨 일이 일어나기를 원하는가?
B. 도움과 관련된 가족의 생각, 관심, 계획은 무엇인가?
C. 변화 혹은 도움 이용에 대한 가족의 동기는 무엇인가?
D. 대처와 변화를 위한 가족의 역량은 무엇인가? 무엇이 영향을 줄 것인가?
E. (체계 내부)변화를 위한 가족의 자원은 무엇인가?
F. 이 가족의 변화를 지지할 수 있거나 경감시킬 수 있는 환경적인 자원, 책임, 영향력은 무엇인가?
G. 변화와 관련된 가족체계의 동기, 역량, 기회에 영향을 줄 수 있는 다른 어떤 요인이 있는가?
H. 이 가족에 대해 체계 및 환경의 현실적인 기대가 있는가?
I. 욕구 충족과 관련하여 가족의 강점과 도전은 무엇인가?

출처: Johnson, L. C., & Yanca, S. J. (2010). *Social work practice: A generalist approach*. Boston, MA: Allyn and Bacon. pp.314-315.

가족치료모델

가족치료자가 표방하는 접근방법에 따라 가족원 각 개인의 심리적, 정서적 기능을 이해하는 방법은 다르며, 가족사정 방법 또한 다소 상이하다. 하지만 가족사정을 통해서 가족기능을 파악할 수 있다. 1부에서는 Walsh와 Crosser(2000)의 분류에 따른 가족치료 접근방법 중에서 가족치료 장면에서 널리 활용되고 있는 주요 가족치료모델을 가족사정을 중심으로 살펴보고자 한다.

01장 정신역동모델

정신역동가족치료(Psychodynamic Family Therapy)는 가족치료의 전성기인 1960년대와 1970년대에는 주목을 받지 못했다. 하지만 정신분석이 개인을 강조하던 프로이드의 이론에서 벗어나서 관계중심의 대인관계이론으로 이행하면서 정신역동모델은 가족치료장면에서 1980년대에 새롭게 주목받게 되었다. 개인의 내면적 역동에 초점을 맞춘 정신역동모델은 클라이언트의 성적, 공격적 본능의 추구를 강조한다. 정신역동모델의 기본 개입은 환자가 성적, 공격적 본능을 충분히 충족하였는지에 대한 분석이다. 정신분석을 토대로 가족치료자는 환자가 겪고 있는 내적·심리적 갈등과 이에 따른 개입계획, 환자의 변화에 대한 동기 등을 정확하게 지적해내고, 치료관계에 대한 환자의 능력을 파악하게 된다.

대상관계이론이 정신분석과 가족치료를 연결해 주는 교량역할을 하였다고 하지만, 기본적으로 정신역동모델은 정신분석과 체계론적 관점의 통합이라고 볼 수 없다. 절충적 접근이다(Nichols & Schwartz, 2001). 정신역동모델에서는 가족 내의 개인들이 성장하도록 도우며, 주로 과거가 현재에 미치는 영향에 초점을 맞춘다. 많은 가족치료 선구자들이 정신분석에 기초한 훈련을 받았으며, 주요 인물로는 애커만(Nathan Ackerman)과 보스조르메니 내지(Ivan Boszormenyi-Nagy) 등이 있다.

프로이드가 가족에 관심을 가졌다는 사실은 널리 알려져 있다. 그러나 치료에 가족을 포함시키는 그의 시도는 소극적이었다. 본격적으로 정신역동을 가족치료에 접목시킨 사람은 애커만이라고 할 수 있다. 그는 『가족생활의 정신역동(The psychodynamics of family life, 1994)』이란 저서를 통해서 가족은 안정적이고 예측 가능한 경우가 매우 드물다고 주장하였다. 그는 어려움을 겪고 있는 한 개인을 가족에서 고립시키거나 격리하기보다는 가족 안에서 치료할 때 보다 나은 변화를 가져올 수 있다고 역설하면서, 개인의 무의식에 대한 정확한 이해를 위해서는 가족상호작용이라는 현실적 맥락에 대한 이해가 선행되어야 함을 강조하였다. 보스조르메니 내지는 1975년 펜실베니아에 가족치료센터를 설립하고 맥락적 가족치료를 시도하였다. 맥락적 가족치료에서는 가족 내의 윤리적 책임을 강조한다. 그럼에도 불구하고, 그는 가족 개개인의 주관적 경험과 무의식적 역동성을 무시하지 않았다. 그는 치료자의 중요한 역할은 현재의 증상에 연결된 부정의 연쇄고리를 찾아내는 것이라고 보았다. 맥락적 치료에서 증상은 가족충성심의 증거이며, 가족집단의 이익을 위한 특정 가족원의 성장을 희생시킨 결과이다.

1. 문제에 대한 시각

정신역동모델의 주된 관심 대상은 개인이다. 정신역동모델은 원가족에서 분리되어 성장하는 것, 즉 개체화 또는 분화를 강조한다. 따라서 치료의 목표는 개인을 가족에게서 해방시키는 것이라고 보아도 과언이 아니다. 정신역동모델은 기본적으로 개인의 행동과 감정, 생각 등이 우연히 일어난 것이 아니고, 무의식적인 성적 · 공격적 충동에 의한 것이라고 가정하는 결정론적 관점(endogenous perspective)에 바탕을 둔다. 정신역동 가족치료자는 현재 나타나고 있는 개인의 행동 이면의 숨겨진 동기를 직면시켜줌으로써 그들의 통찰력을 키운다. 정신역동 가족치료과정은 환자가 현재의 문제를 이해할 수 있도록 하는데 그 목적이 있기 때문에, 현재 문제에 대한 치료적 처방을 제공하는 것이 아니고, 환자의 통찰력 혹은 문제인식능력과 이해력을 향상시키는 것에 초점을 맞춘다.

그러나 사고와 감정을 수정하는 것이 정신분석치료의 중요한 과제인 반면, 정신역동적 가족치료자는 행동의 변화를 파악하고 분석하는데 많은 관심을 가진다. 정신분석적 개념의 대부분은 개인 또는 이인체계에 관한 것인데 비하여, 정신역동적 가족치료자들은 보다 큰 관계체계를 다루어야 하므로 가족의 정신 내적인 부분만이 아니라, 가족원 간의 역동성도 고려한다. 대표적인 인물이 후라모(Framo)다. 그는 대상이론을 가족치료에 적용시켰다. 그는 치료과정을 통하여 내담자가 환자에게 상당한 영향을 주고 있는 어머니나 다른 중요인물의 기억이 내면화되어 있다는 사실을 의식할 수 있어야 한다고 생각하였다. 따라서 그는 가능한 많은 친척을 참가시켜서 낡고 반복되는 관계의 양상을 파괴하려고 시도하였다.

2. 사정기법

정신역동적 가족치료자는 가족 사정에 소극적이다. 그들은 치료의 마지막 단계에서야 가족에 대한 최종적 진단을 한다. 그들은 초기에 행해지는 사정을 단지 치료를 시작하기 위한 준비단계로 생각한다. 예비적인 정신분석적 사정을 한 후에 치료자는 치료에 누구를 포함시킬 것인지를 결정한다. 따라서 대부분의 정신역동적 가족치료자는 가족 중 언어적, 지적 수준이 높은 성인 중심의 치료를 선호한다.

1) 자유연상기법

자유연상(free association)은 무의식을 탐구하기 위한 방법이자, 정신분석의 주요 치료기술이다. 정신분석적 접근에서는 환자가 자유연상을 통해 무의식적인 것을 표면화하도록 하는 것이 이상적이라고 생각한다. 자유연상을 통해 환자는 억압된 충동을 발견하고 무의식을 의식수준으로 전환할 수 있도록 한다(Frick, 1991).

정신역동적 가족치료자도 이와 동일한 접근방법을 따른다. 가족구성원은 그들의 관심을 치료자의 방해나 지시 없이 자유롭게 이야기하게 된다. 정신역동적 가족치료자들은 가족이 사고나 감정을 자유롭게 표현하는 것에서부터 기본적인 관심에 대한 중요한 단서를 제공받을 수 있다고 믿기 때문에 전통적인 가족치료자들보다 비지시적이다. 가족들은 자유로운 치료적 분위기에서 의미없이 떠오르는 생각들과 갈등을 표현하게 된다. 가족치료자는 생각과 갈등을 가족의 과거 경험과 현재의 문제와 연관하여 분석하고 이해하며, 이를 가족에게 해석해줌으로써 가족의 문제 이해와 통찰력을 향상시킨다.

2) 저항

저항(resistance)은 치료를 방해하는 의식적 또는 무의식적 행동을 지칭한다(Rosenthal, 1987). 저항이 일어나는 원인은 다양하지만, 일반적으로 저항이 나타나는 이유는 갈등과 고통을 피하기 위해서 나타난다. 전이적 저항(transference resistance), 즉 환자가 관계에서 발생하는 전이로 인해 문제해결이나 치료에 저항하는 것과 방어적 저항(defense resistance), 즉 외부로부터 유발되는 변화의 위험에 자아를 보호하기 위해 활용하는 방어기제가 저항의 형태로 재발하는 것이 원인이 될 수 있다(Rosenthal, 1987).

가족치료에서 저항은 결탁 양상을 띠기도 하며, 개인치료에서보다 더 자주 드러나는 행동이다. 저항의 흔한 형태로는 개인치료를 요구하거나, 다른 가족원보다 많은 이야기를 가족치료자와 나누고 싶어 하거나, 갈등의 주제를 회피하거나, 문제가 있는 상황에서 자신의 역할을 거부하는 등의 여러 가지 형태로 나타난다. 다라서 정신역동적 가족치료자는 저항을 드러내는 초기에 그것을 해석함으로써 저항의 문제를 해결하려고 한다. 저항을 해석하는 기법은 환자 스스로 저항에 대한 통찰력을 갖게 하는 정신분석적 개인치료에서와는 달리, 정신역동적 가족치료자는 가족의 통찰이나 이해를 적극적으로 도우며, 더 나아가 가족이 문제에 대하여 무엇을 할 것인지를 생각하도록 촉구한다.

3) 전이

전이(transference)란 이전에 알았던 사람과 현재의 사람을 동일시하여 이전에 느꼈던 감정을 현재의 사람에게 옮기는 현상이다. 개인적 정신분석에서 필수 요소인 감정전이는 정신역동 가족치료에서도 중요하게 다룬다. 가족원은 종종 원가족에서 경험한 과거의 억압된 가족관계의 심상을 현재의 가족원이나 치료자와의 상호작용에서 드러낸다. 정신역동적 가족치료의 목표는 가족의 저항을 극복하고 현재의 감정전이 안에서 과거를 짚어가는 것이다. 따라서 정신역동적 가족치료자는 가족이 보이는 전이행동과 정서적 반응을 분석하고 해석하여 가족원이 자신의 기본적인 반응형태를 통찰할 수 있도록 하며, 새로운 반응형태를 모색하고 습득할 수 있도록 돕는다.

4) 역전이

역전이(countertransference)는 가족치료자가 과거에 다른 사람에게 가졌던 감정을 현재의 가족원에게서 느끼는 현상이다. 어떤 가족치료에서건 치료자의 역전이는 현재의 가족이 지니고 있는 문제를 객관적으로 볼 수 없게 하고, 치료적 · 전문적 관계를 위협한다(Strean, 1996). 정신분석적 치료에서 프로이드는 역전이를 치료자의 무의식적 감정에 가족원이 영향을 줌으로써 나타나는 결과라고 보았고, 최대한 신속하게 극복되어야 한다고 지적하였다.

5) 해석

정신분석적 치료에서 해석은 다양한 의미를 지닌다. 해석(interpretation)은 행동에 대한 무의식적 의미와 환자의 의사소통 및 행동의 중요성에 대해 가족치료자가 갖고 있는 추론과 결론이고, 가족치료자가 결론과 추론에 대해 환자에게 제공하는 의사소통이며, 가족치료자에 의해 행해지는 모든 해설-직면, 명료화, 질문 등이다. 또한, 해석은 통찰의 수단을 통해 역동적 변화를 노린 언어적 개입이다. 해석은 세 가지 유형으로 분류된다. 발견적 해석은 감춰진 소망들이 의식으로 드러나는 것을 의미하고, 연결적 해석은 환자의 현재 상황이 과거와 어떻게 연결되어 왜곡되어 있는지 파악하는 것을 의미하며, 통합적 해석은 다양한 자원들로부터 협력하는 것을 포함한다(Strean, 1996). 정신분석 가족치료자는 환자에게 도움을 제공해 줌으로써, 환자의 현재 문제에 해결책을 제시하거나 이를 모색하도도록 돕기보다는 과거의 경험이 현재의 문제와 어떤 연관이 있는가를 이해할 수 있도록 돕는데 초점을 둔다.

정신역동적 가족치료에서도 해석은 중요한 기법이다. 그러나 정신역동적 가족치료자는 해석시 다른 기법도 활용하는 경향이 있다. 또한, 가족에 의해 드러난 것에 대한 해석을 제한하고, 그들이 하는 해석의 수도 제한하여 한 면담에서 전형적으로 2-3개로 해석을 제한한다. 정신역동적 가족치료자는 부모와 어린 시절의 기억이 어떤 상호작용이 있는지에 특별한 관심을 둔다. 현재 가지고 있는 가족갈등의 역사적 근원이 드러나면, 가족원이 과거를 재연하고 있는지의 여부와 어린 시절의 왜곡된 심상 등에 대한 해석이 내려진다.

02장 보웬모델

보웬가족치료(Bowen Family Therapy)는 정신분석적 원리와 실제에 직접적인 영향을 받은 치료모델이다. 보윈가족치료는 정신역동적 접근방법과 체계적 접근방법의 가교적 역할을 했다는 점에서 높이 평가된다. 자연과학에 대한 보웬(Bowen)의 이해는 인간의 정서기능과 행동에 대한 새로운 이론, 즉 가족체계이론을 발전시킨 폭넓은 연구와 광범위하고 다양한 정신질환을 앓고 있는 문제를 가지고 있는 사람(Identified Patient, IP) 가족들과의 임상경험에서 나온 것이다. 보웬은 가족체계이론을 하나의 체계로써 가족이 하위 종간에서 발견되는 정서기능을 자연스럽게 표현하는 과정에서 개념화하였다. 신체적, 정서적, 사회적, 임상적 역기능은 인간이 하위 종족과 동일하게 가지고 있는 정서통제 방식과 관계가 있다. 더 나아가, 보웬은 가족정서기능의 차이를 질적인 측면보다는 양적으로 수량화하였다. 정서체계 혹은 정서단위로써의 가족개념은 그 시대에 지배적이었던 정신의학이론에 혁신적인 도전이었고, 동시에 가족치료라는 새로운 형태의 치료를 탄생시켰다(남순현, 2012; Papero, 1990). 보웬은 치료를 위한 포괄적인 이론을 구축하려고 노력하였으며, 이론정립과 함께 치료기법 개발의 중요성을 인식하였다. 그는 치료는 인간형동의 정신의학적 직관이나 임상적 판단 위주에서 벗어난 보다 객관적이고 예측이 가능한 것이어야 한다고 주장하였다(남순현, 전영주, 황영훈,

2005; Kerr & Bowen, 1988).

보웬은 가족의 의미있는 변화는 반드시 전체 가족에게서 나타나는 것이 아니라고 생각한 점에서, 그 당시 체계이론을 지향하는 대다수 가족치료자와 견해를 달리한다. 보웬은 나머지 가족원에게 영향을 미칠 수 있는 한 사람의 변화가 전체 가족의 변화의 시작이 될 수도 있다고 주장하였다. 체계이론을 지향하는 가족치료자들과 마찬가지로 보웬은 가족을 하나의 체계라고 생각하지만, 그는 가족을 정서와 인간관계체계의 결합체라고 보았다. 그는 가족문제의 대부분을 가족원이 자신의 원가족에서 심리적으로 분리되지 못하는 데서 기인한 것이라고 주장하였다. 따라서 보웬가족치료의 목표는 가족원이 원가족의 자아집합체로부터 자신을 분리시켜 독립하여 자율적으로 기능할 수 있도록 돕는 것이다.

1. 문제에 대한 시각

보웬 가족치료의 기본적 관점은 정서체계의 세대 간 전수이고, 문제행동은 세대로 전수된 불안의 산물이다. 다시 말해서, 문제행동은 한 세대에서 다른 세대로 전수된 정서적 융합의 결과이다. 따라서 이러한 다세대에 걸친 삼각관계(triangulation)를 이루고 있는 사람을 관계에서 해방시키는 탈삼각관계가 바로 보웬가족치료의 목표이다. 다시 말해서, 보웬가족치료는 불안을 감소시키고, 자기분화를 증가시키는 것이다. 보웬은 인간은 해결되지 않은 부모와의 정서적 반응을 가지고 있으며, 새로운 깊은 관계를 형성하기 위해서는 가족에 대한 해결되지 않은 정서적 융합을 수동적으로 수용하거나 거부하기보다는 적극적으로 해결하여야 한다고 본다. 따라서 자기분화는 보웬가족치료에서 치료의 목표인 동시에 성장 목표이다. 미분화된 가족자아집합체에서 자신을 분리 독립시켜 정체감을 형성하고, 자기 충동적 · 정서적 사고와 행동에서 자유를 획득해 나갈 수 있도록 돕는 것이 바로 보웬가족치료의 목표이다.

2. 사정기법

보웬가족치료의 목표는 기본적으로 가족원의 원가족으로부터의 자기분화이다. 치료 목표를 위해 가족치료자는 가족원이 상대적으로 분화되어 불안 수준을 낮추고, 원가족과 좋은 정서적 관계를 형성하도록 도와야 한다.

1) 자기분화

보웬이론의 핵심은 자기분화이다. 자기분화(self differentiation)는 정신 내적 측면과 대인관계를 포괄하는 개념이다. 정신 내적 측면에서 자기분화는 지적기능이 정서적 기능에서 얼마나 분리되어 있는가를 의미한다. 대인관계적 측면에서 자기분화는 자기분화가 잘 이루어지지 못한 사람은 확고한 자기분화를 발달시키지 못하고, 거짓 자기(pseudo-self)가 발달되어 자신의 일관된 신념을 가지고 자주적이며 독립적인 행동을 하지 못한다. 즉, 자기분화는 감정과 사고의 분리, 자신과 다른 사람의 분리를 모두 포함한다. 자기분화는 감정과 사고를 분리시키는 능력이기 때문에, 보웬은 남성이 여성보다 분화가 잘 되어 있다고 본다. 이는 여권론자의 입장에서 보웬의 이론이 남성중심적 이론이라고 비판을 받고 있는 부분이다(남순현 외, 2005; Kerr & Bowen, 1988).

2) 가족분화

앤더슨과 사바텔리(Stephen A. Anderson & Ronald M. Sabatelli, 1992)는 보웬의 자기분화 개념을 확장하여, 가족분화 개념을 소개하였다. 기본적 관점은 보웬의 자기분화 개념에 토대를 두고 있으며, 보웬이 강조한 대인관계적 측면을 보다 정교화시켰다. 앤더슨과 사바텔리(1992)는 가족분화를 연결성과 분리성의 균형의 정도를 조정해 주는 가족 내 거리조절 유형 또는 상호작용 유형이라고 개념화한다. 보웬은 원가족과의 분화를 강조한 반면, 앤더슨과 사바텔리(1992)은 가족원의 분화 정도의 상호작용을 강조한다. 예를 들면, 아버지와 딸의 가족분화 수준은 아버지가 딸에게 분화되어 있는 정도와 딸이 아버지와 분화되어 있는 정도의 곱이다. 그러나 가족분화수준이 높은 사람일수록 가족기능을 잘하며, 이성관계에서도 높은 분화수준을 보인다는 점에서는 보웬의 자기분화 개념과 일맥상통한다.

3) 가계도

가계도(genogram) 작성은 가족에 대한 정보를 수집하고 가족과 합류하여 가족의 평가를 돕는 과정이다. 가계도는 3세 이상에 걸친 가족원에 관한 정보와 그들 간의 관계를 도표로 기록하는 작성방법이다(McGoldrick & Gerson, 1985). 가족치료자는 가족에게 가계도의 이론적 근거를 설명하면서 가계도의 작성을 알린다. 가계도 작성은 가족치료자가 가계도를 통해서 가족배경이 현재의 문제에 어떻게 영향을 미쳤는지 등의 가족의 기원에 관한 정보를 얻을 수 있는 효과적인 수단이라는 점을 가족에게 인지시키면서 시작된다.

가족은 여러 세대에 걸친 가족의 정서체계를 도식화하면서 가계도를 완성해 나간다. 가족이 가계도를 완성하가는 과정에서 가족치료자는 3세대 이상의 가족에 대한 정보가 도식화되어 있는 가계도를 통해서 가족원 각 개인과 가족 속에서 반복되어 나타나는 유형이나 사건을 파악한다. 또한, 가족치료자는 가계도에 도식화되어 있는 가족관계와 기능의 유형을 살펴봄으로써, 원가족과 삼각관계 형성과 변화과정을 체계적으로 탐색하게 된다. 다시 말해서, 가계도는 현재와 과거의 가족 유형을 통해서 각각의 가족 유형이 지닌 여러 가지 역기능적 구조를 파악하는 데 도움을 준다.

가계도의 사례적 이해를 돕기 위해, 베토벤의 가계도를 소개하고자 한다.

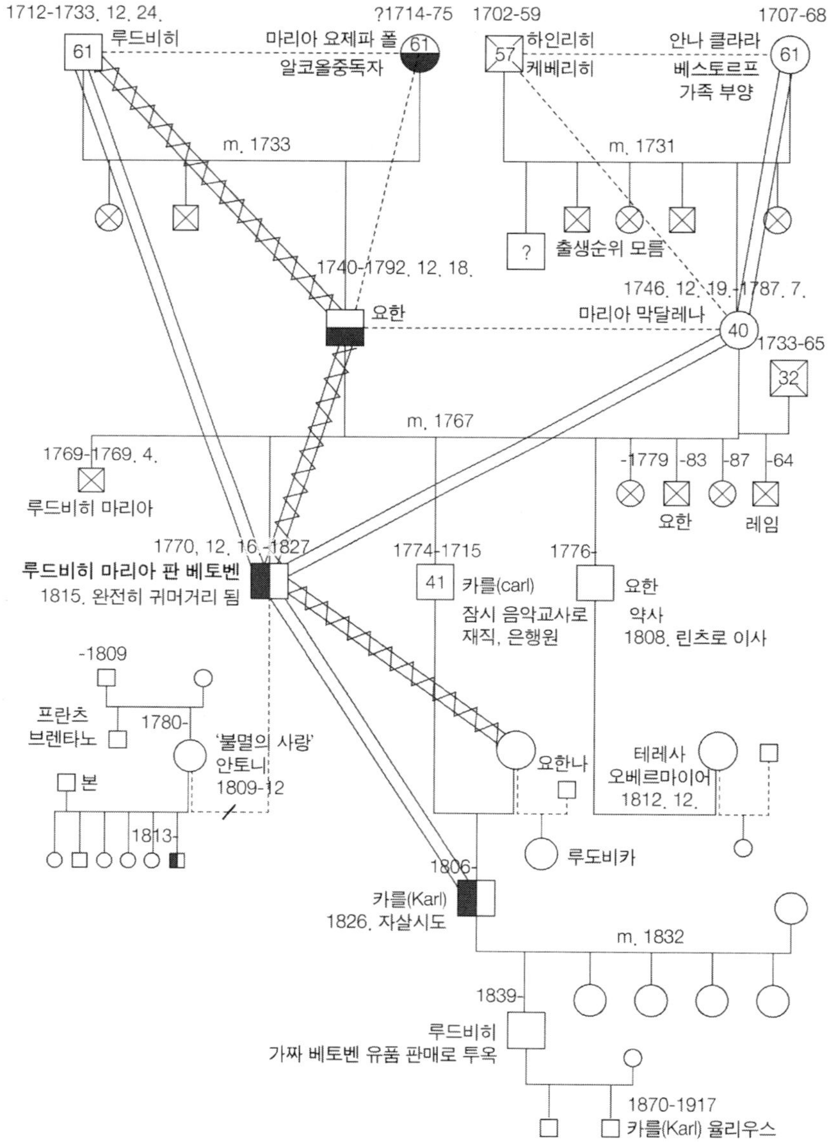

그림 1 **베토벤의 가계도**

출처: 남순현, 황영훈 역(2007). 가계도 분석을 통해 본 세계 유명인의 가족비밀. 서울: 학지사. p.138.

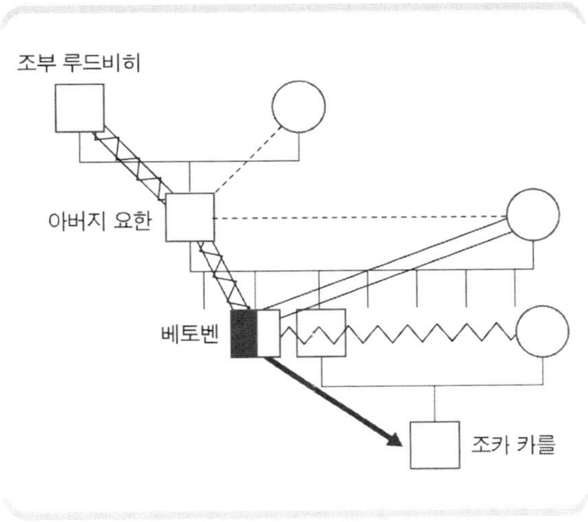

그림 2 **베토벤 가족의 정서적 역동**

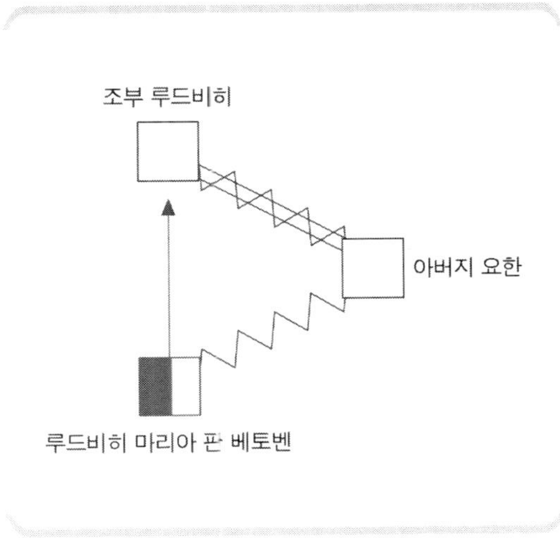

그림 3 **베토벤, 아버지 그리고 할아버지와의 삼각관계**

작곡가 루드비히 판 베토벤(Ludwig van Beethoven)의 가계도(그림 1)를 통해서, 우리가 확인할 수 있는 사실은 가족 내 삼각관계가 지배적이라는 사실이다. 첫째, 3세대에 걸친 융합과 갈등이다(그림 2). 아버지 요한은 알코올중독자 어머니 마리아와 소원한 관계를 보이지만, 아버지 루드비히와는 융합관계 속에서 갈등을 보이고 있다. 베토벤의 할아버지 루드비히와 그의 유일한 아들이자 베토벤의 아버지인 요한은 알코올중독으로 수도원에 보내진 할머니를 소외시키고 친밀한 관계를 맺었다. 할아버지는 비록 베토벤이 3세에 죽었지만, 베토벤은 할아버지를 우상처럼 숭배했다. 재능있는 가수이자, 독일 본의 성가대 지휘자이며, 성공한 주류상인인 할아버지 루드비히는 아버지 요한의 어린 시절 그에게 따뜻하고 다정했지만, 요한이 재능이나 창의력이 부족한 것을 알게 되면서 지나칠 정도로 독설적이고 간섭이 심해졌다. 사태는 더욱 악화되어 할아버지는 아버지를 계속 게으름뱅이라고 불렀고, 아무짝에도 쓸모없는 놈이라고 여기저기 떠들고 다녔다. 할아버지의 예언대로, 아버지 요한은 알코올중독의 주정뱅이가 됐고, 어린 아들 베토벤을 연습시키는데 잔혹할 정도로 독재적이어서 가족 전체를 곤혹스럽게 했다. 이런 3세대의 역기능은 아버지와 동일하게 루드비히라고 불린 할아버지 사이에서 베토벤을 3세대 간의 삼각관계에 놓이게 한다. 어린 시절 베토벤은 술주정뱅이에 학대수준의 엄격했던 아버지의 훈육을 견디기 힘들어 했고, 오히려 할아버지의 재능을 숭배하고 동경하면서 삼각관계를 형성했다(그림 3).

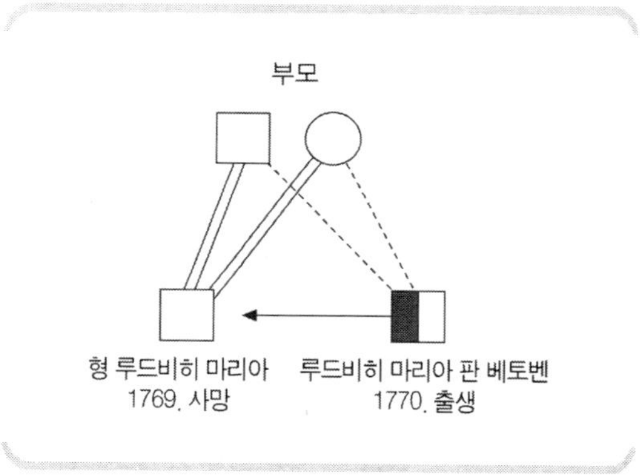

그림 4 아동기 베토벤, 부모 그리고 죽은 형과의 삼각관계

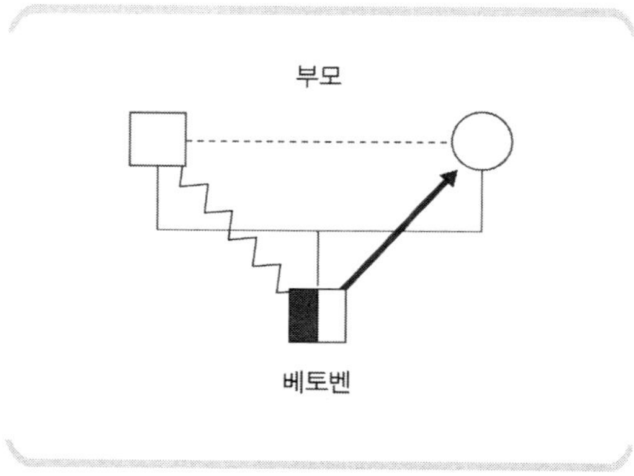

그림 5 성인기 베토벤과 부모와의 삼각관계

둘째, 베토벤의 이름에 얽힌 비밀이다. 어머니 마리아 막달레아 케베리히(Maria Magdalena keverich)와 아버지 요한 판 베토벤(Johan van Beethoven)은 7명의 아이를 낳았지만, 오직 3명만 생존했다. 첫째 루드비히 마리아(Ludwig Maria)는 1769년 태어난 지 6일 만에 죽었고, 둘째 루드비히 마리아 판 베토벤(Ludwig Maria van Beethoven)은 1770년 12월 16일에 태어났지만, 항상 자신의 생일과 죽은 형의 생일만이 아니라 형제 간의 이름을 혼동하면서 성장했다. 따라서 베토벤은 태어나면서부터 부모와 동일한

이름을 지닌 얼굴도 단 한 번 본 적이 없는 어릴 때 죽은 형과의 사이에서 형제간의 삼각관계에 놓이게 된다(그림 4).

성장하면서 핵가족의 장남인 베토벤은 결국 부모와 고통스러운 삼각관계를 맺게 된다(그림 5). 베토벤은 아버지를 외부인의 비난에서 막았고, 만취한 아버지를 경찰이 잡으러 왔을 때에도 필사적으로 경찰을 저지했다. 하지만 그는 슬픔에 잠겨 오랫동안 고통받고 있는 온화한 어머니의 편에 서서 자신을 아버지에게서 분리시켜 삼각관계를 피하려고 했지만, 어쩔 수 없이 부모와의 삼각관계 속으로 끌려들어 갔다. 17세에 어머니가 결핵으로 사망하자, 그는 가족을 부양해야만 했다. 아버지는 현실을 체념한 채 주로 술독에 파묻혀 자포자기한 삶을 살았다. 베토벤은 아버지의 보호자가 됐다. 심지어 아버지의 연금까지도 지불해 주어야만 했다. 그것은 베토벤을 당혹스럽게 했고, 아버지에게 엄청난 굴욕을 주었다. 베토벤의 수많은 편지 어디에서도 아버지의 이름은 언급된 적이 없고, 아버지 요한이 죽어갈 때 그는 집을 떠났다.

베토벤의 성인 시절도 삼각관계의 연속이다. 베토벤의 불멸의 연인으로 잘 알려져 있는 안토니 브렌타노(Antonie Brentano)와의 관계가 삼각관계였고, 성인 형제들과의 관계도 삼각관계였다. 특히, 베토벤은 막내 동생(Johann)은 물론, 바로 밑의 남동생(Carl) 아들인 조카 카를(Karl)에 대한 집착이 심했다. 예견된 일이었지만, 남동생 부부와 화해했을 때에는 조카 카를과 삼각관계에 놓이게 된다(그림 2). 이 관계는 조카를 학대한 사실이 만천하에 알려지면서, 조카와의 융합을 꿈꿨던 베토벤의 시도도 끝났고, 결국 조카 카를은 1826년에 자살을 시도했다.

베토벤의 가계도처럼, 수많은 가족의 가계도는 가족의 정서적 역동의 변화 속에서 다양한 모습으로 드러나고, 가족에 대한 다채로운 정보를 제공한다. 가계도는 비지시적이고, 간단하게 가족의 역사를 들여다볼 수 있으며, 그 안에서 다양한 가족관계와 가족의 역기능 등을 파악할 수 있다는 장점을 지닌다. 앞으로도 가계도는 많은 가족치료자들이 활용할 수 있도록 폭넓은 자료를 제공할 것이다. 하지만 가계도는 가족치료와 맞먹는 오랜 역사에도 불구하고, 면담의 표준화, 가계도의 신뢰도와 타당도 부분에서 임상적 활용성이 떨어진다는 비평을 받았다. 그럼에도 불구하고, 가계도의 심리측정적 특성을 검토한 해스-커닝햄(Hass-Cunningham)의 가계도 연구, 로저스와 동료들(Rogers et al.)의 체계적인 연구와 이후 학자들의 많은 연구들과 노력으로 가계도의 임상적 유용성과 신뢰도는 높이 평가받고 있다.

03장 경험적 모델

경험적 가족치료는 인본주의 심리학에 뿌리를 두고 있는 모델이다. 경험적 가족치료의 주요 목적은 가족원의 성장(growth)이고, 경험을 통해 가족원의 성장을 돕고자 하는 치료모델이다. 가족 고유의 갈등과 행동양식에 맞는 경험을 제공해 줌으로써, 가족원이 자발적으로 자신을 드러내 보일 수 있는 기회, 표현의 자유, 개인의 성장 등을 촉진한다. 가족의 역기능 양상은 다양하며, 그것이 가족에게 주는 경험 또한 다양하다. 경험적 가족치료에서 가족치료자는 과거보다는 현재에 초점을 맞춰야 하며, 가족원과 솔직한 관계(genuine relationship)를 형성해야 한다. 경험적 가족치료에서 중요한 것은 기법이 아니다. 가족치료자는 최선을 다하는 개인적 관여(personal involvement)를 하여야 하며, 치료자 자신이 개방적으로 정직하게 자발적이어야 가족에게 '참된 개인(real person)'이 되도록 가르칠 수 있다. 대표적 인물로는 인본적이고 현상학적 관점에 영향을 받은 휘태커(Carl Whitaker), 사티어(Virginia Satir), 네이피어(August Napier) 등이 있다. 사티어는 가족원이 서로를 배려하고 수용하는 방법을 가족에게 제시함으로써 가족은 두려움을 극복하고 서로에게 자신의 마음과 경험을 개방할 수 있다고 주장한다. 반면에, 휘태커는 구조화된 기법보다는 가족과 함께 있으며, 치료 상황에 따라 창조적이고 자발적인 개입방법을 사용할 것을 제안한다. 사티어의 경험적 가족치료에 비해, 휘태커의 상징적 경험주의 가족치료는 국내에 잘 소개되어 있지 않지만, 관심을 갖고 좀 더 가까이 접하고 싶다면 『가족을 위로한다(The family crucible, 2012)』의 브라이스(Brice) 가족의 사례를 살펴보라.

1. 문제에 대한 시각

경험적 가족치료의 목표는 가족의 성장이다. 개인의 증상을 감소시키거나 사회적인 적응을 증가시키는 것도 중요하지만, 기본적 목표는 내면의 경험과 표현 행동이 일치하는 개인적 통합의 증가, 선택에 대한 보다 많은 자유, 덜 의존적이 되는 것, 개인과 가족원 간의 욕구와 감정에 대한 자각을 통한 성장 등이다(송성자, 정문자, 1994, p.38). 따라서 경험적 가족치료에서 증상의 경감이나 사회적응은 자아실현, 개인의 통합, 선택의 자유 등 부수적인 것에 지나지 않는다. 휘태커 상징적 경험주의 가족치료에서 치료적 초점은 IP와 가족의 성장이기 때문에, 경험을 통해서 가족원의 성장을 돕는 치료과정에서 일어나는 일과 치료자를 포함한 모든 참여자의 느낌과 경험 그리고 생각을 공유하는 것을 중시한다. 휘태커는 가족치료자로서 자발적이고 창조적인 모습을 보여준 좋은 예다. 휘태커는 IP에게 개방성과 진실성을 격려하는 가족치료자라면 치료자 자신이 먼저 개방적이고 진실해야 한다고 믿었다. 한편, 사티어의 성장의사소통치료는 가족치료는 무엇보다 성장 과정의 체험 연습이라는 관점을 지니고 있으며, 자신의 자존감을 높이고 자기인생에 대한 선택권을 스스로 갖도록 돕는 개인의 성장을 최대의 목표로 삼는다. 인본주의의 영향을 받은 사티어는 인간은 근본적으로 성장하려는 잠재력과 생명력을 가지고 태어나기 때문에, 부모로부터 무조건적 수용을 받게 되면 건강하게 성장한다고 주장하는 종자모델을 강조한다. 가족치료자는 이러한 치료 목표를 가지고 star(사티어는 IP를 star라고 칭했음)에게 변화가 일어날 수 있도록 수용적이며 긍정적인 분위기를 만들어야 한다.

2. 사정기법

1) 원가족 도표

원가족 도표(family of crigin map)는 앞서 살펴본 보웬의 가족치료에서 사용하는 가계도와는 구성과 내용에 있어서 차이가 있다. 원가족 도표는 원가족의 맥락에서 개인 심리의 내적 과정과 가족과의 상호작용 및 가족의 역동성을 이해하고 평가한다(정문자, 2003). 원가족 도표를 통해서 가족치료자는 가족원의 성격, 자존감 정도, 의사소통 유형, 가족규칙, 가족의 역동성, 가족 내 상호작용, 세대 간 유사점과 차이점, 그리고 사회와의 연계성 수준을 파악할 수 있다. 또한, star가 높은 자존감을 갖고 일치된 의사소통을 하기 위해서 어떤 변화가 필요한지를 파악할 수 있다.

원가족 도표는 자신의 기억과 경험, 그리고 가족의 역사를 잘 아는 가족원, 특히 부모와의 면담에 기초하여 작성되지만, 정확한 정보를 얻기 어려울 때는 star가 추리하거나 상상하여 기록하여도 된다. 원가족 도표는 star의 원가족 도표, star의 어머니 원가족 도표, star의 아버지 원가족 도표 3장으로 구성된다. 원가족 도표의 작성 예는 그림 6과 같다.

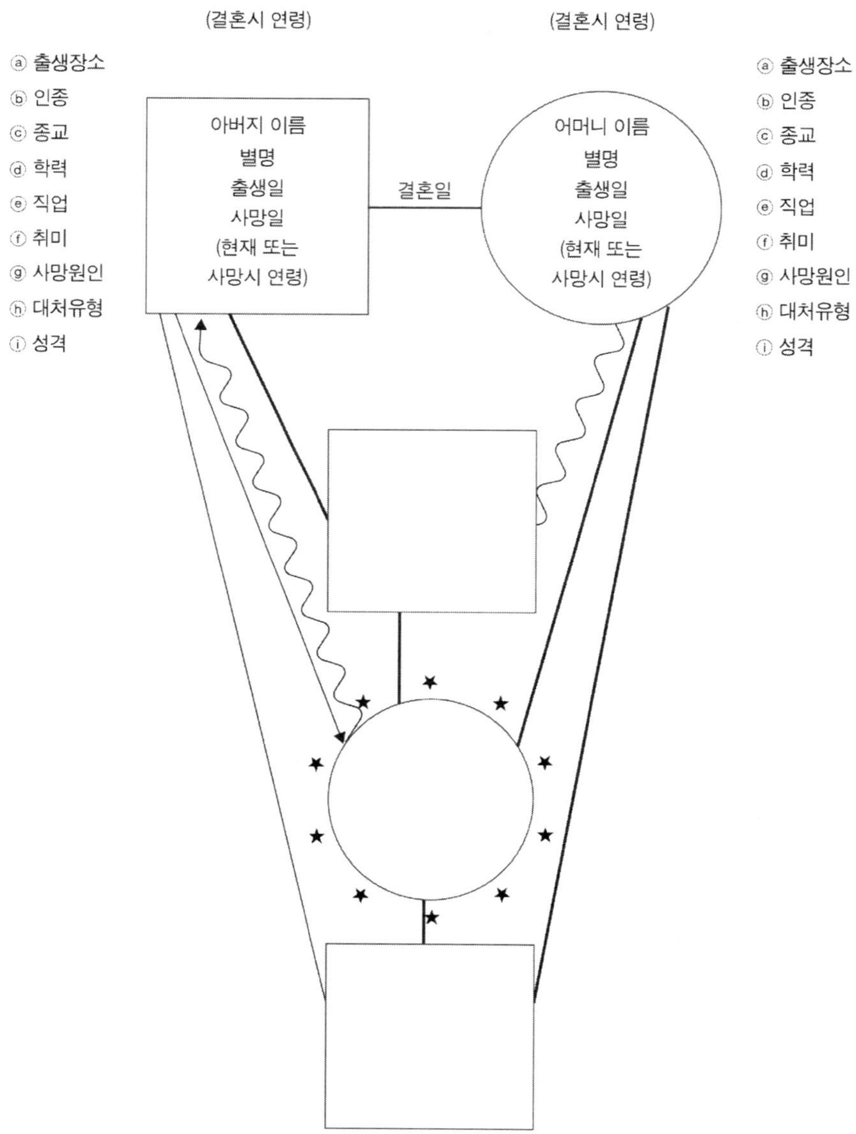

그림 6 **원가족 도표의 모형**

출처: 정문자(2003). 사티어 경험적 가족치료. 서울: 학지사. p.134.

2) 영향권

영향권(wheel of influence)은 성장기 동안 우리에게 지적, 정서적, 신체적, 사회적으로 영향을 준 사람이나 사건을 바퀴 모양의 그림으로 만든 것이다(정문자, 2003). 작성한 그림을 통해서 미처 인식하지 못했거나 인정하고 싶지 않았던 경험과 관계를 재정리해볼 수 있다. 수레바퀴에 많은 바퀴가 달려 있을수록 Star의 성장 과정에 영향을 미친 사람들이나 그들로부터 얻은 자원이 많음을 의미한다. 영향권의 작성 예는 그림 7과 같다.

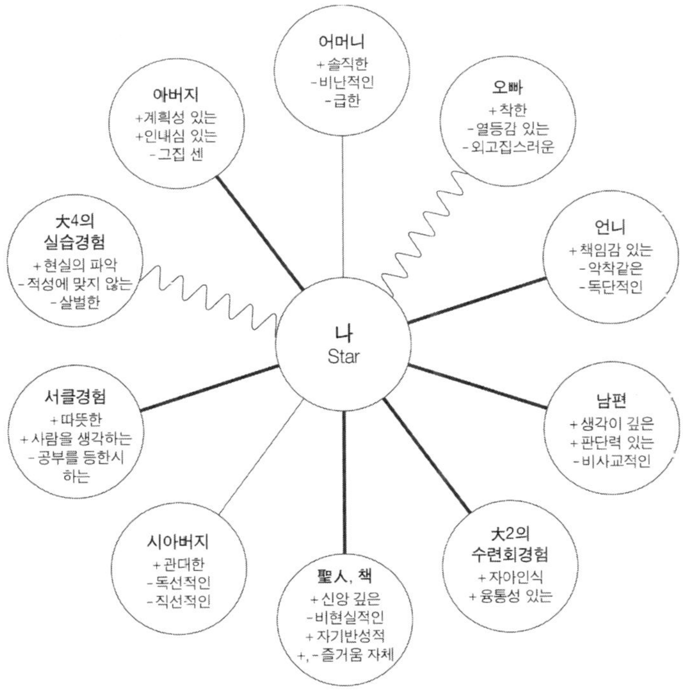

그림 7 영향권

출처: 정문자(2003). 사티어 경험적 가족치료. 서울: 학지사. p.144.

3) 생애사

생애사(time-line chronology)는 출생 후 현재까지 자신의 인생 경험을 반추해보고, 자신에게 영향을 미쳤던 사건들을 인식하고 재구성하는 과정을 통해 성장할 수 있는 기회를 제공한다. 생애사 작성방법은 다음과 같다. 첫째, 현재 나이까지의 주요 생활 사건을 기억해본다. 둘째, 그 사건들을 수평선 위에 연대별로 나열한다. 셋째, 그 사건들이 나에게 영향을 미친 정도를 긍정적 또는 부정적 차원에서 점(•)으로 표시한다. 마지막으로, 점과 점 사이를 선을 잇는다. 생애사 작성 예는 그림 8과 같다.

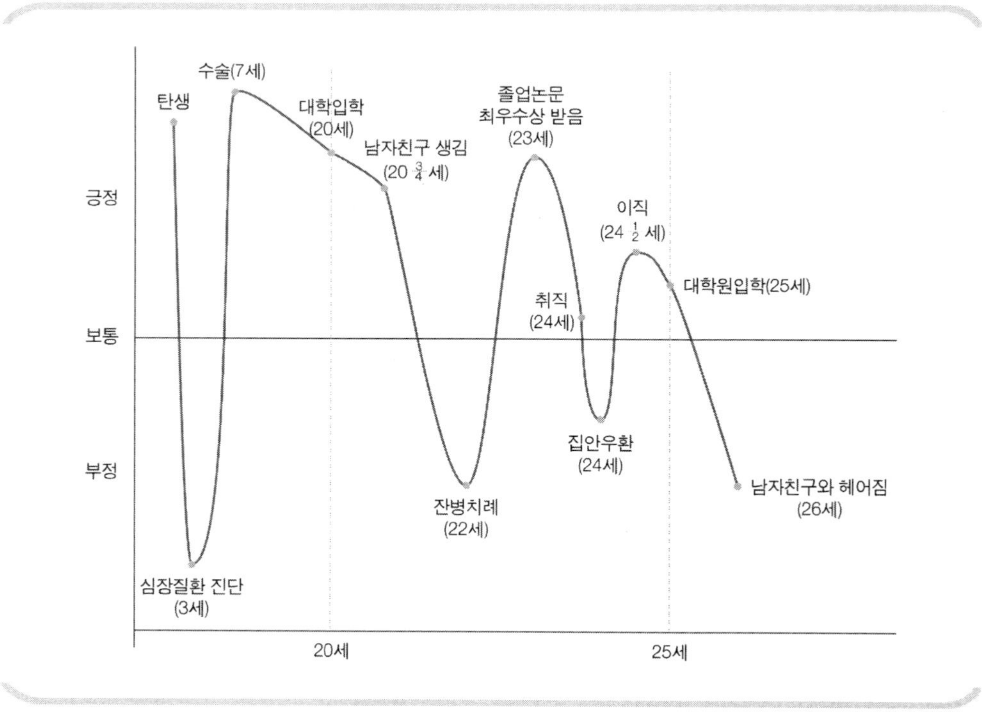

그림 8 생애사

출처: 정문자(2003). 사티어 경험적 가족치료. 서울: 학지사. p.145.

4) 가족규칙

가족 내에는 수많은 규칙(rule in family)이 존재한다. 가족은 어떤 규칙에 의해 모든 관계를 규정하고 있다. 모든 가족원은 가족권력을 어떻게 나누고, 누가 어떤 일을 할 것인가 등에 대해 가족규칙에 따라 행동한다. 하지만 역기능적인 가족의 가족규칙은 한정되어 있으며, 역기능의 정도가 심하면 심할수록 가족은 적은 수의 경직된 규칙에 의해 운영된다. 또한, 기존의 가족규칙은 오랜 기간 존재해왔기 때문에, 상호작용 유형이 쉽게 바뀌지 않는다. 따라서 가족치료자가 치료계획을 세울 때, 가족규칙을 파악하는 것이 중요하다.

가족의 규칙은 개인의 내적 경험과 대인관계에 모두 영향을 미친다. 가족규칙을 변화시키는 한 가지 방법은 개인의 빙산을 활용하는 것이다(Satir, Banmen, Gerber, & Gomori, 1991). 먼저, 가족규칙을 생각나는 대로 (10개 이상) 적는다. 분명히 명시된 규칙과 암묵적 규칙을 모두 적는다. 둘째, 가족규칙을 한 개씩 곰곰이 생각하여 작업한다. 가족규칙이 성취하려는 목적은 무엇인가? 누가 규칙을 강화시키는가? 어떤 방법으로? 어릴 때 가족규칙이 나에게 미친 영향은? 나는 가족규칙에 어떻게 대처하는가? 셋째, 집에서 살고 있을 때, 각각의 규칙이 어떤 감정을 불러일으켰고, 그 감정에 대한 감정은 어떠했는지 생각해본다. 넷째, 규칙이 나와 타인에 대해 어떤 지각을 발달시키게 했는가? 다섯째, 규칙이 나와 타인에 대해 어떤 기대를 발달시키게 했는가? 여섯째, 감정, 지각, 기대, 열망 차원에서 어떤 변화들이 일어나면, 나의 현재 규칙이 바뀔 것인가? 일곱째, 각각의 가족규칙 안에 숨어있는 핵심적 가치는 무엇인가? 여덟째, 지금까지 어떤 가족규칙을 변형시켜 왔는가? 만약, 그렇다면 어떻게? 아홉째, 어떤 가족규칙들이 아직도 나를 통제하고 있는가? 열째, 내 삶 속의 일부인 가족규칙 중 어떤 것을 재고해보고 싶으며, 가능하다면 버리고 싶은가? 열한째, 그대로 간직하고 싶은 가족규칙은 어떤 것들인가?

가족규칙의 변화를 돕기 위한 또 다른 방법은 규칙을 따르면서 경험한 것을 그대로 수용하게 하는 것이다. 이때는 규칙에 초점을 맞추기보다는 가족원과 규칙의 영향력에 초점을 맞춰야 한다. 이 과정이 경험적으로 이루어지면, IP가 가족규칙에 대한 경험을 변형시키도록 도울 수 있다. 이런 과정에서 가족치료자는 IP의 경험과 성장에 초점을 맞춘다. 또한, IP는 빈의자 기법이나 시각화 기법을 통해 이러한 규칙을 가르친 부모에게 복종하거나 또는 충성(loyalty)해야 할 욕구를 저버리는 작업을 할 필요가 있다. 다시 말해서, IP가 부모의 긍정적인 의도에 감사하고 부모에게 그 규칙을 돌려주며, 이제는 자기 인생에 대한 결정을 자신이 할 것이라는 사실을 부모에게 알리는 것이다. 그리고 부모에게 자신의 새로운 결정을 말하고, 이제 그것이 자신의 인생에 다르게 영향을 미칠 것임을 말한다. 따라서 가족치료자는 빙산의 각 수준마다 일어나는 변형을 고정시킬 필요가 있다. 이를 위해 IP가 자기감정을 어떻게 경험하는가? 이제 자신과 타인을 어떻게 보는가? 과거에 가졌던 기대를 어떻게 했는가? 이제 자신을 어떻게 사랑하고 수용하는가? 등의 질문이 유용하게 사용될 수 있다. 가족규칙의 영향을 바꾼 후, 개인은 선택권을 갖고 어느 특정 상황에서 어떻게 행동할 것인가를 스스로 결정하게 된다. 관심있는 분은 본서의 263쪽 이종원(2002)이 제작한 가족규칙 척도와 265쪽 한국사티어연구소(2004)의 가족규칙 척도를 참고하라.

5) 가족조각

가족조각기법(family sculpture technique)은 칸터(Kantor)와 덜(Duhl)이 고안한 것으로 1960년대 말부터 사용되어 왔다. 가족조각기법은 가족 중 한 사람이 자신의 이미지에 따라 다른 가족을 공간에 배열한 후, 신체적 표현을 덧붙이도록 요구하여 가족관계를 파악하는 무언의 동작표현이다. 따라서 가족조각기법의 주요 특징은 가족 중 한 사람이 자신이 가진 가족관계나 서로의 상호작용 유형을 가족들을 활용하여 위치나 자세를 만들어 표현하도록 하는 것이다(Duhl, Kantor, & Duhl, 1973). 가족조각기법은 현실 공간에 사람을 놓고 자세나 표정을 사용하여 조각으로 만들어 가족원이 가진 특정한 대인관계에 대한 그들의 인식이나 감정을 나타낸다. 비언어적 가족조각기법은 자신에 대한 표현을 용이하게 하므로 언어능력이 제한되어 있는 가족, 어린 자녀가 있는 가족, 또는 말이 너무 많거나 없는 가족에게 매우 효율적이다. 또한, 사고와 이성을 중시하거나 모든 것을 지성화시키는 가족, 가족 간의 인간관계가 매우 고립되어 있거나 밀착되어 있는 경우, 그리고 갈등이 많은 가족에게도 유용하다.

가족조각기법을 시행하기 위해서는 조각가, 모니터, 연기자가 필요하다(김유숙, 2006). 가족 중 한 사람이 조각가가 되어 작품을 만든다. 조각가가 가족을 어떻게 보는지에 따라 작품은 달라진다. 모니터 역할은 주로 가족치료자가 담당하며, 조각가와 그 과정에 참여하는 다른 가족을 도와주고 지도한다. 조각이 만들어지는 연기자는 일반적으로 조각가 이외의 다른 가족원이 담당하며, 조각가의 이미지를 충실히 반영한 가족체계를 묘사하여야 한다.

하지만 가족조각기법을 시도할 때는 다음과 같은 점에 유의하여야 한다(Gomori & Adaskin, 1989, p7-8). 첫째, 가족치료자와 가족 간에 안전감(safety)과 신뢰가 형성되어야 한다. 고통과 스트레스를 받고 있는 가족체계를 묘사하는 과정에서 가족들이 상처를 받기 쉽기 때문에, 가족치료자는 특히 신뢰 형성에 주의를 기울여야 한다. 둘째, 조각할 시기(timing)를 잘 선택하여야 한다. 가족치료자는 누구와 언제, 어떻게 조각할지를 알아야 한다. 셋째, 가족이 긍정적인 대안을 창조할 수 있는 잠재력을 탐구하고 건설적으로 결론에 이르도록 조각하는데 소요되는 시간을 정확히 알 수 없으므로, 시간의 여유를 충분히 두고 조각을 시도하여야 한다. 넷째, 가족치료자는 자신을 적절히 잘 활용하여야 한다. 가족과 가족치료자가 조각에 임할 준비가 되어 있는지 사전에 충분히 점검해 보아야 한다. 다섯째, 가족치료자는 IP의 상황과 요구에 민감하고 창의적이어야 한다. 여섯째, 가족치료자는 IP의 행동 이면에 있는 감정 부분을 다루면서 IP의 행동과 상황에 대한 판단을 하지 말아야 한다. 가족치료자는 옳고 그름에 대한 판단을 하지 않는 방향으로 개입하여야 한다. 대신 가족치료자는 역기능적 유형이 어떻게 고조되거나 순환되는지에 초점을 맞춘다. 일곱째, 가족치료자는 자신감을 가지고 전 과정을 주도한다. 여덟째, 가족치료자는 조각의 의미를 잘 파악하여 가족의 과거와 현재를 잘 연결짓는 것이 필요하다. 이는 원가족의 태도와 현재 가족의 태도 간의 관련성을 파악하는 데 도움이 된다. 마지막으로, 가족치료자는 가족을 골고루 지지해주고 희망을 줌으로써, 가족이 변화할 수 있도록 도와야 한다.

04장 구조적 모델

구조적 가족치료는 비교적 간단하고 실제적이다. 구조적 가족치료(Structural Family Therapy)에서는 가족구조(family structure)의 중요성을 강조한다. 구조적 가족치료의 치료 목적은 역기능적인 가족구조를 재구조화하는 것이며, 이러한 치료목적을 달성하는 과정에서 IP가 가지고 온 문제나 증상은 자연스럽게 사라진다고 본다. 다시 말해서, 치료 목표는 구조의 변화이며, 문제 해결은 체계적 목표의 부산물이다. 따라서 구조적 가족치료자는 개인을 사회적 존재로 파악하여 개인을 둘러싼 구조에 초점을 두고, 가족이 가족 내 하위체계 간 명료한 경계를 확립할 수 있도록 돕는다. 구조적 가족치료에 가장 영향력을 끼친 가족치료자는 미누친(Salvador Minuchin)이다. 미누친은 동화『이상한 나라의 엘리스』를 좋은 예로 설명하고 있다. 엘리스는 자신이 때로는 거인이 되기도 하고 난쟁이가 되기도 하는 경험을 하지만, 사실 엘리스가 변한 것이 아니라 엘리스를 둘러싼 환경의 변화가 엘리스의 변화를 초래한 것이다(김유숙, 2002, p.162). 즉, 미누친은 환경의 변화가 한 개인의 지각을 변화시킬 만큼 지대한 영향을 미친다는 것을 강조한다.

1. 문제에 대한 시각

구조적 가족치료의 핵심 개념은 가족구조이다. 가족구조(family structure)를 이해하기 위해서는 하위체계, 경계, 위계구조를 이해하여야 한다. 먼저, 가족구조란 가족원이 상호작용하는 방식을 조직화하는 하나의 보이지 않는 기능적 요구를 말한다(Minuchin, 1974, p.79). 가족구조란 반복적이고 체계화되어 있어서 예측할 수 있는 가족의 행동양식이다. 가족구조는 가족원의 행동 양식을 규정하며, 보편적이고 특수한 제한요인을 지닌다. 보편적 제한요인은 대부분의 가족에게 적용되는 일반적인 규범 체계이다. 대부분의 가족은 위계구조를 확립하고 가족원은 서로 상보적인 역할을 수행함으로써 가족의 구조를 기능적으로 유지한다. 특수한 제한요인은 특정 가족이 특정한 상호교류유형을 발전시켜서 가족원의 행동을 규제한다는 것이다. 둘째, 하위체계(subsystem)로, 가족을 하나의 체계로 볼 때, 가족 안에는 다양한 하위체계가 존재한다. 개인은 가족의 하위체계이다. 부부, 부모, 어머니와 딸, 형제나 자매 등의 이인체계도 하위체계다. 하위체계는 세대, 성별, 흥미, 기능에 따라 형성될 수 있다. 각 개인은 가족 내 다양한 하위체계에 속하게 된다. 여성은 딸, 언니나 누나, 동생, 아내, 어머니, 며느리 등이 될 수 있고, 남성은 아들, 형이나 오빠, 동생, 남편, 아버지, 사위 등이 될 수 있다. 가족원 개인은 각 하위체계 안에서 각기 다른 권력과 역할을 갖게 되며, 고유의 기능을 수행하면서 상보적인 관계를 맺는다. 건강한 가족 안에서는 하위체계의 구성원이 고유의 역할과 기능을 충실히 수행하게 된다. 하지만 가족도 살아있는 체계이기 때문에, 일부 혹은 전체 하위체계가 제 기능을 다하지 못하면 역기능을 겪게 된다. 따라서 부부, 부모, 부모자녀, 형제자매 하위체계는 제 기능을 다해야 한다(Minuchin, 1974). 셋째, 경계선(boundary)은 눈에 보이지 않지만, 가족원 개인과 하위체계의 안팎을 구분하는 선으로 가족원 사이에 허용되는 접촉의 양과 종류를 규정한다(Becvar & Becvar, 1988).

다시 말해서, 누가 어떻게 참여하는가를 규정하는 규칙이다(Minuchin, 1974). 경계선을 통해 개인 혹은 하위체계 간 친밀감 정도, 정보의 상호교환 정도, 문제해결을 위해 서로 상호교류하는 정도를 파악할 수 있다. 구조적 가족치료에서 하위체계 간의 상호역동은 이 경계선이 명료한지, 밀착되어 있는지, 분리되어 있는지에 따라 명료한(clear boundary), 밀착된(enmeshed boundary) 혹은 모호한(diffused boundary), 경직된(rigid boundary) 경계선으로 구별된다. 명료한 경계선을 보이는 가족은 정상적인 가족이다. 밀착되거나 모호한 경계선을 주로 하는 가족은 가족체계에 참가하는 것에 대한 규칙이 애매하기 때문에, 가족원은 모든 문제에 관해서 서로 지나치게 얽혀서 필요 이상으로 관여한다. 이런 가족을 일반적으로 밀착된 가족(enmeshed family)이라고 한다. 반면에, 경직된 경계선을 주로 하는 가족은 가족원이 뿔뿔이 흩어져 버리는 흔히 격리된 가족(disengaged family)이다. 대부분의 가족은 경직된 경계선에서 모호한 경계선에 이르기까지 연속선 상의 어느 한 지점에 위치한다. 가족의 경계선은 어느 날 갑자기 정해지는 것이 아니라 가족원 간의 지속적인 상호작용의 결과로 그 범주가 정해진다. 대부분의 경우 명료한 경계선이 가장 바람직하지만, 가족의 이상적인 경계선을 고려할 때는 현재 가족이 직면한 발달상황이나 스트레스 등을 고려하여야 한다. 마지막으로, 위계구조(hierarchy)는 집이라는 물리적 구조의 층을 비유로 들어 설명할 수 있다. 예를 들어, 여러 층으로 이루어진 집은 아래층이 위층을 잘 지탱할 수 있도록 설계되고 건설되어야 한다. 만약에 아래층보다 위층이 더 무겁게 설계되었다면, 집은 서서히 붕괴되고 말 것이다. 따라서 가족이 적절히 기능하기 위해서는 효율적인 위계구조를 확립하여야 한다. 효율적인 위계구조는 가족 내 권력(power)을 기반으로 한다. 가족이 잘 기능하기 위해서는 부모와 자녀가 분화된 권위를 가져야 하며, 자녀의 성장과 발달에 책임을 지는 부모하위체계가 자녀하위체계보다 위계구조의 위에 위치해야 한다. 그러나 가족의 하위체계 속에는 많은 제휴가 발생한다. 제휴(alignment)는 가족의 상호작용과정으로 가족체계의 한 개인이 다른 협력관계 또는 상반된 관계를 가지는 것으로, 연합과 동맹의 두 가지가 있다. 연합(coalition)은 두 사람이 제3자에 대항하기 위하여 제휴하는 경우이며, 동맹(alliance)은 두 사람이 제3자와는 다른 공동의 목적을 위해 제휴하는 것으로써 반드시 제3자와 적대관계에 있지는 않다. 예를 들면, 고부간의 갈등에서 며느리에 대항하는 시어머니와 아들의 제휴는 연합이며, 자녀양육을 위한 부부간의 제휴는 동맹이다.

2. 사정기법

1) 집 평면도 그리기

집의 물리적 구조를 나타내는 평면도(the family floor plan)는 가족의 기능적 구조에 대한 중요한 정보를 제공하는 표현도구이며 중재기법이다. 집은 가족원에게 중요한 의미를 가진다. 가족원의 정서적 측면과 역동성, 즉 편안함과 긴장, 즐거움과 고통, 가까운 사이와 먼 사이, 소속과 소외, 강함과 약함 등이 집이 주는 이미지에 들어있다. 또한, 집이 일하던 곳이었던지, 즐겁게 지내던 곳이었던지, 단순히 밥 먹고 지내던 곳이었는지, 아니면 싸우던 곳이었는지를 깨닫게 된다. 평면도 그리기 절차는 다음과 같다. 가족치료자는 각 가족원에게 큰 종이와 굵은 펜을 주어 원가족 집의 평면도를 그리게 한다. 그림을 그리는 동안 가족치료자는 중간 중간 가족구조에 대한 질문과 지시를 통해 가족기능과 역동성을 파악한다.

첫째, 하위체계 기능. "집을 그리면서 각 방은 누가 사용하였고, 각 방에서는 어떤 일이 일어났는지 생각해보십시오."라는 질문을 통해 하위체계 기능을 파악한다. 그 방을 함께 사용했던 사람들의 관계는 어떠했습니까? 가족이 함께 사용하는 공간(예, 거실, 주방, 식당)에서는 주로 무슨 일이 일어났습니까? 그 공간을 가족은 얼마나 자주 그리고 주로 누가 사용했습니까? 그리고 그것은 누가 결정하였습니까?

둘째, 경계선 기능. 집안의 각 공간을 나누는 벽이나 문은 어느 정도 개방적이었습니까? 들어가기 어려운 방이 있었습니까? 각 공간에서의 사생활은 얼마나 보장되었습니까? 가족이 함께하는 공간에서 가족은 얼마나 자주 모였고, 그 공간에서 어떠한 말이나 행동을 주로 하였습니까? 경계선의 개념을 적용한다면, 각 공간 사이의 경계선은 어떻게 표시하겠습니까? 등의 질문을 통해서 가족의 경계선을 파악한다.

셋째, 위계구조. 집에서 주로 의사결정을 하는 사람은 누구였습니까? 집이 2층이나 3층이라고 가정해보고 권위와 책임을 가진 사람이 위층에 있다고 하면, 누가 위층에 있고 누가 아래층에 있습니까?

넷째, 가족의 적응. 가족이 직면한 스트레스 상황에서 하위체계 기능, 경계선, 위계구조는 어떻게 조정되었습니까? 조정의 과정은 순조롭게 이루어졌습니까? 아니면 어려움과 방해가 있었습니까? 이 과정에서 가족치료자는 질문을 고안하되 잘 드러나지 않는 가족 내 하위체계 기능, 경계선, 위계구조에 관한 기억을 끌어내도록 해야 한다. 이렇게 모은 기억을 토대로 가족치료자는 가족구조의 기능성 혹은 역동성 등을 파악할 수 있다.

2) 실연화

실연화(enactment)는 치료면담 중에 가족에게 역기능적인 가족원 간의 교류를 실제로 재연시키는 것이다. 실연화는 행동을 중시하는 구조적 가족치료의 독특한 기법이다. 가족이 표현하는 설명을 통해 문제를 이해하려는 종래의 방법과는 달리, 가족치료자는 가족들에게 가족치료자 앞에서 문제를 실연하게 한다. 언어로 가족문제를 설명할 때는 IP가 문제라는 전제 속에서 가족이 인식한 것을 언어화하기 쉽기 때문에 가족치료자도 가족이 언어화한 것에 근거하여 해석할 오류가 있다. 반면에, 실연화는 직접적이고 가족이 실생활에서 하고 있는 양상이 그대로 드러날 가능성이 있어서 가족구조를 이해하는데 효과적이다. 이외에도 실연화는 다음과 같은 장점을 지닌다(김유숙, 2002). 첫째, 가족치료자가 적극적으로 가족과 관여하게 됨으로써, 치료적 관계의 성립에 기여할 가능성이 크다. 둘째, 가족은 자신들의 문제에 관여하는 방법을 재현함으로써, 그들 스스로가 문제를 가족체계라는 맥락 속에서 관찰하여 문제중심의 종래의 방법이 절대적 진실이 아니라는 것을 깨달을 가능성도 높아진다. 실연화의 경험은 가족이 문제를 IP중심으로 생각하는 것에서 벗어나 가족이 역기능적인 상태에 있다는 견해로 이행하는 데 도움이 된다. 셋째, 가족이 문제에 대해 서로 이야기하는 것이 아니라, 실연화를 통해 가족이 문제를 실제로 경험하면서 서로 관여하기 때문에 오히려 구조개선의 움직임이 일어날 가능성이 높다. 실연화 기법은 세 단계로 진행된다. 제1단계는 가족치료자가 가족원의 교류를 관찰함으로써 어떤 역기능적인 부분에 초점을 맞출 것인가를 결정한다. 제2단계에서는 가족치료자가 가설로 세운 역기능적인 교류를 중심으로 가족원이 실연화하여 역기능적 교류를 둘러싼 상호작용을 분명히 밝힌다. 제3단계에서는 가족치료자가 주목한 부분에 대하여 지금까지 가족이 사용한 방법과는 다른 교류를 실연화시킨다.

3) 구조적 지도

구조적 지도(가족지도, structural map)는 가족의 상호작용 구조를 그림으로 나타내는 것이다. 가족치료자는 구조적 지도를 통해 가족의 상호작용 구조를 간략한 기호로 나타냄으로써, 변화과정을 평가하거나 치료 목표를 설정하는 데 사용한다. 구조적 지도의 기호는 그림 9와 같다.

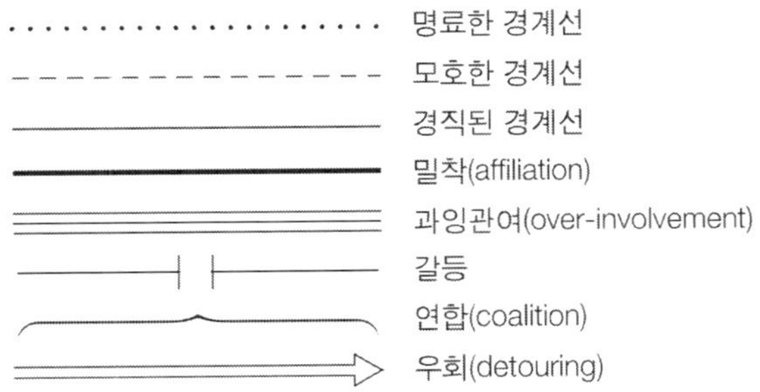

그림 9 구조적 지도의 기호

출처: 정문자 외, 가족치료의 이해. 서울: 학지사. p.224.

그림 10은 부모자녀 하위체계의 경계선이 명료하고, 부모하위체계와 자녀하위체계 간에 적절한 위계구조가 형성된 기능적인 가족인 반면에, 그림 11은 어머니와 딸이 연합하여 아버지를 가족 안에서 소외시키고 있는 역기능적 가족의 구조적 지도이다.

그림 10 기능적 가족

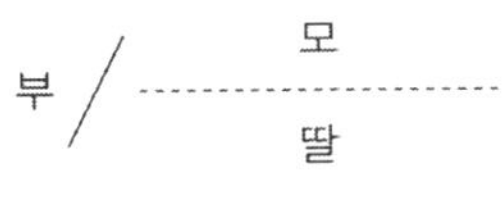

그림 11 역기능적 가족

05장 해결중심모델

해결중심 가족치료(Solution Focused Family Therapy)는 드세이저(S. de Shazer)와 김인수(Insoo Kim Berg)가 개발한 것으로써, 전략적 모델의 MRI(Mental Research Institute) 이론에 뿌리를 두고 있으며, 치료과정에서 문제의 원인이라고 생각하는 부적응을 고치거나 제거하려는 노력이 필요없다고 주장한 최면치료자 에릭슨(M. Erickson)의 영향을 받았다. 따라서 해결중심모델은 문제중심적 관점에서 벗어나 개입 초기부터 해결방안을 모색해 나가는 것을 강조한다. 해결중심 가족치료는 효과적인 치료기술이 무엇이며, 치료 회기에서 무엇을 해야 하는지 알고자 일방경 뒤에서 가족치료자의 기술을 관찰하고 치료과정에 대해 관찰팀과 의논하면서 IP가 도움이 된다고 한 것들을 탐색하고 발견하는 귀납적 과정을 거친다. 해결중심 가족치료는 IP 가족이 성공적인 경험을 자각하고 이 경험을 더 많이 하게 하여 더욱 행복하고 성공적인 삶을 살도록 돕는다. 이런 방법은 노력이 적게 들 뿐만 아니라 성공적인 행동을 반복하려는 마음을 더 갖게 하여 결과적으로 짧은 시간 안에 행동이 변화하게 되기 때문에, 단기치료이다. 해결중심 단기치료의 기본원리는 첫째, 병리적인 것 대신 건강한 것에 초점을 둔다. 둘째, 환자의 강점, 자원, 심지어 증상까지도 발견하여 치료에 활용한다. 셋째, 탈이론적, 비규범적이며, IP의 견해를 존중한다. 넷째, 간단하고 단순한 방법을 일차적으로 사용한다. 다섯째, 변화는 불가피하다. 여섯째, 현재에 초점을 맞추며 미래지향적이다. 일곱째, IP와의 협력관계를 중시한다.

1. 문제에 대한 시각

해결중심 가족치료는 문자 그대로 IP의 문제보다는 해결에 초점을 둔 접근이다. 해결중심 가족치료는 가족이 이미 문제를 해결할 수 있는 능력과 자원을 가지고 있다고 전제한다. 따라서 해결중심 가족치료자는 가족이 문제를 해결할 수 있는 잠재능력이 있다는 사실을 인정하고 그것을 확대하거나 강화함으로써 가족 스스로가 자신의 실체를 완성할 수 있도록 돕는다. 또한, 해결중심 가족치료자는 가족의 강점, 긍정적인 것, 그리고 이미 성공한 것을 찾아내고 강화하며 확대해나가는 데 주력한다.

해결중심 가족치료의 원리는 건강한 것에서 시작한다. 가족이 문제를 가지고 치료장면에 왔지만, 그 문제에 집중하기보다는 IP가 언급하지 않는 건강한 것을 찾으려는 시도가 해결중심 가족치료의 중심축이다. 또한, 해결중심 가족치료는 IP가 겪는 문제에 대해 어떤 특정 가정을 하지 않음으로써 문제해결을 위한 치료자 중심의 해결책을 제시하기보다는 IP 중심의 치료를 한다. 다시 말해서, 정형화되고 규범적인 해결책을 제시하기보다는 IP의 견해를 그대로 수용하면서 IP가 원하는 해결책의 방향에 맞추려는 것이 해결중심 가족치료의 기본적인 접근방법이다.

해결중심 가족치료에서는 해결방안과 관련된 치료 목표를 가족 스스로 설정하도록 돕는 것이 중요하다. 그들 스스로가 바람직한 상담 목표를 설정하는 데는 다음의 몇 가지 원칙이 필요하다(김유숙, 2006). 첫째, 가족에게 중요한 것을 목표로 삼는다. 가족에게 중요한 것을 치료 목표로 두며, 가족은 목표를 성취하기 위해서 보다 많은 노력을 한다. 대부분의 가족은 자신들에게 어떤 변화가 일어나야 하는지 모르는 것이 아니라, 단지 자신의 목표를 정확한 언어로써 표현하는 것이 어려울 뿐이기 때문에, 치료자는 이들이 자신들의 목표를 언어화할 수 있도록 도와야 한다. 둘째, 가족이 설정하는 치료 목표는 작고 성취할 수 있는 것이어야 한다. 셋째, 구체적이며 명확하고 행동적인 것을 목표로 한다. 넷째, 목표를 설정할 때는 없는 것보다 있는 것에 관심을 가진다. 목표는 가족에게 그들이 현재 하는 어떤 행동을 금지하는 것보다 새로운 어떤 행동을 시작하게 도울 때 실현될 가능성이 높다. 다섯째, 가족에게 목표는 끝이 아니라 뭔가를 시작하는 첫 단계라는 인식을 준다. 가족치료자는 가족이 표현한 목표를 존중하면서 가족이 원하는 결과를 성취하기 위해 처음 단계에서 필요한 것이 무엇인지를 명확하고 구체적으로 설명하도록 돕는다. 여섯째, 가족생활에서 현실적이고 성취 가능한 것을 목표로 삼는 것이 중요하다. 가족치료자는 가족이 실제로 실행할 수 있는 목표를 설정하도록 도와야 한다. 마지막으로, 목표를 수행하는 것은 힘든 일이라고 인식시킨다. 변화의 어려움을 이해시킨다면, 가족이 변화했을 때 느끼는 자기가치와 존엄성이 증대할 것이다. 만일 가족이 목표에 도달하지 못했다면, 이것을 보다 열심히 해야 할 일이 남았다는 신호일 뿐이라고 생각할 여유를 준다.

2. 사정기법

해결중심 가족치료는 개입을 위한 독특한 질문기법을 발전시켰다. 해결중심 가족치료는 예외질문, 기적질문, 척도질문 등을 통해 가족이 문제를 해결해나가도록 돕는다.

이들 질문기법들은 다른 접근처럼 문제를 파악하기 위한 사정기법이라기보다는 문제를 해결하기 위한 치료기법이다.

1) 예외질문

해결중심 가족치료는 정상적인 것에 관심을 두고, 예외적인 것을 탐색하여 인정과 의미를 부여하며, IP가 가지고 있는 자원을 활용하여 해결책 구축에 초점을 두는 기본원리를 실천하는 기술의 하나로 예외질문을 발전시켰다. 예외질문(exception-finding question)은 모든 사람들이 많은 강점과 성공적인 경험을 갖고 있다는 것과 문제가 발생할 때가 있고 발생하지 않을 때가 있다는 가정을 전제로 한다(Berg & Miller, 1992). 예외질문은 일상생활에서 잘하지만 인식하지 못하는 것을 발견하고 성공했던 행동을 의도적으로 시행하도록 강화시키는 기법이다. 예외질문의 목적은 “문제가 발생하지 않은 것이 언제였습니까?”, “문제가 발생하는 상황과 발생하지 않는 상황에 어떠한 차이점이 있습니까?”, “문제가 발생하지 않을 때 무엇을 하십니까?” 등의 질문을 통해 문제해결을 위해 우연적이며 성공적으로 실시한 방법을 탐색하여 의도적으로 실시하도록 돕는 것이다.

2) 기적질문

드세이저와 김인수는 1984년 IP와 상담하는 과정에서 IP가 “기적이라도 일어난다면 모를까 해결될 것이라고 기대하진 않아요”라는 말에 공감하며 기적질문(miracle question)이라는 명칭을 붙였다. 기적질문의 목적은 첫째, IP가 변화의 가능성에 대하여 제한 없이 자유롭게 생각할 수 있게 한다. 둘째, IP가 과거와 현재의 문제에서 벗어나 좀 더 만족스런 삶을 살 수 있는 미래로 관심을 돌리게 한다(De Jong & Berg, 2001). 즉, 기적질문은 문제가 해결된 상태를 상상해보고, 해결하기 원하는 것을 구체화하고 명료화하며, 상담 목표를 현실적이고 구체적으로 설정하기 위해 사용된다. 기적질문은 문제를 제거시키거나 감소시키지 않고, 문제와 분리하여 해결을 상상하도록 하는 것이다. 기적질문의 예는 다음과 같다. "밤에 잠자는 동안에 기적이 일어나 지금 치료 목표로 하는 문제가 해결되었다고 상상합시다. 그러나 잠자는 동안에 기적이 발생하여 무슨 일이 생겼는지 아무도 모릅니다. 아침에 눈을 떴을 때 어떤 모습을 보면 지난 밤 동안에 기적이 발생했다고 생각하시겠습니까?" 기적질문을 사용할 때, 주의할 것은 "어떻게 달라질까요?", "기적의 표시는 무엇일까요?"와 같은 미래에 관한 질문이어야 한다.

3) 척도질문

일반적으로 사람들은 생각과 감정의 정도를 구체적이며 명확하게 설명하는 것을 어려워한다. 그러나 임의로 정한 수치를 사용할 때에 좀 더 구체적으로 표현하게 되고 감정의 정도를 사실적으로 설명하는데 도움이 된다. 척도질문(scaling question)은 1점부터 10점까지의 척도 위에 IP가 인식하는 문제의 정도, 해결 가능성, 상담의 진전 정도를 숫자로 표시하도록 질문하는 기법이다. 척도질문의 목적은 숫자를 사용하여 내담자가 현실적이며 구체적으로 생각을 정리하고, 점수의 근거를 구체적인 행동으로 제시하고, 자신의 구체적인 기대와 목표, 성장과 변화의 상태를 확인할 수 있도록 돕는 것이다. 척도질문의 예는 다음과 같다. "1점부터 10점까지 있는 척도에서 10점은 문제가 해결되었다고 확신하는 것을 말하고, 1점은 문제가 가장 심각할 때를 말합니다. 오늘은 몇 점에 해당합니까?"

4) 대처질문

김인수와 밀러(Berg & Miller, 1992)는 IP가 어려운 상황에서 성공적으로 대처한 방법에 관하여 재인식하게 될 때, 힘을 얻게 되는 것에 관심을 갖고 대처질문을 발전시켰다. 대처질문(coping question)은 IP가 어려움과 위기를 어떻게 극복하고 생존해 왔는지, 그리고 희망을 버리지 않고 유지해 올 수 있었는지에 관하여 질문하는 동시에 생존능력을 인정하고 간접적으로 칭찬하는 기법이다. 대처질문의 목적은 IP가 어려운 상황에서 견디어 내고 더 나빠지지 않은 것을 강조하고, 위기에서 살아남기 위해 대처해 온 방법을 발견하고, 자신의 자원과 강점을 발견하여 인식하도록 돕고, 인정하고 칭찬하는 것을 통하여 능력을 강화하고 확대해 나가는 것이다. 이 질문은 IP에게 자신의 대처능력이나 성공적인 경험을 인정하거나 깨닫지 못하는 것을 간접적으로 지적하는 것이다(Berg & Miller, 1992). 예를 들면, "어떻게 모든 것을 포기하지 않고 오늘까지 지탱해 오셨습니까?", "오늘까지 지탱하도록 한 힘은 무엇입니까?", "지금까지 해온 것을 유지하기 위해 무엇을 해야 합니까?" 등이다.

5) 관계성 질문

관계성 질문(relationship question)은 IP와 중요한 관계에 있는 사람의 생각, 의견, 가치관, 반응 등에 관하여 질문하는 기법이다. 관계성 질문의 목적은 다른 사람의 의견, 생각, 가치관 등에 관하여 생각하고 이해하도록 돕는 것이다. 해결중심 가족치료는 관계성 질문을 통하여 IP가 다른 가족원의 생각, 의견, 가치관, 반응을 관찰하도록 하며, 다른 가족원의 입장이 되어서 자신의 행동을 보도록 하고, 가족관계 속에서 자기의 위치와 역할을 의식하도록 한다. 관계성 질문의 특성은 치료장면에 참석하지 않은 사람의 생각, 의견, 가치관, 반응 등에 관하여 질문함으로써 자기중심적 생각에서 벗어나고, 가족관계 속에서 문제를 생각하고, 좀 더 현실적이며 객관적으로 판단하도록 돕는 것이다. 관계성 질문은 예외질문, 기적질문, 척도질문 등과 병행하여 사용하는 경우가 많다. 이는 해결중심 가족치료에서 사용하는 질문기법들이 가족관계에서 사용되는 것이며, 질문을 통하여 가족관계에서 발생되는 문제를 해결하기 때문이다. 관계성 질문의 예로는 "남편이 여기에 있다면, 부부관계에서 어떠한 점이 변화되면 부부관계가 회복되는 데 도움이 될 것이라고 말을 하시겠습니까?", "남편의 입장에서 결혼생활을 지속하려는 의지가 몇 점이라고 할 수 있습니까?", "어머니가 아들에게 잔소리하는 대신에 조금이라도 노력하고 변화한 것을 관찰하여 지적하고 칭찬한다면, 어떻게 반응하시겠습니까?" 등이 있다.

PART 2

주관적 가족사정

1부에서는 주요 가족치료 접근법을 통해서 각 접근에서 활용되고 있는 가족사정에 대해 살펴보았다. 개인이 선호하는 주요 접근법으로 가족을 치료하길 원하는 가족치료자는 가족을 만날 때 선호하는 접근법에서 많이 활용되고 있는 가족사정을 선택하게 된다. 그러나 가족을 사정하기 위한 방법은 어느 하나의 이론적 입장에서 그 방법을 선택하기보다는 다양한 사정도구를 선택하여 다각적으로 가족을 이해할 필요가 있다. 따라서 하나의 사정도구로 가족을 충분히 이해할 수 있는 가족치료전문가일지라도, 가족치료자는 치료 장면에서 만난 가족에게 주요 가족치료법을 시도할 때, 다양한 사정을 통해 다각적인 시도를 할 필요가 있다.

가족사정은 수량화된 계량적 사정과 가족치료자의 주관적 사정에 의해서 이루어진다. 계량화된 객관적 사정(quantitative methods)은 가족의 구성원, 가족역할, 가족의 물리적 환경, 가족규칙 등과 같이 객관적 상황에 대한 자료들로 가족을 사정하는 것이다. 반면에, 주관적 사정(qualitative methods)은 사건이나 과정에 대한 IP 가족의 반응과 의미 그리고 사람과 사건에 대한 가족원의 느낌을 파악하는 것이다(Holman, 1983, p.16). 다시 말해서, 가족사정은 가족과 만나는 순간에 시작되는 초기면담부터 시작해서 행동관찰, 객관적 자료와 주관적 자료가 모두 다각적으로 활용되는 전문적인 과정이다. 가족치료자는 객관적인 자료 외에도 가족이 문제 상황을 어떻게 지각하고 인지하는지, 그리고 어떻게 느끼고 있는지를 잘 파악하여야 한다.

2부에서는 주관적 가족사정을 다루고자 한다. 가족사정은 가족치료자가 가족을 직접 만나면서 얻는 정보나 행동관찰과 같은 임상적 직관을 통해 이뤄진다. 주관이 개입되는 면담이나 행동관찰을 사정기법으로 인정할 수 있는지에 대한 논란의 여지가 있지만(김유숙, 2006), 면담과 행동관찰은 가족의 상호작용을 파악하는 중요한 요소이다. 또한, 가족치료자는 가족개념, 가족생활주기와 비언어적 매체를 통한 가족사정 방법을 통해서 가족에 대한 다양한 정보를 제공받을 수 있다. 따라서 2부에서는 면담, 행동관찰, 가족개념, 생애주기를 통한 가족사정 및 비언어적 매체를 활용한 가족사정을 살펴보고자 한다.

06장 면담과 행동관찰

1. 면담

가족을 사정하는 방법으로 가장 많이 활용되는 방법은 면담이다. 면담은 프랑스어 '잠깐 본다(enrevoir)'와 '대면한다(s'entrevoir)'에서 유래하였다. 면담(Interview)은 가족치료자가 IP 가족과 언어적, 비언어적으로 교환하는 의사소통을 통하여 가족에 대한 정보와 아이디어, 태도, 감정, 메시지를 교환하는 과정을 말한다(박영숙, 2021). 따라서 면담은 기본적인 면담기술과 의사소통기술을 활용하여 가족과 신뢰와 친밀감을 형성해가는 방법이다. 이 과정에서 가족치료자는 가족이 구두로 전달하는 내용을 중심으로 자료를 수집하게 된다. 면담이 이루어지는 과정에서 가족치료자는 가족에 대한 행동관찰, 가족원의 특성, 가족의 반응 등을 함께 살펴볼 수 있다.

면담을 실시하는 기본 목적은 첫째, IP가 지니고 있는 심리적 문제를 사정하고 이를 개선하기 위한 개입목표와 전략 및 개입방식을 제시하기 위해서 실시한다. 둘째, IP와 IP 가족에 대한 기본 신상과 성격 특성 등을 이해한다. 셋째, 대인관계 특성 및 발달과정에 대한 통찰 등의 목적을 지닌다. 따라서 면담의 목표는 다른 방법으로는 쉽사리

얻을 수 없는 정보를 모으고, 정보를 얻는데 도움이 되는 관계를 형성하고, 가족치료자와 IP 가족 모두에게 문제행동에 대한 이해를 높이며, 가족이 문제행동에 대처하도록 도와줄 수 있는 지침과 지지를 제공하는 것이다. 이런 점에서 면담은 일반 대화(dialogue)와 구별된다.

면담은 유형에 따라 목적에 따른 면담과 형식에 따른 면담으로 구분된다. 특정 목적을 위해 실시되는 면담에는 진단적 면담과 치료적 면담이 있다. 가족사정과 같이, 가족에 대한 정보를 수집하기 위한 면담은 진단적 면담에 속한다. 하지만 가족치료를 실시하기 위해 IP 가족을 만나고 초기단계에서 실시하는 가족사정은 진단적 면담에 속할 수 있지만, 가족사정은 동전의 양면처럼, 가족치료의 전 과정에서 이루어지고 있으므로 치료적 사정이라고 할 수도 있다. 다시 말해서, 가족사정을 위한 면담은 기본적으로 초기 진단적 면담이 이루어지지만, 가족치료과정에서 치료기법으로 순환적으로 사용되고 있기 때문에, 동시에 치료적 면담이다. 면담의 형식에 따른 분류는 구조적 면담, 비구조적 면담, 반구조적 면담으로 나뉜다. 체계적 혹은 구조적 면담은 표준화된 면담 질문과 순서에 따라 규격화되어 있는 면담으로 신뢰도와 정확도를 높여서 초보자에게 좋은 가이드가 된다. 비체계적 혹은 비구조적 면담은 특정 질문을 정해 놓지 않고, 가족과 면담이 진행되는 과정에서 가족치료자의 임상적 판단에 따라 유연하게 진행되는 방법으로, 가족치료자의 숙련된 경험이 상당히 요구되는 기법이다. 반면에, 반체계적 혹은 반구조적 면담은 기본적인 면담틀에서 가족의 반응에 따라 가족치료자가 질문내용과 질문순서 등에서 융통성을 발휘하는 방법이다. 존슨과 옌카(Johnson & Yanca, 2010)는 가족 단위의 IP체계를 사정하는 틀로써 가족단위의 사회력 전개틀을 제안하기도 하였다.

임상적 면담에 대한 역사는 길다. 시대와 학자에 따라 비지시적인 면담이 강조되거나, 구조화된 면담이 강조되기도 하였다. 기본적으로 면담에서는 직접적/간접적 질문과 개방적/폐쇄적 질문 등이 활용되며, 가족과의 라포(rapport) 형성을 통한 신뢰로운 관계에서 경청, 공감, 반영, 명료화 등의 방법을 사용한다. 사정을 위해 활용하는 면담 질문에는 개방질문, 폐쇄질문, 간접질문, 단선적 질문, 순환적 질문, 반향적 질문, 초점 질문 등이 있다(Tomm, 1988). 개방질문(open-ended questions)은 '무엇을 어떻게, 누가, 언제, 왜, 어디서'와 같은 단어로 시작하며, 반응수준을 IP가 선택해 자발적으로 정보를 제공할 수 있게 한다. 폐쇄질문(closed-ended questions)은 '예', '아니오'와 같이 간단한 반응을 요구하는 질문으로 구체적인 정보를 좁혀 확인할 필요가 있을 때 활용된다. 간접질문(indirect questions)은 질문효과를 얻을 수 있는 진술문으로 "나는 당신이 어머니를 어떻게 생각하시는지 알고 싶습니다"와 같이 대답을 강요하지 않지만 관심있는 문제를 제시하는 방법이다. 단선적 질문(probing questions)은 "오늘 무슨 일로 오셨습니까?"와 같이 정보를 끌어내기 위해 요청하는 질문이다. 순환적 질문(two-way questions)은 문제에 대한 설명을 전개하고, 사람, 생각, 사건 간의 관계성을 확인하는 것을 목표로 하는 질문이다. "부부싸움에서 아내의 잔소리가 당신을 화나게 했을 때, 당신은 어떻게 반응하셨나요?" 전략적 질문(planned questions)은 가족 안에 내재되어 있는 기존 양상에 도전하거나 대면할 때 활용되는 질문이다. "당신의 생각을 언제 남편에게 이야기하려고 하십니까?" 반향적 질문(reflective questions)은 IP 스스로 자신이 관찰자가 되게 하는 질문이다. "아이가 떼쓰는 것을 달래기 위한 어머니의 계획은 무엇입니까?" 초점질문(focused questions)은 IP가 구체적인 주제에 초점을 맞출 수 있게 돕는 질문이다. "가족 내 다양한 문제가 있는 것 같습니다. 가장 당신을 괴롭히고 힘들게 하는 것이 무엇인지 말씀해보세요. 어떤 이야기부터 시작할까요?" 가족치료자는 다양한 질문을 통해서 가족에 대한 정보를 제공받는 과정에서 질문에 답하는 가족원에 대해서는 무조건적 긍정적 강화를 해주어야 한다. 간혹 질문에 대해서 혹은 대답을 하는 과정에서 침묵이 있을 수 있다. 가족치료자는 적절하게 침묵을 이용하여 가족과 적절한 거리를 두고 침묵의 의미를 가족 스스로 찾을 수 있는 기회를 주어야 한다. 초심자의 경우 침묵을 참지 못하고 주제를 변경하는 경우가 있거나 혹은 대신 답을 하는 경우가 있다.

가족치료자는 IP 스스로 침묵의 의미를 확인하고 답할 수 있는 시간을 기다려 주는 것이 좋으며, 지나치게 빠른 주제의 변화는 하나의 주제에서 다른 주제로 빠르게 바꾸어 나감으로써 면담의 진행을 방해할 수 있기 때문에 주의하여야 한다. 아울러 면담과정에서 '왜'라는 질문은 IP의 지적 사고를 증진시켜 방어성을 증가시키기 때문에, 피하는 것이 좋다. 면담과정에서 가족치료자는 IP 가족의 행동을 잘 관찰하여 언어적, 비언어적 반응특성을 탐색하고, 면담이 끝나기 5~10분 전에 면담시간의 종료를 알려 주고 마무리하는 것이 바람직하다. 이 시간에 IP가 면담내용을 요약해보게 하는 것도 효과적이다.

면담에 대한 신뢰도와 타당도는 많은 논란이 있어왔고, 오랜 기간 연구된 주제이다. 면담에 대한 신뢰도는 평정자간 일치도를 통해서 확인할 수 있으며, 면담을 진행한 가족치료자의 숙련된 경험과 훈련이 많을수록 그리고 구조화된 면담을 사용할수록 신뢰도가 높다. 반면에, 타당도의 문제는 면담을 방해하는 요인에 초점을 맞춰 타당도에 대한 연구들이 진행되어 왔다. 따라서 사정방법으로써 면담기법이 가족이 제공하는 정보가 정확한 것인지에 대한 신뢰도와 타당도를 확립하기가 어렵다는 한계를 지닌다.

그럼에도 불구하고, 면담은 다음과 같은 장점을 지닌다. 첫째, 면담은 하나의 사정기법으로 가족치료자가 IP와 IP 가족이 정확하고 구체적인 정보를 제공하도록 동기화시킬 수 있으며 애매한 반응을 해석하고 문제를 명료화하고 피면담자의 문제 행동의 만성 정도와 맥락을 기록할 수 있다. 둘째, IP와 IP 가족의 언어적, 비언어적 행동을 동시에 관찰함으로써 정보의 타당성을 평가하고 아동의 행동과 관련하여 부모나 다른 성인들이 가지는 신념과 가치, 기대에 관해 알 수 있다.

2. 행동관찰

행동관찰(Behavior Observation) 혹은 행동평가(Behavior Assessment)는 문제행동을 발견해내고 이러한 문제행동과 더불어 문제행동의 결정요인으로 작용하는 환경요인, 또는 개인과 가족 환경과의 상호작용을 양적으로 평가해내는 과정이다. 관찰은 가족의 신체적 특징, 비언어적 행동, 에너지 수준, 감정, 언어적 · 비언어적 표현 간의 일치 여부 등을 알 수 있다. 특히, 가족 간의 상호작용에 대한 정보를 제공해 주는 유용한 방법이다.

Pavlov의 고전적 실험과 같이 행동주의 심리학에서 비롯된 행동관찰은 몇 가지 기본 전제를 지닌다(박영숙, 2021). 첫째, 행동의 결정요인은 환경적 사건이다. 둘째, 문제행동과 시간적으로 인접한 환경적 요인, 또는 행동과 환경과의 상호작용이 문제행동에 있어서 보다 중요하다. 셋째, 행동관찰의 기본 가정은 환경결정론에 근거한 것으로써, 행동의 발생이나 특성을 설명함에 있어서 행동에 선행되거나 동반되는 상황적 요인이 중요하다. 넷째, 행동주의자는 행동의 다요인 결정론을 지지한다. 다섯째, 평가의 대상이 되는 문제행동이 다양한 요소들로 구성되어 있다는 반응의 단편화를 기본 전제로 한다.

행동평가에서 가족치료자는 가족의 상호작용, 예를 들어, 권력과 관련된 미묘한 이슈, 도움을 요청하고 받는 양가감정을 관찰하고, 사회적으로 낙인이 부여된 문제를 논의하는 것, 강렬한 느낌의 직접적이고 충분한 표현을 억압하는 것을 관찰해야 한다. 가족을 방문하는 것은 환경적, 물리적 자원에 대한 정보를 얻을 수 있을 뿐만 아니라 가족의 일상생활에서 가족원이 어떻게 상호작용하는지 관찰할 수 있는 기회이다(Collins, Jordan, & Coleman, 2010). 또한, 가족치료자는 가족이 가족치료 장면에서 보이는 상호작용양식을 잘 탐색하여야 한다. 초기단계의 상호작용이 가족치료가 진행되면서 변화하는 양상과 관계망을 면밀히 세심하게 살펴야 한다. 이와 같은 유사 관찰은 제한된 정해진 환경 안에서의 가족 상호작용에 대한 관찰의 효율성을 높일 수 있다. 해결중심적 가족치료에서는 일방경을 통해 치료 목표를 달성하기 위해서 치료진과 가족치료자 간의 상호연계를 강화하였다. 가족치료자는 가족에게 과제를 제시하거나 혹은 의사결정을 하게 할 때, 치료실 한 쪽에서나 일방경 혹은 비디오테이프를 통해 가족의 역할, 권력, 의사소통과 의사소통 결정과정 등의 가족기능을 관찰할 수 있다.

행동평가 방법의 종류로는 가족치료자가 관심 있는 행동을 선정해서 추론해 나가는 이야기식 기록, 정해진 시간 간격 내에서 행동이 일어나는지 기록하는 시간 간격별 기록, 특정행동이 일어나는 행동 자체를 기록하고, 그 행동에 대해 세부 사항을 기록하는 사건 기록, 그리고 특정 행동 특징에 대해 1~5점 척도나, 1~7점 척도로 측정하는 평정 기록 등이 있다.

면담과 마찬가지로, 행동관찰 역시 신뢰도와 타당도에 대한 문제가 제기되고 왔다. 행동관찰에서 신뢰도에 영향을 주는 요인으로는 가족치료자의 행동기록의 왜곡으로 인한 편견, 가족치료자의 관찰행동의 비일관성으로 인한 변화, 점수화하기 어려운 형태의 행동 등이 있다. 신뢰도를 높이는 방법에는 가족치료자 간의 신뢰도나 일치도를 평가하거나, 검사-재검사를 통한 신뢰도 검사, 관찰 도구를 둘로 나누어 관찰하는 내적 일치도 검사 방법이 있다. 반면에, 행동관찰의 타당도에 영향을 주는 요인은 관찰된 결과가 대표성과 일반성을 가지는지의 여부이다. 또한, IP가 자신이 관찰 대상임을 인지하고, 가족치료자와 상호작용을 하며, 가족치료자에게 영향을 받는 등, 반응을 보이는 것에서 타당성에 위협이 될 수 있으므로 이러한 반응성을 최소화하기 위해 관찰자는 최대한 겸손하게 관찰하여야 한다(곽금주, 2002).

07장 가족개념

1. 가족경계

가족의 경계(boundary)는 한 체계와 다른 체계를 규정하는 구획 혹은 선이다(조흥식 외, 2017). 가족의 경계는 명확하면서도 융통성이 있는 것이 바람직하며, 경계가 지나치게 경직되었거나 또는 혼란되어 있는 경우에는 가족 내 문제가 발생할 가능성이 높다. 구조적 가족치료기법에서 많이 활용되고 있는 경계는 정상, 격리, 밀착 등의 가족원 간의 정서적 역동을 나타내며, 가족기능을 파악하는데 도움이 된다. 가족의 경계는 가족원 간의 경계, 가족체계 간의 경계, 가족 외부와의 경계 등으로 구분된다. 먼저, 가족원 간의 경계는 밀착된 가족과 경직된 가족의 양극선 상에서 살펴볼 수 있다. 가족원 간의 상호 관여 정도를 측정할 수 있는 개념으로써, 밀착된 가족은 가족원이 서로 지나치게 관여하고 간섭하기 때문에 적절한 경계가 결여된 경우이고, 경직된 가족은 가족원이 서로에 대해 관심도 관여도 없고 가족에 대한 몰두도 없는 경우이다. 밀착된 가족의 가족원은 가족일치감과 충성을 강요받기 때문에, 가족응집성이 높을 수 있지만, 개인의 자율성과 성장이 이뤄지지 않는다. 반면에, 경직된 가족은 개인의 자유와 자율성을 높이 평가하기 때문에, 가족원 간의 차이에 관대하지만 결속력이 낮아서 위기대처 시 혼란이 발생한다. 두 번째 경계는 하위체계 간 경계다. 가족 안에는 다양한 하위체계가 존재한다. 부모 하위체계, 자녀 하위체계, 부모자녀 하위체계, 형제자매 하위체계 등 가족 내 부모자녀 간의 세대 간 경계가 명확해야 부모가 자녀를 잘 양육하고 친밀하며 융통성 있는 가족체계가 이루어진다. 세대 간 불명료한 경계는 하위체계 간의 역기능을 초래하고, 부모의 권력투쟁과 갈등에 자녀가 개입되는 경우가 종종 발생한다(Jordan & Franklin, 1995). 이런 역기능적인 가족은 정서적으로 문제를 지니며, 가족원 중 누군가가 정서장애를 앓게 된다. 세 번째 경계는 가족 외부와의 경계이다. 가족은 하나의 체계로서 외부세계와 상호교류하면서 생존한다. 향후 살펴볼 생태도에서도 잘 나타나겠지만, 가족이 지역사회나 이웃과 교류하는 정도는 그 경계의 침투성에 따라 개방형 가족, 폐쇄형 가족, 방임형 가족으로 구분된다. 개방형 가족은 가족 외부와의 경계가 분명하면서도 침투력이 있는 가족이고, 폐쇄형 가족은 외부와의 경계가 모호하고 침투력이 없는 가족이다. 방임형 가족은 가족 외부와의 구분이 거의 없는 가족이다. 따라서 가족은 지역사회나 이웃과 자유롭게 정보를 교환하면서, 부모가 자녀양육에 지나친 통제나 방해를 하지 않도록 해야 자녀가 정서장애를 앓거나 비행에 빠지지 않는다(조흥식 외, 2017).

2. 가족권력

가족 내 권력(power in family)은 가족원이 다른 가족원과 상호작용하는 과정에서 다른 가족원의 행동을 변화시킬 수 있는 능력을 말한다. 일반적으로 가족 내에서 가족원의 경제적, 사회적 지원과 애정이나 인정 등의 욕구를 실현해 줄 수 있는 자원을 많이 가진 가족원일수록 권력을 많이 지닌다. 가족 내 권력은 절대적인 권한을 의미하지 않는다. 즉, 권력은 경우에 따라 그리고 적극적인 교류 여부에 따라 달라진다.

가족 안에는 가족의 특정 하위체계가 다른 하위체계에 권력을 행사하는 하나의 위계질서가 존재한다(Haley, 1976). 다시 말해서, 가족이 이러한 위계질서를 어떻게 조직화하고 있는지를 파악하는 것은 매우 중요하다. 가족치료자는 IP 가족을 이해하기 위해서 가족원 중에서 누구에게 가장 권력이 집중되어 있는지, 누가 가장 영향력을 행사하는 사람인지, 그리고 가족원 간에서 권력이 어떤 양상으로 분포되어 있는지를 파악할 필요가 있다. 가족 안에서 가장 권력을 행사하는 사람을 찾아내기란 여간 어려운 일이 아니다. 반드시 겉으로 드러나 보이는 사람이 그 가족의 권력 행사자가 아닌 경우가 많기 때문이다. 가족치료자는 세심하고 주의깊은 관찰을 통해서 권력 행사자를 파악하여야 한다. 하르트만과 레어드(Hartman & Laird, 1983)는 가족 안에서 전혀 권력 행사자의 위치에 있을 것이라고 생각되지 않는 자녀가 그 가족을 좌지우지하는 권력의 위치에 있을 수 있다는 사실을 주지하였다.

가족권력은 구조적 가족치료의 가족지도를 통해서 확인할 수 있다. 가족치료자는 가족과 합류하여 가족이 드움을 원하는 IP의 증상 또는 문제행동이 가족기능이나 구조와 어떤 관계가 있는지를 판단한다. 가족치료자는 증상이나 문제가 구조와 관계가 있다는 사실을 발견하면, 가족에게 체계, 하위체계 간의 경계를 수정하거나 가족 내의 연합과 같은 변화가 필요하다는 사실을 직접 알린다. 가족이 변화하려고 시도하고 애쓰는 과정에서 역기능적인 가족지도는 기능적 가족지도로 변하게 되고, 가족 내 권력 행사자의 영향도 이동한다.

또한, 가족의 권력은 가족규칙과 가족이 공유하고 있는 의미와 가치체계에서도 찾아볼 수 있다. 가족치료자는 가족 내에 도전할 수 없는 막강한 규칙이 존재하는지를 파악하여야 한다. 가족치료자는 가족규칙에 의해 형성된 가족상호작용이 가족원을 무기력하게 만들고, 그러한 규칙의 변화에 두려움을 느끼며, 어느 누구도 감히 규칙에 도전할 수 없는 상황 속에서 가족의 권력이 집중, 분포되어 있다는 것을 알 수 있다. 가족의 의미와 가치체계에서 파생되는 권력은 가족원이 공유한 원칙에 의해 형성된다. 의미체계에 의한 권력은 가족의 의식과 기념식을 통해서 나타난다(Hartman & Laird, 1983, p. 301). 특정 가족기념일을 주관하는 사람, 빠짐없이 참여하는 사람, 늘 다른 사람과 갈등을 빚는 사람, 갈등 이후 가족행사를 마무리하는 사람, 가족 행사에 대한 가족원의 반응, 그리고 가족행사가 가족원에게 미치는 영향 등을 통해서 가족과 친족체계의 상호작용이 잘 드러나며, 이 과정에서 권력 행사자의 권한이 나타난다. 따라서 가족치료자는 가족 안에 존재하는 규칙이나 의식, 기념식 등이 있는지, 그리고 이런 것들이 가족에게 어떤 영향을 미치는지 등을 사정하여야 한다.

가족 내 권력을 사정하는 질문은 가족기능을 평가하는데 도움이 된다(Hepworth & Larson, 1993). "누가 무엇을 하며, 누가 이에 대해 언급하는가?", "누가 누구에게 말하는가?", "누가 가장 먼저 말하는가?", "다른 가족원이 말할 때 누가 동시에 말하는가?", "누가 누구를 방해하는가?", "누가 누구에게 동의하는가?", "누가 가장 말을 많이 하는가?", "누가 결정할지를 누가 결정하는가?", "의사결정을 할 때, 보통 누구의 아이디어가 받아들여지는가?", "아이디어를 누가 냈는지에 상관없이 누가 의사결정의 최종 권한을 갖고 있는가?", "가족 내 권력구조는 안정적인가?", "권력의 기반이 가족 내 어떤 하위체계에 있는가?", "가족 내 권력의 분산에 동의하고 있는가?" 등이다.

3. 가족규칙

가족규칙(family rule)은 겉으로 드러나지 않지만, 가족기능을 파악할 수 있는 주요한 사정기법이다. 가족규칙은 가족의 언어, 시공간의 사용양상, 가족의사소통의 흐름과 본질, 가족원의 지위와 권력의 부여, 가족의례 등을 규정짓는 역할을 한다(Hartman & Laird, 1983, p.297). 가족규칙은 가족원의 경험 혹은 가족의 전통이나 문화, 가족의 적응 노력 등 많은 요인에 의해서 형성되기 때문에, 가족마다 다양한 가족규칙이 존재한다. 따라서 가족생활의 응집성과 안정성은 바로 가족규칙을 통해 유지된다고 해도 과언이 아니다.

가족규칙에서 한 가지 중요한 측면은 규칙에 관한 규칙인 메타룰(meta-rule)이다. 메타룰은 가족원이 그들이 가지고 있는 규칙을 어떻게 유지하고 변화시킬 것인가에 관한 규칙이다. 가족규칙이 불분명한 역기능적 가족은 가족규칙을 어떻게 변화시킬 것인가에 대한 아무런 체계도 갖고 있지 않다. 반면에, 아주 경직되어 기존 가족의 상호작용을 고수하고자 하는 가족은 규칙을 언급해서는 안된다거나 혹은 변화될 수 없다는 강력한 메타룰이 존재한다(Hartman & Laird, 1983).

이러한 가족규칙에는 명시적 규칙(explicit rules)과 암묵적 규칙(implicit rules)이 있다. 명시적 규칙은 '통금시간은 저녁 9시까지다'와 같이 명료하고 분명하게 얘기할 수 있는 규칙을 말한다. 암묵적 규칙은 '여성은 남성 앞에서 남성은 여성 앞에서 성(性)에 대한 이야기를 해서는 안된다'와 같이 암묵적이거나 겉으로 드러나지 않아서 분명히 얘기할 수 없는 규칙을 일컫는다(Jordan & Frankin, 1995, p.210).

가족치료자는 치료계획을 세우기 위해서 가족규칙을 파악하여야 한다. 가족치료자는 가족규칙을 파악하기 위해서 가족에게 규칙을 직접적으로 질문하거나 혹은 가족이 상호작용하는 방식을 관찰하면서 추론하게 된다. 예를 들어, 자녀의 용돈은 매달 어머니가 준다는 규칙이 존재하는 가족에게는 자녀가 아버지에게서 정규적이진 않지만 간헐적인 용돈을 받고 있을 수 있다. 이때 아버지는 어떤 상황에서 용돈을 지급하는지 파악하는 것이 중요하다. 또 다른 사례로, 부부간에 애정표현이 잘 이루지지 않는다면, 애정표현을 방해하는 요인이 무엇인지 파악하는 것이 중요하다. 다른 사람 앞에서는 애정표현을 해서는 안된다거나 지나친 애정표현은 삼가야 한다는 가족 내 암묵적 규칙이 존재할 수 있다. 이러한 가족치료자의 가설은 "어머니가 용돈을 지급할 때 아버지는 무엇을 하나요?", "부부간에 사랑받고 있다는 것을 어떻게 압니까?"라는 식의 직접적인 질문을 통해서 확인할 수 있다. 가족치료자는 이와 같은 가족의 가족규칙을 확인하여 치료계획의 근간을 수립하는 것이 중요하다. 가족 안에 존재하는 수많은 암묵적 규칙은 겉으로 드러난 명시적 규칙보다 가족의 상호작용에 지배적인 영향을 미친다.

4. 가족신화

가족신화(family myth)는 가족의 의식, 역할, 규칙의 상호작용으로 전개되는 가족에게 스며있는 신념과 기대의 한 부분이다(김유숙, 2006, p.161). 가족신화는 가족원이 공유하는 잘못된 기대와 신념으로 현실에 대한 왜곡이나 부정적 요소를 지닌다. 가족신화는 역기능적 가족이 상호작용을 유지하는 과정에서 이를 합리화하는데 조직적인 신념으로 활용한다. 예를 들면, 유명한 소설가 브론테 가족은 집이 가장 안전한 곳이라는 신념과 기대로 역기능적인 가족신화를 만들어왔다. 어린 시절부터 집 밖에서 뛰어놀기보다는 공책에 깨알같이 작은 글씨로 자매들끼리의 이야기 연결하기에 열중하였고, 가족의 집밖에는 수많은 가족의 묘지들로 둘러싸여 있었다. 대부분의 가족이 단명하였고,

가장 오래 장수한 샬롯 브론테도 30대에 요절하였다. 이는 가족신화가 자매들이 소설가로서 성장하는 데 있어서 간접적으로나마 상상력에 지대한 영향을 주었을지라도, 가족원의 외부 활동을 차단함으로써 가족을 외부세계와 단절·고립시키는 결과를 초래했다. 이처럼 가족신화의 특징은 모든 가족원이 의심없이 공유하는 믿음과 기대라는 점이다.

따라서 가족치료자는 치료적 개입 이전에 가족이 가진 비합리적인 신념과 기대를 이해하여야 한다. 가족치료자는 가족신화가 가족원에게 불합리하게 작용한다는 사실을 알면서도 가족 스스로 가족원에게 없어서는 안되는 중요한 정서라고 여기는 부분을 파악하여야 한다. 가족신화는 가족행동을 결정하고, 특정한 가족관계를 드러낸다. 가족신화는 가족의 역기능에도 불구하고 가족의 항상성을 유지하는데 기여하는 부분도 있지만, 가족관계를 파괴시킬 정도로 위협적인 긴장을 유발하기도 한다(Watzlawick, Beavin, & Jackson, 1967). 가족이 가족신화에 집착하면, 가족은 새로운 변화를 꾀하기보다 기존 관계를 유지하고 습관적인 기능을 반복하려는 경향을 상호 조장한다. 가족치료자는 가족신화를 파악하기 위해서 가족이 특정 행동에 대한 원인을 어디에서 찾으려는지를 이해할 필요가 있다.

가족사정의 목적은 가족이 현재 겪고 있는 어려움은 어떤 것이며, 그 어려움을 지속시키고 있는 가족의 상호작용 양상은 무엇인지 그리고 가족은 자신들의 상호작용 유형 중에서 어떤 점을 변화시키기 원하는지를 알아내는 것이다. 가족사정의 목적을 달성하기 위해서 가족치료자는 가족을 힘들게 하는 가족 상호작용 양상을 가족 스스로 이해하고, 가족이 변하는데 필요한 새로운 행동양식을 가족과 함께 찾아내야 한다. 그 과정에서 가족치료자는 기존의 규칙이나 신념, 기대를 그대로 고수하고자 하는 가족원의 노력과 암묵적 제휴가 있을 경우에는 난관에 봉착할 수밖에 없다. 역기능적인 경직된 가족일수록 이런 경향은 더 크고, 여기에 가족신화는 지대한 영향을 한다. 가족을 사정하는 데 있어서 이처럼 가족신화가 중요한 것은 가족이 가지고 있는 비합리적인 신념이 가족원 간에 상호작용을 유발하고, 가족원 간의 상호작용 방식을 유지·정당화시키는 데 조직화된 신념으로 작용하기 때문이다.

종종 가족신화는 가족의 의사소통이나 행동에 영향을 미쳐 가족원 간의 의사소통을 고착시키기도 한다. 가족치료자는 IP 가족의 가족신화가 그 가족의 문제에 어떻게 영향을 미치고 있으며, 가족원 중 누가 가족신화의 희생양인지를 파악해야 한다. 만약 가족신화로 인해 그 가족의 문제가 발생한 것이라면, 가족치료자는 가족이 가지고 있는 가족신화가 무엇이며, 가족에게 그 가족신화가 가족 안에서 어떤 작용을 하는지를 알게 하여, 가족이 가족신화를 변화시키기 위한 노력을 하게 해야 한다.

5. 가족의식

가족의식(family ritual)은 어떤 특정한 목적에 대해 방향 지워진 행동양식이며, 계속 이어온 역사로써 정당성을 획득하는 가족의 상호작용과정이다(김유숙, 2006, p162). 가족의식은 가족문화의 핵심적 요소로써 세대를 통해 전수된다. 즉, 부모-자녀, 조부모-손자녀 간의 세대 차이에 발생하는 거리감을 완화시키기 위해 세대를 이어주는 기법이다. 가족의식이나 기념일은 가족 됨과 가족으로서의 정서를 느끼게 해주고 가족원 간의 관계를 다시 이어주는 중요한 기능을 한다(Hartman & Laird, 1983).

가족의식은 설날이나 추석 같은 명절이나 생일에 전형적으로 드러나는 활동이다. 역기능적 가족구조를 지닌 가족일수록, 이런 특정일에 관례적이고 의례적인 갈등을 보인다. 예를 들면, 가족치료자는 명절에 IP 가족이 모였을 때, 가족원 간에 화목한지? 혹은 갈등이 있는지?를 확인하는 것이 중요하다. 가족원 간에 갈등이 있다면, 갈등을 촉발한 사람은 누구인지? 술에 취한 가족원이 있는지? 폭력은 없는지? 가족갈등에 대해 가족은 어떻게 느끼고 반응하는지? 그리고 갈등 이후 가족은 어떻게 행동하는지 등에 대해서 살펴보아야 한다. 가족의식은 의례적이고 의무적인 관례화된 양식을 깨고, 가족식사 모임과 같은 새롭고 편안한 의식을 마련하여 자녀의 진로문제, 가족의 주거 등과 관련된 문제를 놓고 의견을 교환할 수 있다. 또한, 전화걸기와 편지교환 등의 방법도 좋은 활용방법이다(Hartman & Laird, 1983).

가족치료자는 가족에게 직접적인 질문을 함으로써 가족의식의 질을 사정할 수 있다. "쉬는 날 가족이 함께 하는 일이 있습니까?", "생일날 가족은 당신에게 무엇을 해줍니까?", "명절에 가족이 모이면 어떤 일이 생깁니까?"라는 간단한 질문을 통해서 가족의식을 파악할 수 있다(Hartman & Laird, 1983). 만약 가족이 의식적인 것을 명확하게 묘사하지 못할 경우에는 비언어적 매체를 활용할 수 있다. 가족치료자는 가족과 함께 가족사진을 보면서 그 당시의 상황이나 어린 시절을 회고할 수도 있다. 가족치료자는 IP 가족의 표면적인 의식 외에, 혼란스럽거나 포기한 가족의식에 대한 가족의 반응, 특히 정서적인 반응을 파악하는 것이 중요하다. 가족의식을 이해하는 것은 가족역할, 가족관계망과 하위체계 경계선을 판단하는 지름길이다(김유숙, 2006).

6. 삼각관계

두 사람이 제3자에 대항하여 함께 연합할 때, 긴장을 완화하려고 제3자와 삼각관계를 시도한다(남순현 외, 2007). 인간관계는 물론, 가족관계에는 많은 삼각관계가 존재한다. 부부간에 타협하기 어려운 갈등이 발생하면, 이자관계에는 불안이 유발되고 그 긴장을 줄이기 위해서 제3자인 자녀를 부부관계에 끌어들여 삼각관계를 형성한다. 1부에서 살펴본 베토벤의 가족사가 삼각관계의 연속이었고, 뉴욕의 저명한 저널리스트 몰리 하스켈(Molly Haskell) 역시 풍자만화의 소재로 등장하는 장서갈등이나 고부관계가 자신이 빠진 함정임을 절감했다. "내가 가장 사랑하는 두 사람이 잘 지내지 못한다는 것은 정말 끔찍한 일이다. 하지만 그것은 내 자신의 분열 속에서 내가 만들어 낸 상황이다. 결단코 아이는 어른이 묵인하는 범위에서 사랑을 갈구한다. 이미 우리는 태어나면서부터 삼각관계를 사랑하고, 삼각관계를 만들었다. 또 다른 삼각관계가 발생하지 않게 어떻게 이 관계를 잘 중재하고 삼각관계 안에서 더 이상의 갈등이 빚어지지 않게 할 수 있을까?"라며 하스켈은 이자관계의 갈등 속에서 제3자로 남는 것이 얼마나 어려운 일이고, 삼각관계에 빠지지 않으려고 애쓰지만 힘들다는 사실을 극명하게 말하고 있다(Haskell, 1990).

이런 양상에 놓이게 되면, 수학 공식처럼, 모든 일에 지지해 주는 친밀한 사람과 이자관계에서 제3자의 침입을 거부하는 나쁜 사람 혹은 도움이 안되는 희생양으로 구분이 되기 때문에, 우리는 이를 삼각관계라고 한다. 삼각관계는 가족관계에서 안정감을 찾기 위해서 형성된다. 일반적으로 이자관계가 선천적으로 불안하고 스트레스가 심할 때, 삼각관계를 형성하며 긴장이 심한 이자관계는 안정감을 찾는다. 삼각관계에 놓여 있는 이자는 제3자나 외부인을 나쁘고, 병약하며, 쓸모없는 사람으로 치부해버리기 때문에, 이자관계를 지지하는 사람만이 좋은 사람으로 생각한다. 다른 가족체계와 달리, 가족은 출생, 결혼 혹은 입양을 통해서 형성되고 죽을 때 비로소 해체되는 관계이기 때문에, 가족원은 살아가면서 다른 가족원의 지지와 자기정당화를 요구한다.

08장 가족생애주기

가족의 문제는 특정 발달단계에서 또는 발달단계의 이행과정에서 발생하는 경우가 많다. 개인이 발달단계에 따른 변화를 경험하는 것처럼, 가족 또한 가족생애주기(family life cycle)를 갖는다. 가족생애주기는 가족체계 내에서의 발달적 변화과정으로써, 가족원과 그들이 수행하는 역할 모두가 시간 경과에 따라 변한다고 가정한다(장휘숙, 1995, p.73). 가족생애주기는 그 자체가 하나의 정서적 발달의 기본 단위이다. 따라서 가족생애주기는 특유한 단계와 경과를 가진 가족원의 움직임과 상호관계를 이해하는 준거틀로써 의의를 지닌다. 가족은 가족생애주기를 거치는 동안 각 단계에서 요구하는 발달과업을 해결해야 하며, 각 단계에서 발달과업을 해결하지 못하는 경우에는 외부의 도움이 필요하다. 가족치료자는 가족이 각 발달단계에서 발달과업을 잘 수행할 수 있도록 도와야 하며, 한 단계에서 다른 단계로 이행하는데 어려움이 없도록 발달과정을 수용하고 촉진시킬 필요가 있다.

가족생애주기를 중심으로 한 가족연구는 1948년 힐(Hill)과 듀발(Duvall)이 가족을 각 구성원의 개별적 생애주기의 집합으로 본 관점에서 출발하여, 1970년대 본격화되었다. 질바크(Zilbach)는 「가족발달(family development, 1968)」이라는 논문에서 시간의 경과와 함께 일어나는 가족발달은 가족 내의 각 개인의 발달과는 별개의 특수한 작은 집단의 발달이라고 하였다. 정신분석적 관점에서 질바크가 논문에서 강조한 발달은 가족은 일정한 구조와 기능을 가진 전체로서 정해진 특정 발달단계에서 예기된 다음 단계로 전진하는 것을 의미하는 것으로써, 발달의 개념보다는 생애주기의 개념을 강조하였다. 그는 결혼, 첫 자녀의 출생, 첫 자녀의 사회참여, 막내자녀의 사회참여와 가족기능의 축소, 부모자녀관계의 새로운 구성, 첫 자녀의 결혼과 독립, 막내자녀의 결혼, 별거, 부모의 조부모화 등의 사건을 통해 1단계에서 6단계로 가족생애주기를 구분하였다.

1. Duvall의 가족생애주기

초기 듀발(Duvall)은 가족생애주기를 가족의 확립에서부터 자녀가 성장할 때까지 확장하는 가족단계(expanding family stage)와 성인기에 진입한 자녀가 그들 자신의 생계를 책임질 때부터 노부부만 남게 될 때까지 수축하는 가족단계(contracting family stage)의 두 개의 범주로 구분하였다(Duvall, 1977; Duvall & Miller, 1985). 이후 듀발은 두 개의 범주를 다시 8개의 하위단계로 세분화하였다.

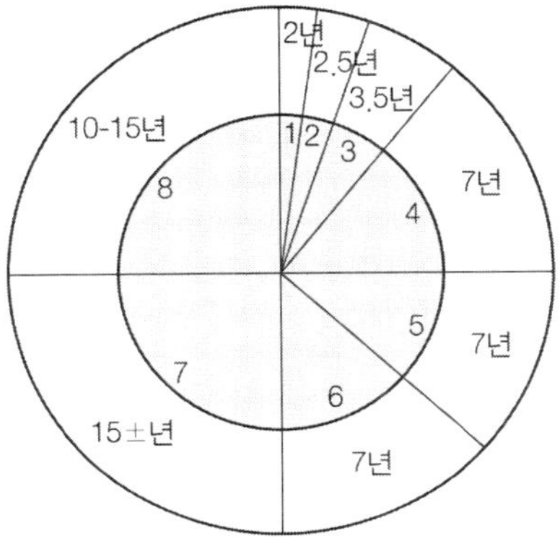

그림 12 가족생활주기 8단계

출처: Duvall, E. (1977). *Marriage and family development*(5th ed.) Philadelphia: Lippincott (장휘숙, 1995에서 재인용. p.74).

1단계는 새롭게 형성된 부부단계다. 이 단계 부부는 새롭게 형성된 남편과 아내로서의 역할에 적응하여야 한다. 상호 간에 친밀감을 형성하며, 친족체계 일원이 되어야 한다. 또한, 자녀출산 등에 대한 계획과 부모됨을 준비하여야 한다.

2단계는 첫 자녀를 출산하는 가족으로, 첫 자녀의 출산부터 생후 36개월 정도까지의 시기이다. 최근 저출산으로 인하여 자녀 수가 감소하고 있지만, 일반적으로 결혼한 남녀는 2명 이상의 자녀를 갖는다. 자녀출산과 함께 부부의 삶은 크게 변화한다. 부부는 자녀 양육에 많은 시간과 에너지를 쏟고, 경제적 부담을 겪는다. 자녀출산 이후 결혼생활에 대한 만족도도 급격히 저하된다.

3단계는 학령전기 아동가족으로, 첫 자녀가 6세가 될 때까지 가족에 해당한다. 부모는 더 많은 시간을 자녀 양육에 힘쓰게 되고, 부부가 함께 할 시간이 현저히 줄어든다. 이 시기 부모는 자녀들의 욕구와 흥미를 잘 파악하여야 하며, 부부가 함께 할 시간을 늘려가야 한다.

4단계는 학동기 아동가족이다. 맏이의 연령이 6세부터 13세까지에 해당하는 시기이다. 학동기 자녀는 학교에 가게 되고, 학교에서 많은 시간을 보낸다. 학교에 자녀를 보낸 후 어머니는 시간적으로 자유를 만끽하게 된다. 하지만 우리는 뉴스를 통해서 이 시기의 아동이 가장 바쁘다는 사실을 알고 있다. 학교와 학원으로 하루 일정이 꽉 찬 자녀와 가족과의 일정을 조절하여 가족원 간의 균형을 이룰 수 있도록 하여야 한다. 또한, 부모는 자녀가 학교에서 수행하는 과업을 잘하고 있는지 살펴야 하며, 자녀의 수행을 인정하고 격려해 주어야 한다. 특히, 이 시기는 좋은 스승이 중요한 역할을 하므로, 자녀가 참 스승을 만날 수 있도록 도와야 한다.

5단계는 중고등학교 자녀를 둔 가족이다. 가장 큰 자녀가 13세부터 20세 사이의 시기로 청소년이 있는 가족이다. 청소년이 있는 가족은 가족치료에서 가장 빈번히 접할 수 있는 가족이다. 이 시기 자녀는 부모와의 관계보다 친구와의 관계를 중시하며, 가족의 경계를 넘나든다. 부모는 자녀가 부모로부터 심리적으로 독립을 할 수 있도록 도와야 하며, 자녀는 자신의 정체감을 확립할 수 있어야 한다. 하지만 이 시기 부모는 자녀의 변화에 당혹해 하며, 자녀와 많은 갈등을 겪게 된다. 부모는 자녀의 자립과 성장을 인정하고, 자녀가 가족을 떠날 준비를 하는 것을 인내하여야 한다. 이 시기 부부간의 결혼만족도는 최하위로 떨어진다.

6단계는 성인 자녀를 둔 가족이다. 첫 자녀가 성인기로 들어가면서 가족을 떠나게 되는 시기이다. 자녀는 대학진학, 군복무, 취업과 결혼 등을 계기로 가족을 떠나게 되며, 가족은 이런 성인 자녀를 격려해야 한다. 평균 막내 자녀가 집을 떠나게 될 때까지 8년 정도의 시간이 소요된다. 중고등학교 자녀 시기 최하위였던 부부간의 결혼만족도도 서서히 증가한다.

7단계는 중년기 가족이다. 이 단계는 막내 자녀가 집을 떠날 때부터 은퇴까지 계속된다. 막녀 자녀까지 집을 떠나게 되면, 집에는 두 부부만 남는다. 이를 빈둥지 시기

(empty nest period)라고 한다. 이 시기는 시대에 따라 지속기간에 차이가 있다. 자녀를 많이 출산하던 시기에는 이 기간이 비교적 짧았지만, 20세기는 2~13년까지 증가하다가 21세기 들어서면서 교육 기간은 길어지고 만혼이 늘어나면서 다시 짧아지는 추세다. 중년기 어머니는 이 시기에 심한 우울증을 경험하기도 하며, 중년 부부는 제2의 사춘기라고 하는 갱년기를 맞이한다. 아울러, 중년기 부부는 노부모를 부양하여야 하는 책임을 지게 된다. 중년기 부브는 자녀를 돌봐야 하는 동시에 노부모를 부양해야 하는 이중고에 시달리게 되기 때둔에, 샌드위치 세대(sandwich generation)라고도 한다.

8단계는 노화하는 가족이다. 이 단계는 직업을 가진 성인의 은퇴에서부터 두 배우자의 사망까지 계속된다. 최근 의료기술의 발달과 100세 시대를 맞이하여 노인의 연령은 증가하였지만, 반면에 사회적인 변화로 인하여 은퇴 시기가 빨라지면서 이 시기는 길어지고 있다. 부부가 만성 질병에 걸리면 자녀가 샌드위치 세대가 되어 노부부를 부양하게 된다.

듀발의 가족생애주기는 가족의 발달적 변화를 이해하기 위한 유용한 틀이다. 하지만 이혼 · 재혼 그리고 한부모 가족 등 현대사회의 변화하는 다양한 가족구조를 담아내기에는 제한점을 지닌다(장휘숙, 1995). 첫째, 듀발의 가족생애주기는 성이 다른 두 남녀 성인과 그들의 생물학적 자녀들로 구성된 핵가족에 기초한다. 그렇다면 최근 서구 여러 나라에서 증가하고 있는 편부모 가족이나 입양가족 혹은 복합가족 등을 이 모델에 어떻게 적용할 것인가?에 대한 문제가 발생한다. 둘째, 가족생애주기는 부부의 연령증가와 부부가 출산한 첫째 자녀의 변화하는 발달적 요구를 바탕으로 형성되어 있다. 그렇다면, 자녀 없는 부부들이 일생동안 경험하는 가족생활의 변화는 어떻게 설명할 수 있는가?. 이런 변화하는 최근의 가족의 구조에 대해 카터와 맥골드릭은 어떤 가족에게도 소속되지 않은 성인의 단계를 첨가하여 해결하고자 하였다.

표 2 Duvall의 가족생애주기 단계

가족생애주기 단계	이행에 동반된 특징적 원리	발달과정에 의해서 일어나는 가족 안에서의 이차적인 방법
1. 새롭게 형성된 부부	결혼, 새로운 가족체계의 출발	a. 부부체계 형성 b. 남편, 아내 역할 습득 및 확립 c. 친족체계 일원이 됨 d. 부모됨 준비
2. 자녀를 출산하는 가족	새로운 가족원 수용	a. 부모자녀 하위체계 형성 b. 부모 역할 획득 및 역할수행 c. 자녀 양육
3. 학령전기 아동가족	자녀 요구와 흥미에 적응	a. 자녀 양육에 더 많은 시간 투자 b. 부부 시간 확대 및 관계 재정립
4. 학동기 아동가족	자녀 입학에 따른 가족경계 확대	a. 가족원 간의 시간 조절과 균형 b. 자녀의 유능감 증진 c. 자녀의 좋은 스승이 중요한 시기
5. 중고등학교 자녀 가족	자녀의 심리적 독립	a. 자녀의 심리적 독립 격려 b. 자녀가 가족체계 안과 밖을 자유롭게 드나들 수 있도록 부모자녀관계 재정립 c. 부부체계의 새로운 협력 d. 결혼만족도 향상을 위한 부부관계 변화 필요
6. 성인 자녀 가족	진수기	a. 부모와 성인 자녀와의 관계 변화 b. 자녀 독립 c. 빈둥지 증후군 준비
7. 중년기 가족	가족체계 다양화	a. 부부관계 재정립 b. 샌드위치세대 노부모 봉양 책임 c. 새로운 가족체계(자녀 배우자와 손자 등)와 가족관계 회복 d. 중년기 발달과업 재인식
8. 노화하는 가족	노년기, 가족기능의 축소	a. 노년기 질병과 죽음에 대비 b. 새로운 가족관계 수용 c. 축소된 사회적 역할 탐색 d. 노부부 관계 변화 e. 인생 통합

* 표 3의 Carter와 McGoldrick(1980)의 가족생애주기와 동일한 구분에 따른 저자의 Duvall의 발달단계 재구성임.

2. Carter와 McGoldrick의 가족생애주기

카터(Carter)와 맥골드릭(McGoldrick)은 1980년 일반체계이론을 통합한 새로운 가족생애주기를 제안하였다. 카터와 맥골드릭은 가족생애주기에 현대사회의 새로운 동향을 반영하여 어떤 가족에게도 소속되지 않은 젊은 성인의 단계를 첨가하였다. 카터와 맥골드릭(1980)은 현대사회에서는 원가족과 결혼가족 어디에도 소속되지 않은 젊은 성인의 기간을 가족의 출발점으로 보아야 한다고 주장하였다. 또한, 이혼에 동반하는 가족생애주기의 혼란과 그 전후의 가족과정이나 재혼에 의한 새로운 가족 형성의 문제를 예외적 현상으로 생각하지 않고 기본적인 가족과정으로 간주하였다(김유숙, 2006, 재인용, p.71).

1단계는 가족과 가족 사이의 중간적 존재로 어떤 가족에게도 소속되지 않은 젊은 성인의 시기이다. 이 시기 젊은 성인은 자신이 태어난 원가족과 앞으로 만들어 갈 결혼가족 중간에 있으며, 원가족에게서 분리했으나 아직 다른 가족을 구성하지 않아 소속되지 않은 어른의 단계에 놓인다. 어떤 가족에게도 소속되지 않은 젊은 성인은 직업적 정체감을 확립하여 적절한 직장을 갖고 경제력을 갖춰야 한다. 또한, 이성관계에서 친밀감을 형성하여 자신의 가족을 형성할 준비를 하여야 한다.

2단계는 결혼에 의한 가족결합이다. 새로운 가족을 형성한 성인 남녀는 친밀감과 상호헌신 속에서 새로운 역할을 수용하고 익혀서, 새로 형성된 친족체계의 일원이 되어야 한다. 결혼을 계기로 가족을 형성한 성인 남녀는 확대가족과의 관계를 조절해가면서 원가족과의 관계를 재정립하여야 한다. 또한, 최근 젊은 성인이 자녀출산 없이 두 부부가 지내는 경우도 많지만, 이 시기에 부부는 자녀계획과 출산에 대비하여 부모됨을 준비하여야 한다.

3단계는 어린 자녀가 있는 가족이다. 자녀출산은 가족 내 많은 변화를 요구하고, 성인 남녀는 부모로서의 역할을 획득하여 자녀 양육에 힘써야 한다. 부모자녀의 새로운 하위체계를 수용하고, 확대가족관계를 확장해 나가야 한다.

4단계는 청소년기 자녀가 있는 가족이다. 이 시기는 부모와 자녀 간에 상당한 혼란을 겪는 시기로, 가족치료 장면에서 많이 볼 수 있는 가족의 단계다. 청소년기 자녀는 가족체계 안팎을 자유롭게 드나들면서 가족경계의 변화를 가져온다. 이 시기 부모는 청소년기 자녀의 자립을 인정하고, 자녀가 부모에게서 심리적인 독립을 할 수 있도록 도와야 한다. 하지만 대부분의 부모가 청소년기 자녀가 가족보다 친구들과의 가족 외부체계를 강화하면서 가족경계를 약화시키는 것을 인내하지 못하고 부모와 자녀 간에 많은 갈등을 겪는다.

5단계는 성인 자녀가 집을 떠나 자립하는 시기이다. 진수기(launching period)에 접어든 가족은 자녀가 대학진학, 군복무, 직장과 결혼 등을 계기로 집을 떠나는 것을 수용하고 받아들어야 한다. 이 시기 부모는 막내 자녀까지 출가시키고, 빈둥지를 경험하게 된다. 반드시 결혼이 아니어도, 이 단계는 성인 자녀가 독립하여 어떤 가족에게도 속하지 않는 시기이다. 성인 자녀는 성인으로서 경제적 자립을 위해 직업적 정체감을 확립하고 가족을 형성할 준비를 하여야 하고, 부모는 부모로서 노부모를 봉양해야 하는 책임을 져야 한다. 출가한 자녀가 그들의 자녀를 출산하면, 부모는 조부모가 되기 때문에, 조부모로서의 역할을 받아들여야 한다. 부모는 성인 자녀를 동등한 어른으로 인정하는 새로운 부모자녀 관계를 정립하여야 하고, 노부모의 죽음과 질병에 대비하여야 한다.

6단계는 노후다. 조부모 세대로 부부는 둘만의 관계를 재정립하고, 축소된 사회적 역할을 수용하여야 한다. 노부부는 새로운 관심사를 확장시키거나 기존 관계를 재정립하여 활기찬 노후를 보내야 한다. 이 시기에 노부모는 손자녀를 돌보면서 소일거리를 하거나, 새로운 취미생활에 빠져 시간 가는 줄 모르기도 하지만, 여전히 노년기에 경제적 빈곤에 시달려 일을 해야 하는 경우도 있다. 이 시기에는 가족 안에서 중년기 자녀가 중심적인 역할을 하지만, 여전히 노부모는 자녀에게 삶의 지혜를 전수해주면서 자녀에게 의존하게 된다. 또한, 죽음에 직면해야 하는 시기로, 노부부가 건강하게 지낼 수 있도록 노년기 만성적 질병에 잘 대처하여야 한다.

표 3 Carkter와 McGoldrick의 가족생애주기 단계

가족생애주기 단계	이행에 동반된 특징적 원리	발달과정에 의해서 일어나는 가족 안에서의 이차적인 방법
1. 가족과 가족 사이의 중간적 존재: 어떤 가족에게도 소속되지 않은 젊은 성인	부모에게서 분리	a. 가족과의 관계에서 자기 확립 b. 친밀한 또래 관계의 발달 c. 직업상의 정체감 확립
2. 결혼에 의한 가족결합: 새로운 신혼부부의 탄생	새로운 가족체계의 출발	a. 부부체계의 형성 b. 확대가족이나 친구들이 배우자를 수용
3. 어린 자녀를 둔 가족	가족체계 내의 새로운 구성원 수용	a. 자녀를 포함한 부부체계의 재구성 b. 부모로서의 역할수행 c. 부모 또는 조부모의 역할을 포함하는 확대가족 관계 회복
4. 사춘기의 자녀를 둔 가족	자녀의 자립을 인정하는 가족경계의 확대	a. 사춘기 자녀가 가족체계 안과 밖을 자유롭게 드나드는 것을 허용하는 형태로 부모자녀 관계가 이행 b. 중년의 부부 문제나 직업 등의 발달과제에 대한 재인식 c. 노년 세대에 대해 배려하는 방향으로의 관심이행
5. 자립하는 자녀를 둔 가족	가족체계 밖에서 생활하거나 가족체계에 새롭게 참가하는 가족의 다양화 현상	a. 부부체계의 새로운 협력 b. 성장한 자녀와 부모 간의 성인으로서 맺는 관계로 이행 c. 자녀의 배우자와 손자를 포함한 형태의 가족관계 회복 d. 부모 또는 조부모의 신체적 · 정신적 장애나 죽음에 대한 대처

가족생애주기 단계	이행에 동반된 특징적 원리	발달과정에 의해서 일어나는 가족 안에서의 이차적인 방법
6. 노년기를 보내는 가족	세대에 따른 역할변화의 수용	a. 자신 또는 부부의 기능 유지와 육체적 쇠약에 대한 관심 b. 새로운 가족관계 또는 사회적인 역할 탐색 c. 중년 세대가 중심적인 역할을 하도록 지지 d. 연장자의 지혜와 경험을 가족체계 속에서 살리는 기회를 형성 e. 배우자, 형제, 동료의 상실에 대응, 자신의 죽음을 준비, 인생의 통합

출처: Carkter, E. A., & McGoldrick, M. (1980). *The family life cycle: A framework for family therapy*. New York: Gardner Press(김유숙, 2006에서 재인용. p.73).

09장 비언어적 매체 활용

1. 가계도(Genogram)

가족치료자는 가족을 이해하는 수단으로 가계를 설명하는 일종의 가계도라고 하는 간단한 도구를 개발했다. 가계도는 각 가족원이 한 세대에서 다음 세대까지 생물학적 · 법적으로 어떻게 관련되는지를 도표로 묘사하는 것이다. 다시 말해서, 가계도는 3세대 이상에 걸친 가족원에 관한 정보와 그들 간의 관계를 도표로 기록하는 작성방법이다(McGoldrick et al., 1999). 가계도는 가족에 관한 정보를 도식화할 수 있기 때문에, 복잡한 가족 유형의 형태를 한눈에 볼 수 있다는 이점을 지닌다. 따라서 가계도는 전체 가족사에서 발생한 기본 사건의 자취를 더듬어 봄으로써, 우리가 알고 있는 것을 다시 한번 상기시켜 주고, 알지 못했던 사실들을 알게 해준다.

1) 가계도 작성

가계도 작성법은 그림 13과 같고, 50명 이하의 가족원을 표기할 수 있다.

남성은 사각으로, 여성은 원으로 표시한다.

출생일과 사망일은 각 개인의 기호 위에 표기한다.
나이는 사각이나 원 안에 기록한다. 사망은 각 개인의 기호를 ×로 표시한다.
추정일은 ? 혹은 ~로 표시한다(~1898 혹은 ? 1989).

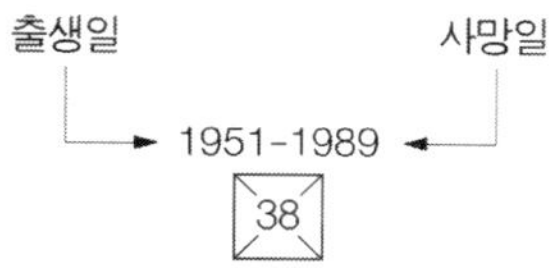

다음과 같이 부부관계를 나타내는 선 위에 관련된 날짜를 기록한다.

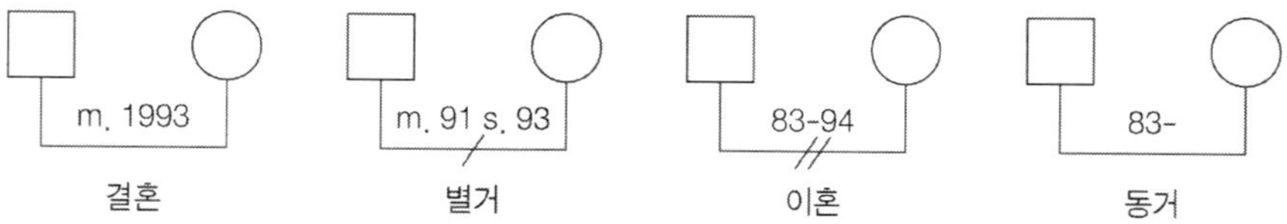

출생순위에 따라 자녀들은 왼쪽에서 오른쪽으로 그려 나간다.

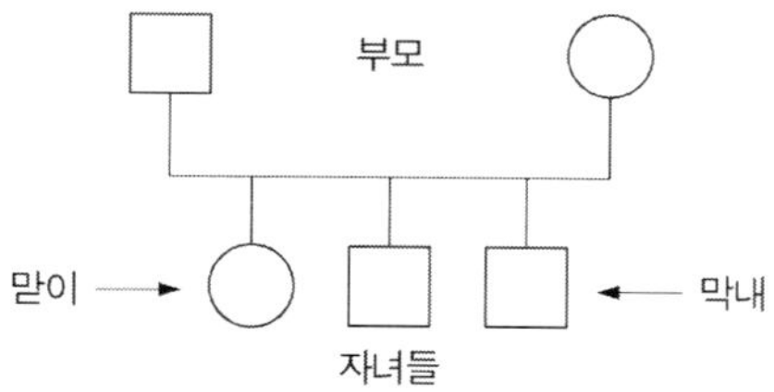

여기 한 예를 살펴보자.

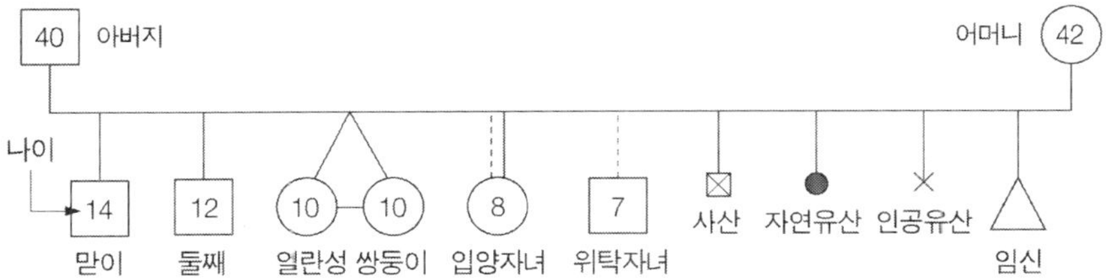

다음은 가족원 간의 정서유대를 나타낸다.

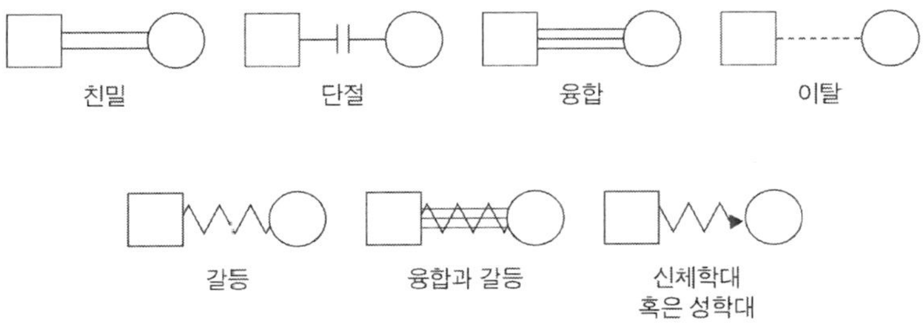

다음과 같이 부부관계를 나타내는 선 위에 관련된 날짜를 기록한다.

가계도에서
가족관계는
다음과 같이
표기된다.

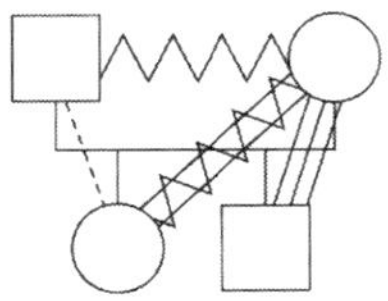

심각한 정신적 혹은 신체적 문제는 사각이나 원의 왼쪽 반을 검게 칠한다.

약물이나 알코올 문제는 사각이나 원의 아래쪽 반을 검게 칠한다.

그림 13 가계도 작성법

출처: 남순현 외(2007). 가계도 분석을 통해 본 세계유명인의 가족비밀. 서울: 학지사. p.36-37.

가계도는 누가 누구와 결혼을 했고, 자녀의 이름이 무엇인지 등에 관한 기본적인 가족의 유전적이고 법률적인 구조에 기초한다. 가계도는 가족원 간의 관계를 파악할 수 있고, 가족이 숨기려고 하는 가족비밀이나 가족신화와 같은 가족의 고통스럽거나 난처한 가족사에 대한 실마리를 제공한다. 가계도에서 다루어지는 정보는 다음과 같다(남순현 외, 2007). 첫째, 가족원, 가족의 출생일, 결혼, 이사, 질병, 사망과 같은 기본사항, 둘째, 교육, 직업, 심리적 그리고 신체적 건강상태, 개인적 특성, 재능, 성공과 실패와 같이 모든 가족원의 중요한 특징과 기능 수준에 관한 정보, 셋째, 친밀, 갈등 혹은 단절과 같은 가족관계 유형 등.

일반적으로 가계도는 핵심인물(identified patient, IP)과 그의 자녀와 손자녀를 포함한 최소한 3세대로 형성되며, 방계가족이나 방계가족의 기능과 관계를 다룰 수 있다. 가계도는 일반적으로 첫 면담에서 대부분 완성되며, 새로운 정보가 나타날 때마다 수정된다. 가족치료자는 가족에게 이전 세대에서 내려오는 주제, 신화, 규칙, 정서장애 등에 관해 질문함으로써, 반복되는 가족의 문제 유형을 확인한다. 또한, 가계도의 가족력을 통해서 지금까지 가족 안에서 일어났던 일들의 관련성을 파악한다.

가족치료자는 가족과 가계도를 그릴 때, 다음과 같은 사항에 주의하여야 한다(김유숙, 2006, p.224). 첫째, 가족치료자는 모든 가족이 참여하도록 격려하며 개입하는 것이 필요하다. 즉, 어떤 가족과 이야기를 나눈 후, 다른 가족에게 덧붙일 것이 있는지를 확인하거나, 동의하는지의 여부를 물어본다. 둘째, 가족치료자는 가계도를 그리는 경험이 가족에게 부담스럽지 않도록 배려해야 한다. 가계도 작성은 가족과 충분한 관계가 이루어지지 않은 가족치료의 초반부에 활용되기 때문에, 때로는 가족들이 힘들어하거나 재미없는 질문, 답하고 싶지 않은 질문에 도움이 되도록 유머나 재치를 사용할 필요가 있다. 셋째, 가계도를 통해 가족치료자의 전문성을 발휘할 수 있어야 한다. 가족치료자는 가계도를 작성한 후 가족 전체가 각자의 생각을 서로 나누도록 진행하는 것이 중요하다. 일반적으로 가족은 자신의 가족에 대해 객관적으로 평가하고 싶은 의

지가 강하기 때문에, 가계도를 통한 가족치료자의 전문적인 분석은 가족이 자신의 가족에 대한 통찰을 갖게 하는데 많은 도움을 준다.

가계도는 현재의 가족뿐만 아니라 과거까지도 이해할 수 있다. 역사적 관점에서 볼 때, 가족치료자는 사건의 우연의 일치에 대해서 체계적인 견해를 가져야 한다. 가족 내의 다른 부분에서 동시에 일어난 사건을 단순히 우연으로 보지 않고, 오히려 체계적인 방식으로 상호관련성을 갖고 살펴보는 것이 중요하다. 가계도에서 드러난 가족사와 관계 유형은 가족 문제를 규정하는데 중요한 실마리를 제공한다. 따라서 가족치료자는 가계도를 통해 삼각관계 유형이 한 세대에서 다음 세대로 어떻게 유지되고 있는지 살펴봄으로써, 가족을 변화시킬 수 있는 전략을 설계하여야 한다.

2) 가계도 해석

(1) 가족구조

① 구조

가계도에서 가장 먼저 주목해야 할 사항은 가족의 구조이다. 가족치료자는 가계도의 골격을 통해서 가족이 확대가족인지, 핵가족인지, 한부모 가족인지, 혹은 이혼·재혼 가족인지를 파악하여야 한다. 가족치료자는 표면적인 가족구조에만 머무르지 말고, 각 가족원이 안고 있는 문제점을 파악하려고 노력하여야 한다. 예를 들어, 한부모 가족의 경우, 가족원의 고독, 경제적 문제, 자녀 양육 및 한쪽 부모의 상실로 인한 충격 등을 파악할 필요가 있다.

② 형제지위

토만(Walter Toman)은 그의 저서 『가족: 하나의 심리게임(Family constellation: A psychological game, 1961)』에서 형제지위의 특징을 밝혔다. 가족의 형제지위는 원가족 내에서 어떤 감정을 경험하게 하며, 가족원의 역할에도 영향을 준다. 맏이는 지나치게 책임감이 강하며 부모 역할을 하는 경향이 있고, 막내는 무책임하고 응석받이인 경우가 많다. 형제의 성별도 중요한 요인이다. 여자 자매 속에서 자란 여자아이와 남자 형제 속에서 자란 남자아이는 결혼 후 성이 다른 배우자를 이해하는 데 어려움을 겪을 수 있다. 형제간의 연령 차이도 중요한데, 비슷한 연령일수록 형제간의 생활 경험을 보다 많이 공유하고, 형제간에 나이 차이가 많이 날수록 각각 상이한 발달단계에서 생활하게 된다.

(2) 생애주기의 적합성

한 가족이 적응하고 있는 생애주기의 변화를 이해하는 것은 중요하다. 가족은 결혼, 자녀출산, 자녀양육, 자녀 독립, 은퇴 등의 각 생애 사건을 거쳐서 발달해나간다. 가족치료자는 가계도에 기재된 연령과 시기 등을 통해서 가족의 생애주기 사건이 사회규범적 기준시간 내에서 일어나고 있는지 확인하여야 한다. 만약 그 범위에서 벗어난다면, 가족이 그 생애주기 단계에 적응하기 위해서 어떤 어려움에 직면해 있는지 탐색하여야 한다.

(3) 세대를 통해 반복되는 유형

가족의 유형은 세대에서 세대로 전수될 가능성이 있기 때문에, 가계도를 통해서 여러 세대에 걸쳐서 반복되는 유형을 조사하여야 한다.

① 역할 유형

특정 가족의 역할이나 양식, 문제처리방식은 한 세대에서 다음 세대로 전수된다. 예를 들어, 가족이 호소하는 알코올 문제, 폭력, 자살, 정신질환 등의 문제는 이전 세대에서도 일어났던 경우가 종종 있다.

② 관계 유형

친밀, 갈등, 융합 등의 가족관계의 유형 역시 여러 세대를 걸쳐서 나타날 수 있다. 예컨대, 모자 간의 강한 동맹 속에서 부자 간에 대립적인 적대관계를 보이는 관계 유형이 여러 세대에 걸쳐서 반복될 수 있다.

③ 구조 유형

여러 세대에 걸쳐 가족구조가 반복되면, 가족 유형이 더 견고해지는 경우가 있다. 특히, 구조양상이 바로 전 세대와 동일할 때, 그런 경향은 더 강하다. 예를 들어, 세 자매 중 막내인 어머니가 세 명의 딸을 둔 경우에 어머니는 막내딸과 자신을 지나치게 동일시할 수 있다.

(4) 인생의 중대사와 가족의 역할

인생의 중대사와 가족의 역할변화는 서로 관련되어 있는 경우가 많기 때문에, 가족사의 중대한 사건이 언제 일어났는지 가계도에 기록하여야 한다. 가족치료자는 가계도에서 가족 내 발생한 여러 사건과 가족 역할의 변화 및 우연의 일치성을 조사하여야 한다. 특히, 중요한 가족생애사건과 가족 역할의 장기적인 변화 간의 관계를 살펴보는 것이 유용하다. 가족치료자는 가계도에서 긴장의 축적, 충격적인 사건의 영향, 사회 · 경제 · 정치에 관한 가족의 경험 등을 신중하게 살펴보아야 한다.

(5) 삼각관계 유형

가계도에서 삼각관계 유형을 파악하는 것은 중요하다. 우리는 베토벤의 가계도에서 여러 세대에 걸쳐 지속적으로 나타나는 삼각관계 유형을 살펴보았다. 어느 한쪽이나 두 사람 모두에게 불안이 초래될 때, 본질적으로 이자관계는 불안정해진다. 종종 이자관계에서 발생하는 불안이 참을 수 있는 수준을 넘어서게 되면, 그 불편함을 더 강하게 지각하는 사람은 자동적으로 중요한 제3자와 관계를 맺으면서 삼각관계를 형성한다. 부부관계가 소원해지면, 어머니는 딸과 친밀한 관계를 맺으면서 아버지와 대립한다. 이런 삼각관계는 여러 세대에 걸쳐서 형성될 수 있다.

(6) 가족의 균형과 불균형

가족의 구조, 역할, 기능 수준과 자원의 유무 등의 균형과 불균형은 가족체계 전체의 기능과 관련이 있다. 가족치료자는 가족이 잘 기능하는 두드러진 특징과 대조되는 점을 살펴서 가족체계의 균형과 불균형을 파악하여야 한다. 이러한 대조와 특징이 기능 전체와 어떤 관계가 있는지, 지금까지 어떤 균형을 유지해왔는지, 균형유지에 실패하면 어떤 긴장이 발생하는지 등을 파악하는 것이 중요하다.

① 역할

가족 안에는 보호자, 의존자, 제공자, 대변자 등 다양한 역할이 존재한다. 이런 가족 내 역할분담은 자연스럽게 이루어지는 것이 아니기 때문에, 갈등의 원인이 된다. 따라서 가족치료자는 한 가지 역할을 담당하고 있는 가족이 지나치게 많은 가계도에서는 그러한 문제를 어떻게 해결하고 있는지 세심하게 살펴보아야 한다.

② 기능 수준과 유형

가족원은 각자에게 맞는 유형의 형태로 기능할 수 있도록, 가족 내 각 유형의 균형이 이루어져야 한다. 예를 들어, 무책임한 알코올중독자와 책임감이 강한 배우자와의 결합이다. 이때 지나치게 책임을 지려는 배우자가 무책임한 배우자와 서로 균형을 이루고 있지만, 알코올중독자의 행동은 무책임하기 쉬운 반면에, 배우자는 필연적으로 과도하게 책임을 지려는 경향을 보인다. 과도하게 책임을 지려는 쪽의 돌보고자 하는 욕구와 무책임한 쪽의 보호받으려는 욕구가 그들의 관계를 유지시킨다.

③ 자원의 유무

가계도에서는 가족이 재산, 건강, 기술, 지원체계 등의 자원을 가지고 있는지의 유무를 살펴보는 것이 중요하다. 만약 가계도에서 가족원 간에 극단적인 차이를 보인다면, 가족이 자원의 불균형을 어떻게 대처했는지를 탐색하여야 한다.

3) 사례: 벤저민 프랭클린의 가계

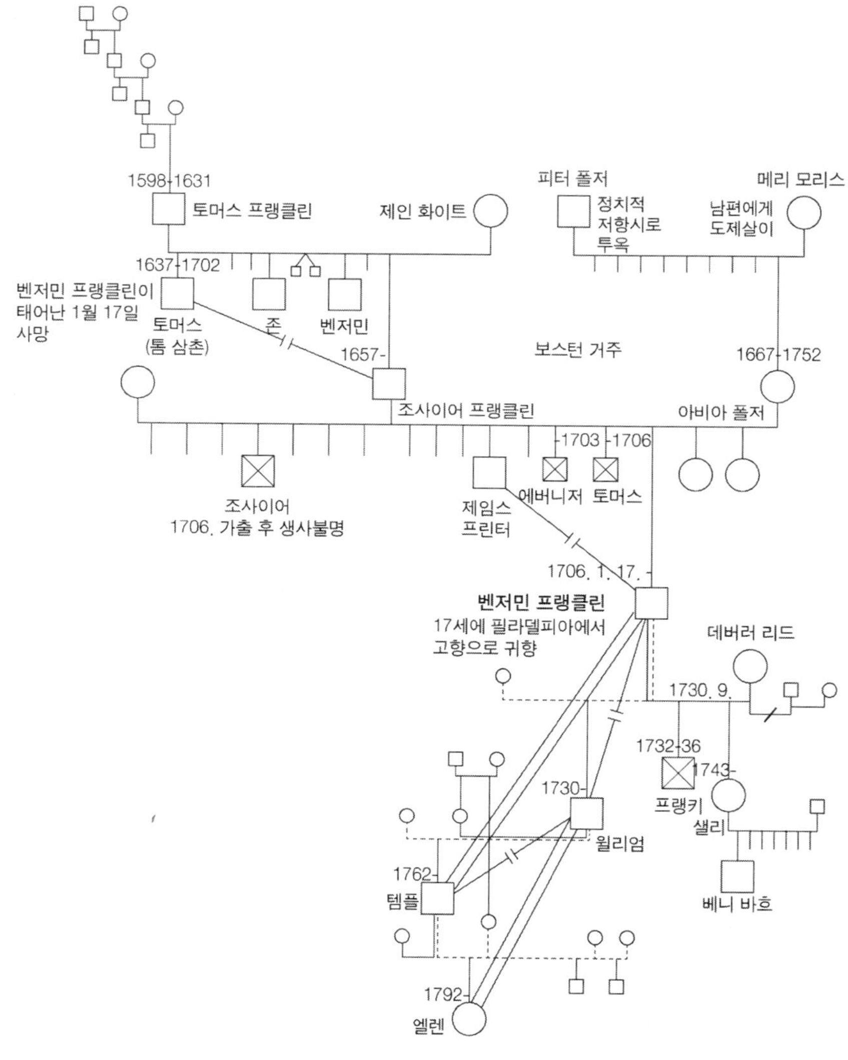

그림 14 **벤저민 프랭클린 가족의 가계도**

출처: 남순현 외 역(2007). 가계도 분석을 통해 본 세계유명인의 가족비밀. 서울: 학지사. p.39.

벤저민 프랭클린(Benjamin Franklin)의 가계도에서는 형제지위, 가족 내 다른 사람에 대한 그의 평판, 그리고 그의 출생 시기 등 세 가지 측면을 파악할 수 있다. 벤저민 프랭클린은 출생 당시 부모가 잃어버린 다른 세 아들을 '대신하는 자녀'였다. 에버니저(Ebenezer)는 2살 때 욕조에서 혼자 놀다가 익사했다. 할아버지의 이름을 딴 토마스(Thomas)는 벤저민이 태어난 후 몇 달 만에 사망했다. 같은 시기에 아버지의 이름을 딴 큰 형 조사이어(Josiah)는 21세에 바다로 도망친 후 9년 뒤에 잠시 집에 돌아왔다가 영원히 가족의 품에 돌아오지 않았다. 이런 상실로 인해서 부모는 벤저민이 네 아들의 몫을 해주길 기대했고, 이전 아들에 대한 상실로 그에게 지나치게 집착하지 않았다.

출생 시기를 보면, 벤저민은 토마스(Thomas) 삼촌이 사망한 4년 뒤 바로 그날 1월 17일에 태어났다. 톰 삼촌은 매우 학식이 뛰어나고 재능이 많은 발명가이자 금속세공업자인 동시에 점잖은 법률가였다. 그는 지역유지였고, 모든 국영기업의 주요 발기인이었다. 실제로 이런 사실은 미국의 최초 신문사, 초기 회원제 도서관, 최초 의용소방대, 초기 필라델피아 병원, 우체국 그리고 미국 초기 대학의 전신인 펜실베이니아 대학교의 설립자인 벤저민과 매우 흡사하다. 벤저민이 톰 삼촌과 닮았다는 사실은 벤의 아버지 가슴에 깊은 상처를 주었다. 벤저민 부모의 형제간에는 심각한 종교적 갈등이 있었다. 조사이어와 형제들, 즉 존과 벤저민은 톰과 소원했고, 톰은 가족이 떠날 것을 권했지만 묵묵히 선대로부터 내려온 집을 지켰다. 결코, 가족은 다시 함께 살지 않았다.

또한, 프랭클린 가족에게 벤저민이 일요일에 태어났다는 사실은 심각한 문제였다. 당시 통념상, 그것은 부모가 일요일에 성행위를 했다는 것이고, 따라서 벤저민은 악마의 자식인 것이다. 이는 종교적 믿음이 독실했던 프랭클린의 아버지에게 작은 문제가 아니었다. 벤저민 부모는 그의 정확한 생일을 철저히 비밀에 부침으로써 그 '죄'에서 벗어나려고 했다.

자녀의 이름을 짓는 것은 아이에 대한 가족의 '미래'나 '희망'이 무엇인지를 알려준다.

프랭클린은 아버지가 가장 좋아했던 형이자 자신의 대부인 벤저민의 이름을 물려받았다. 프랭클린 가족 모두가 좋아했던 벤저민 삼촌은 어린 시절 몇 년 동안 벤과 함께 지냈다. 그러나 이 두 벤저민의 연합이 가족에게 어떤 의미를 줬을지, 그리고 10명의 자녀 중 9명을 잃은 프랭클린 가족에게 온 벤저민이 어떤 존재였을지는 짐작할 수 있다. 결국, 아버지는 벤저민 형과의 갈등으로 인하여 벤의 미래와 교육에 대한 자신의 신념을 저버리고, 앞으로 아들이 출세할 수 있는 모든 문을 닫아버렸다.

2. 가족조각기법(Family sculpting technique)

가족조각기법은 1973년 켄터(David Kantor)와 덜(Fred Duhl)이 개발하였고, 펩(Peggy Papp)에 의해서 널리 사용되었다. 가족조각기법은 가족 중 한 명의 가족원이 자신이 가진 가족관계나 서로의 상호작용 패턴을 가족들을 활용하여 위치나 자세를 만들어 표현하도록 하는 것이다(Duhl, Kantor, & Duhl, 1973). 가족조각기법을 사용하는 목적은 가족원 각자 자신의 내면적 감정에 접함으로써 실제 자신에 대해 알고 느끼며, 새로운 대처방법을 생각해 보도록 하는 것이다. 이러한 과정에서 가족의 역동성이 가시화된다. 구체적으로 가족의 의사소통 유형, 권력구조, 경계선, 소속감, 개별화, 규칙 그리고 가족체계의 융통성 정도를 파악할 수 있다. 또한, 가족조각에서 나타나는 가족원 간의 물리적 거리, 얼굴과 신체 표정 그리고 자세를 통해서 가족관계, 동맹, 감정, 스트레스 상황에서의 대처방법 등을 알 수 있다.

1) 실시

가족조각은 한 가족원이 다른 가족원에 대해 느끼는 내적 정서 상태를 자세와 동작 및 소도구를 사용하여 공간적으로 나타내는 방법이다. 가족치료자가 가족조각을 성공적으로 수행하기 위해서는 정확하게 사정하는 것이 중요하다. 가족치료자는 가족의 의사소통, 권력구조, 경계선, 개인과 가족생애주기 발달, 과거 경험 및 학습에 대한 개념을 이해하여야 한다. 가족조각을 지도하는 가족치료자는 안내자로서 참여하며, 가족체계의 역동성에 개입하고, 각 개인과 가족 전체에 개입한다(Satir, Banmen, Gerber, & Gomori, 1991, p.287). 소요시간은 참여자 수와 다루어야 할 내용에 따라 달라질 수 있지만, 일반적으로 세 시간 이상 소요된다. 장소는 참여자와 청중의 수에 따라 다르지만, 여덟 명 정도가 불편 없이 움직일 수 있는 공간이면 된다.

가족조각을 실시할 때는 등장인물이 사용할 의자, 책상과 같은 간단한 가구와 소품이 필요하다. 가족원들이 직접 신체를 움직이는데 거부감을 가지고 있는 경우에는 가족원을 상징할 수 있는 인형, 빈 의자, 옷 등의 소품을 사용할 수 있다. 또한, 대역을 할 수 있는 역할자를 필요로 하기도 하는데, 참가한 가족의 수가 필요한 가족원의 수보다 적다든가 또는 가족 중 한 명만이 가족치료를 원할 때는 역할자의 도움으로 조각을 완성할 수 있다.

구체적인 실시방법은 다음과 같다(김유숙, 2006). 첫째, 가족의 동의를 얻는 단계이다. 가족치료자는 치료 관계를 맺고 있는 가족에게 면담 중에 가족을 보다 잘 이해하기 위해 좀 색다른 것을 해도 좋으냐고 물어서 가족의 동의를 구한 후, 가족 전원을 일어나게 한다. 일반적으로 가족들은 지금까지 경험하지 않은 새로운 것을 한다는 부담이 많아서 앉아서 이 접근에 대한 많은 설명을 들을수록 마음에 부담을 가질 수 있다. 이때 가족은 새로운 경험이라는 점 때문에 주저하는 경우가 있기 때문에, 이 기법이 가족을 이해하는데 유용한 방법이라는 사실을 부각시킬 필요가 있다.

둘째, 조각가를 선정하는 단계다. 가족 중 한 명을 조각가로 정하게 되는데, 일반적으로 문제가 있는 가족이 조각을 하지만, 이 제안을 기쁘게 받아들인 가족부터 시작해도 괜찮다. 가족치료자는 호흡을 가다듬고 IP와 눈접촉을 통해 IP와 합류한다. IP가 자신의 눈을 감고 호흡을 느끼도록 지시하며, IP가 탐구할 수 있는 능력을 갖도록 돕는다. 이는 IP가 혼자서 하는 것이 아니라 가족치료자와 함께 하는 것임을 알게 해주는 것이다. 경우에 따라서는 신체적으로 접촉하여 준비할 수 있게 해준다.

셋째, 조각을 만드는 단계이다. 가족치료자는 IP가 갈등을 가졌던 어느 한 시점을 선택하여 갈등 상황이나 갈등 관계를 가능하면 사실적으로 묘사하게 한다. 가족치료자는 IP에게 가족 앞에 서게 한 후, "지금부터 가족은 진흙 덩어리입니다. 가족의 몸이나 얼굴을 마음대로 움직여서 당신이 생각하는 가족의 이미지를 나타내 주세요."라는 설명을 한 후 조각을 만들도록 한다. 이때 특별한 규칙은 없지만, 가족치료자는 가족에게 조각가의 지시를 따르도록 강조하는 것이 좋다. IP는 역할자들을 배치시킨 후, 역할자의 자세와 세부사항을 점검한다. IP가 만든 가족조각이 회상하는 대로라면, IP는 뒤로 물러서서 조각을 살펴본다. 만일 고칠 부분이 있다면, 이때 수정한다. IP는 뒤로 물러서서 조각을 말없이 관찰하며, 과거의 감정을 상기시킨다. IP가 전 가족의 배치를 끝내면, 가족치료자는 조각가도 이 작품의 어딘가에 들어가 자신의 모습을 만들도록 지시한다. 사람들은 어떤 상황에서 웃거나 이야기하면서 자신을 드러내지 않으려는 일종의 자기방어를 보이기 때문에, 조각을 만드는 동안 가족들이 이야기하거나 웃지 않게 하는 것이 중요하다. 이러한 과정은 처음부터 시간을 가지고 천천히 진행하도록 배려하는 것이 좋다.

넷째, 자신들의 감정을 나누는 단계이다. IP가 가족조각을 관찰하는 동안 자신의 오랫동안 눌러왔던 감정들이 표출된다. 이때 가족치료자는 어느 특정 역할자의 위치를 과장시키거나 동결시킨다. 조각으로서 가족배치가 끝나면 가족치료자는 모든 가족에게 그 자세를 그대로 유지하면서 1분 정도 정지하도록 요구한다. 이것은 가족에게 자신들의 내면의 감정과 접할 기회를 주기 위한 시도이다. 이후 가족치료자는 가족 개개인에게 조각하는 동안 어떤 느낌이 들었는지 물어본다. 이때 가족치료자는 가족들이 감정적 차원에서 많은 피드백을 할 수 있도록 도와주어야 한다. 예를 들면, 아버지가 자신의 경험을 '아버지의 역할은 한가운데 우뚝 서 있어야 하는 것 같다'와 같이 이성적인 수준에서 피드백을 할 경우에는 '우뚝 서 있었더니 주위가 허전했다'는 식의 자신의 감정을 나타내는 표현을 하도록 격려해야 한다.

이 단계에서 가족치료자는 IP가 가족조각에 대해 느끼는 것을 말하게 하며, 그때의 사건이나 상황을 이야기하도록 한다. 그런 일이 얼마나 자주 일어났고, 그런 갈등상황에서 IP가 배운 대처방법은 무엇이며, 그 결과 얻은 것은 무엇인지에 대해서 이야기하게 한다. IP가 생각하는 부모의 느낌은 어떠한 것이고, 그 결과 어떤 규칙이 생겼으며, 그 규칙과 대처방법이 IP의 현재 인생에 어떤 영향을 미쳤는지 등에 대해서도 말하게 한다. 이처럼 가족치료자는 IP의 감정과 가족규칙에 대한 질문을 한 후에, IP가 원하는 가족의 모습과 자세를 가족들이 취하도록 한다. 그리고 이런 변화에 대한 IP의 느낌을 탐색한다. 가족치료자는 IP가 한 말을 재확인하며 이 과정을 마친다.

다섯째, 역할해제 단계다. 역할놀이라는 감정이 역할자에게 미칠 수 있는 영향을 고려하여 가족조각이 끝난 후, 가족치료자는 역할해제 의식을 치른다. 가족치료자는 역할해제라는 의식을 통해서 경직된 가족이 가족조각기법을 통해서 받을 수 있는 충격을 줄인다. 하지만 가족조각기법은 매우 상징적이고 은유적인 것이어서 잘 훈련된 전문가가 신중하게 진행하는 것이 좋다. 가족치료자는 가족조각기법을 어떻게 활용할 것인지에 대한 명료한 생각을 가지고, 이 기법을 사용하여야 한다. 가족치료자는 치료 목표를 달성하기 위한 원조로써, 가족조각기법을 어떻게 이용할 것인가의 문제에 나름대로 해답을 가지는 것이 바람직하다.

마지막으로, 끝맺음 단계이다. 치료과정이 모두 끝난 후에 가족치료자는 IP에게 가족조각 경험을 통해서 배운 것이 무엇인지 물어본다. 이때 가족치료자는 IP가 변화할 수 있는 것에 초점을 맞춘다. 예를 들어, 부모에 대해 새롭게 관찰한 것이나 통찰이 생겼다면 무엇인지, IP가 현재 대처하는 방법들이 자신이 조각한 과거 상황과 어떤 연관이 있는지 등에 대해서 질문한다. 또한, 역할에 참여한 가족들에게도 가족조각에 참여한 경험을 물어본다. 이처럼 가족조각은 진단과 평가 및 치료목적으로도 활용되는 유용한 기법이다.

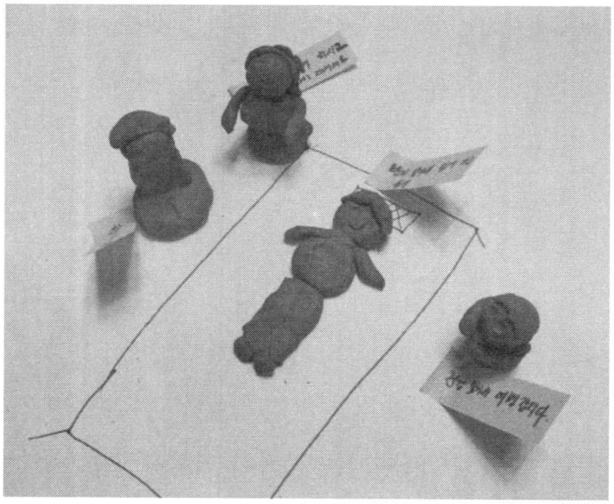

그림 15 지점토를 활용한 가족조각

출처: 지피지기 심리상담연구소 http://cafe.daum.net/bwd2009

3. 동적 가족화(Kinetic family drawing, KFD)

동적 가족화는 가족그림을 통하여 아동의 가족과 가족원 사이의 관계 및 역동성에 대한 아동의 지각을 이해하고, 아동의 자아개념이나 대인관계 갈등 등의 정서적 특성을 파악하려는 목적으로 번스와 카우프만(Burns & Kaufman, 1972)이 만든 투사적 그림 검사다.

번스와 카우프만(1972)은 동적 가족화의 특징을 부각시키기 위해서는 첫째, 동적 가족화의 흐름이나 질을 전체적인 맥락에서 파악하여야 하고, 둘째, 인물의 대인관계, 표현, 활동을 파악해야 하며, 셋째, 사물의 위치, 강조된 것, 사용된 것을 파악하여야 한다고 강조하였다. 동적 가족화는 투사적 기법의 하나로써, 가족의 생활사, 가족 배경, 면접자료 없이 해석하는 것이 불가능하다. 따라서 가족치료자는 가족을 둘러싼 환경체계를 고려하여 그림의 특징을 해석하여야 한다. 또한, 그림을 그린 사람의 문화적 배경이 그들 가족관계를 표현하기 위해서 반영될 수 있기 때문에, 해석할 때 주의하여야 한다.

1) 목표

① 동적 가족화는 가족 내에서 자기 자신과 다른 가족원에 대한 지각을 파악한다.
② 동적 가족화는 가족 간의 상호작용과 역동성을 파악한다.

2) 준비물

A4용지, 4B 연필, 지우개

3) 방법

① 동적 가족화는 가족에게 종이와 연필을 건네면서 "당신을 포함한 가족이 뭔가를 하는 모습을 그려 주세요. 스케치가 아니라 사람 전체를 그려 주세요. 반드시 어떤 행동을 포함해 뭔가 하는 모습을 그려 주세요."라고 지시한다. 이와 같은 과정을 통해서 동적 가족화는 다음의 세 가지 축에서 해석한다. 첫째, 동적 가족화가 의미하는 것을 찾는다. 둘째, 그림을 그리는 과정을 관찰한다. 셋째, 그림을 그린 후 면담 과정에서 정보를 수집한다.

② 가족이 동적 가족화를 그릴 때, 시간제한은 하지 않아도 되지만 일반적으로 30분 정도 소요된다.

③ 그리는 도중 여러 가지 질문에 대해서는 "자유입니다. 그리고 싶은 대로 그리세요."라고 하고, 어떠한 단서도 주어서는 안된다.

④ 가족치료자는 가족이 그림을 그리는 동안 그림을 그리는 순서나 그리는 태도 등 그리는 과정을 잘 관찰하여야 한다.

⑤ 만약 가족 중 그리지 않은 사람이 있을 경우에는 가족치료자가 "누구는 없네요. 그려볼까요?"라고 제안하여 나중에 다시 그려 넣는 일이 없도록 한다.

⑥ 그림을 그린 후 가족치료자는 그린 순서, 인물의 나이, 하고 있는 행위, 생략한 사람, 가족 이외에 그린 사림이 있는지 물어보고 기재한다.

⑦ 가족의 그림을 보면서 그림을 그린 뒤의 느낌이나 자신이 생각하는 가족의 특성, 가족관계 등에 대해서 이야기하도록 한다.

4) 진단과 해석기준

동적 가족화의 해석은 인물상의 행동, 양식, 상징, 역동성, 인물상의 특성 등 5개의 진단영역으로 나누어진다. 동적 가족화의 분석표는 표 4와 같다.

표 4 동적가족화 분석표

이름 ____________ 연령 ____________ 성별 ________

Ⅰ. 인물의 행동

(인물상)	(행위내용)	(행위의 대상이 되는 상대방)
1. 본인	____________	____________
2. 아버지	____________	____________
3. 어머니	____________	____________
4. 형 또는 오빠	____________	____________
5. 누나 또는 언니	____________	____________
6. 동생	____________	____________
7. 그 밖의 인물	____________	____________

Ⅱ. 양식

1. 구분화 ____________
2. 포위 ____________
3. 가장자리 ____________
4. 아래에 선을 그림 ____________
5. 위쪽에 선을 그림 ____________
6. 각 사람 아래에 선을 그림 ____________

Ⅲ. 상징

1. ____________ 2. ____________
3. ____________ 4. ____________
5. ____________ 6. ____________

Ⅳ. 각 인물상의 특성

1. 길게 연장되어 있는 팔을 가진 인물
   가. ____________ 나. ____________ 다. ____________
2. 높은 곳에 올라가 있는 인물
   가. ____________ 나. ____________ 다. ____________
3. 지워진 인물
   가. ____________ 나. ____________ 다. ____________

4. 도화지의 뒷면에 그려진 인물
   가. ____________ 나. ____________ 다. ____________
5. 공중에 매달린 인물
   가. ____________ 나. ____________ 다. ____________
6. 신체의 일부분이 생략된 인물
   가. ____________ 나. ____________ 다. ____________
7. 생략된 인물
   가. ____________ 나. ____________ 다. ____________
8. 추상화와 같은 눈을 가진 인물
   가. ____________ 나. ____________ 다. ____________
9. 거꾸로 그려진 인물
   가. ____________ 나. ____________ 다. ____________

Ⅴ. 동적가족화 기준선
1. 신장(크기)
   자기 ____________
   아버지 ____________
   어머니 ____________
2. 자기상의 위치
3. 자기상과 다른 가족원과의 거리

출처: Burns, R. C., & Kaufman, S. H. (1972). *Actions, styles, and symbols in Kinetic Family Drawing(K-F-D)*. New York: Brunner/Mazel.

(1) 행동

인물상의 행동(action)은 두 가지 관점에서 해석될 수 있다. 첫째, 행동의 상호작용 측면에서 볼 수 있는데, 가족 모두가 상호작용하고 있는가 아니면 일부가 상호작용하고 있는가 또는 상호작용이 없는가에 따라 가족의 전체적 역동성을 엿볼 수 있다. 둘째, 각 인물상의 행동을 중심으로 가족 내 역할 유형 등을 알 수 있다. 주로 아버지, 어머니, 자기상을 중심으로 분석한다. 그 이유는 이 세 사람이 한 가족원이며, 자녀에게 있어서 부모는 성격 형성에 중요한 장을 제공하기 때문이다.

(2) 양식

그림의 양식(styles)은 가족관계에서 자기의 감정과 상태, 신뢰감을 나타낸다. 양식은 일반양식, 구분, 종이접기, 포위, 가장자리, 인물하선, 상부의 선, 하부의 선 등으로 분류할 수 있다.

첫째, 일반적 양식은 보통의 신뢰감에 가득 찬 가족관계를 체험하고 있는 경우 그려지는 것으로써, 복잡하거나 명백한 장벽을 나타내지 않고 온화하고 우호적인 상호관계를 암시하는 그림이다.

둘째, 구분은 하나 또는 그 이상의 직선이나 곡선을 사용하여 그림에서 인물들을 의도적으로 분리하는 경우이다. 사회적으로 고립되거나 내성적인 내담자에게서 나타나며, 다른 가족원에게서 자신과 그들의 감정을 철회하고 분리시키려는 욕구를 표현한다.

셋째, 종이접기는 구분검사용지를 접어서 몇 개의 사각 형태를 만들고 그 안에 가족원을 그리는 구분의 극단적인 양식이다. 이는 가족관계 내에 존재하는 강한 불안이나 공포를 나타낸다.

넷째, 포위는 하나 또는 그 이상의 인물을 어떤 사물이나 선으로 둘러싸는 경우이다. 가족 간의 관계에서 자기 자신이 개방적인 감정적 태도를 가지지 못할 때, 가족원 혹은 자기 자신을 닫아버리는 양식이다.

다섯째, 가장자리는 인물상을 용지의 주변에 그리는 경우로, 상당히 방어적이며 문제의 핵심에서 회피하려는 경향을 보이는 경우이다.

여섯째, 인물하선은 자신이나 특정 가족원에 대해 불안감이 강한 경우에 인물상 아래에 선을 긋는 경우이다.

마지막으로, 상부의 선은 용지의 상부에 그려진 선으로 불안, 걱정, 공포가 존재함을 의미한다. 반면에, 하부의 선은 강한 스트레스가 있는 가족이 안정을 필요로 하며, 구조받고 싶은 욕구가 강할 때 나타난다.

(3) 역동성

역동성(dynamics) 차원은 가족 간의 감정을 용지의 전체적 맥락에서 파악할 수 있는 영역으로 인물상의 순서, 위치, 크기, 거리, 인물상의 방향, 인물상의 생략, 타인의 묘사 등이 속한다.

첫째, 인물상의 순서는 가족 내의 일상적 순서를 나타내는 경우가 많다. 특정 인물이나 자기상이 제일 먼저 그려진 경우에, 가족 내 정서적 위치에 대해서 특별히 고찰할 필요가 있다.

둘째, 인물상의 위치는 인물상을 그린 위치이다. 위쪽으로 그려진 인물상은 가족 내 리더로서의 역할이 주어지는 인물을 나타내며, 높은 목표를 가지고 그 목표에 도달하고자 노력한다. 가족 전원이 위쪽으로 그려진 경우는 가족 전체의 현재 상황에 대한 불안이나 불안정감을 의미한다. 아래쪽은 억울함이나 침체감과 관계있다. 또한, 가장자리나 아래쪽은 불안정, 낮은 자존감을 의미하기도 한다. 좌우로 구분했을 때, 우측은 외향성과 활동성과 관계있으며, 좌측은 내향성과 침체성과 관계있다. 적절히 적응하는 사람들은 남녀모두 자기상을 우측에 그리는 경향이 많다. 중앙부에 그려진 인물상은 가족의 중심인물이다. 만약 IP가 중앙부에 자기상을 위치시켰을 때, 자기중심성이나 미성숙한 인격을 의미할 수 있으므로 해석에 주의하여야 한다.

셋째, 인물상의 크기는 가족원에 대한 관심의 정도를 반영한다. 부정적이든 긍정적이든 관심이 큰 인물이 크게 그려진다. 전반적인 그림이 현저하게 큰 것은 공격적 성향이나 과장, 부적절한 보상적 방어의 감정, 과잉행동을 의미한다. 반면에, 현저하게 작은 그림은 열등감, 무능력감 혹은 부적절한 감정, 억제적이고 소심함을 나타낸다.

넷째, 인물상 간의 거리는 IP가 본 가족원 간의 친밀성 정도나 심리적 거리를 반영한다. 인물상이 겹치거나 접촉되어 있을 때는 두 개인 간에 친밀함이 존재함을 의미한다. 반대로 거리가 먼 두 인물상 간에는 실제 생활에서도 상호작용이나 의사소통이 소원한 경우가 많다.

다섯째, 인물상의 방향이 '정면'일 경우에는 긍정적인 감정이, '측면'일 경우에는 반긍정, 반부정적인 감정을, '뒷면'인 경우는 그 인물에 대한 부정적인 감정을 반영한다.

여섯째, 인물상의 생략은 그 가족원에 대한 적의나 공격성, 불안 등의 부정적인 감정을 표현한다. 인물상을 지운 흔적은 지워진 개인과의 양가감정 또는 갈등이 있음을 시사하거나 혹은 강박적이거나 불안정한 심리상태를 반영한다. 특정 가족원이 종이 뒷면에 그려져 있는 경우에는 그 가족원과의 간접적인 갈등이 있다는 것을 시사한다.

마지막으로, 타인의 묘사는 가족 내의 누구에게나 마음을 터놓을 수 없는 상태에 있을 때 많이 나타나며, 주로 친구를 묘사하는 경우가 많다.

(4) 인물상의 특징

① 음영이나 갈기기

신체 부분에 음영이 그려진 경우 그 신체 부분에 몰두, 고착, 불안을 시사한다. 또한, 정신신체 증상의 호소와도 관련있다. 그림의 윤곽선이 진하고 그림 안의 선들이 진하지 않을 경우 성격의 평형을 유지하는 것이 곤란함을 나타낸다.

② 윤곽선 형태

강박적 사고와 관련이 있다. 인물상을 빈틈없이 그릴 수 없을 정도로 과도하게 집착하고 있음을 의미한다.

③ 신체 부분의 과장

신체 부분의 확대 혹은 과장은 그 부분의 기능에 대한 집착을 나타낸다. 신체 내부를 투명하게 보이는 경우는 현실 왜곡, 빈약한 현실감각, 정신장애 가능성을 내포한다.

④ 신체 부분의 생략

그 신체 부분의 기능을 거부하거나 혹은 그 부분에 대한 고착된 불안 또는 죄의식을 반영한다.

⑤ 얼굴 표정

직접적인 감정을 나타내므로 해석상 지표가 된다. 인물의 표정은 가족 활동 안에서 IP가 지각하는 정서 반응일 수 있다. 얼굴 표정을 생략한 경우는 가족 내에서 느끼는 갈등이나 정서적 어려움을 회피하거나 거리감을 두려는 시도로 해석할 수 있다.

⑥ 의복의 장식

나체상을 그리는 사람은 사회규범에 대해 반항적이며 성적 문제를 가진 경향이 많으며, 의복을 통하여 신체가 보이도록 그리는 경우는 현실검증력이 낮고 심리적으로 장애가 있는 경우가 많다. 의복의 단추 모양이나 액세서리의 강조는 의존성 또는 애정욕구의 불만을 의미한다.

⑦ 회전된 인물상

인물상이 기울기도 하고 옆으로 누워있는 경우가 있다. 이는 가족에 대한 인식기능이 상실되었을 때, 거절, 다른 가족원과의 분리감정을 나타낸다. 즉, 보편적으로 강한 불안정과 정서 통제가 되지 않는 IP에게서 나타난다.

⑧ 정교한 묘사

그림이 극히 정교하고 정확하며 질서가 있는 경우는 사람의 관심이나 욕구를 반영하는 것이나, 과도한 표현은 강박적이고 불안정한 심리상태를 의미한다.

⑨ 필압

선이 굵고 강하게 나타나는 경우는 충동이 밖으로 향하고 공격적이고 활동적이다. 반대로 약하고 가는 선은 우울하고 소극적인 사람에게서 나타난다.

(5) 사용된 상징

동적 가족화에서 나타난 모든 사물에 대한 임상적 의미를 부여하기는 어렵다. 하지만 상징의 해석이 주관적, 독단적으로 행해지면, 가족의 특성을 잘못 해석할 수 있으므로 주의하여야 한다. 따라서 상징은 역동적, 통합적 관점에서 해석하여야 한다. 간단하게 임상적 의미를 부여하는 사물을 영역화하면 다음과 같다.

① **공격성, 경쟁심**: 축구공, 던지는 물체, 빗자루, 먼지떨이 등.
② **애정적, 온화, 희망적**: 태양, 전등, 난로 등의 열과 빛이 적절할 때.
③ **분노, 거부, 적개심**: 칼, 총, 날카로운 물체, 불, 폭발물 등.
④ **힘의 과시**: 자전거, 오토바이, 차, 기차, 비행기 등.
⑤ **우울 감정, 억울함**: 물과 관계되는 모든 것, 비, 바다, 호수, 강 등.

5) 적용

동적 가족화는 가족이 무엇인가 하고 있는 것을 그리는 것으로 현재의 가족 모습이 나타나기도 하고, 자신이 바라는 가족 모습이 나타나기도 한다. 따라서 그림 자체만을 해석하는 것은 상당한 오류를 범할 수 있다. 가족치료자는 그림을 가족의 현재 상황과 잘 연계시켜서 해석하여야 한다. 가족치료자가 그림의 해석기준에 맞춰 일방적으로 해석하고 진단하는 것은 매우 위험한 일이다. 그림을 해석할 때는 가족이 자신의 그림을 설명할 수 있도록 해야 한다. 가족치료자는 가족에게 '그림을 그린 후 그림을 보고 어떤 느낌이 들었나?', '누구를 그릴 때, 가장 힘이 들었는가?', '가족 중 나와 가장 가까운 사람은 누구인가?', '평소에 생각하는 가족과 그림에서 나타나는 가족은 어떤 차이가 있는가?' 등에 대해서 이야기하게 한다.

그림 16 30세 여성의 동적 가족화 그림

그림 16은 30대 여성이 자신의 가족을 그린 그림이다. 아버지가 간암으로 돌아가신 후 어머니가 중심인 가정에서 생활하고 있으며, 여성 또한 어머니를 보고 있다. 하지만 남동생과의 갈등으로 인하여 그림 안에는 남동생이 그려지지 않았다. 대신 키우고 있는 반려동물 두 마리가 함께 노는 것을 그림으로써 가족의 화목을 대신해 주고 있다. 가족 내 갈등과 긴장은 아래선을 그림으로써 하부의 선을 통해서 불안을 완화시켜주고, 가족의 안정감을 나타낸다.

4. 생태도(Eco-map)

하르트만(Ann Hartman)이 1975년에 개발한 생태도는 가족 및 가족원과 환경 간의 관계를 그림으로 나타낸 것이다. 생태도는 가족의 주요 환경이라고 간주되는 체계를 그려서 가족체계의 요구와 자원 간의 균형을 보여주는 것으로써, 가족을 생태학적 관점에서 이해하는 데 도움을 준다. 생태도는 가족이 상호작용하는 주요 환경체계를 분명하게 하고, 가족과 환경체계 관계의 연결 정도, 긍정적 · 부정적 관계양상, 자원과 에너지의 흐름, 갈등과 긴장 관계 유무에 대한 정보를 제공한다. 또한, 가족이 그들의 욕구를 어떻게 충족시켜 왔는지 보여주고, 기존의 자원이 그 가족의 욕구를 충족시키기에 적합한지를 탐색한다(Collins, Jordan, & Coleman, 2010). 따라서 가족치료자는 생태도를 통해서 가족의 부족한 자원과 보충되어야 할 자원, 해결되어야 할 관계양상 등에 대한 이해를 할 수 있다.

생태도는 가족치료자가 면담 시 질문을 통해 혼자 작성할 수 있지만, 가족과 함께 그릴 수도 있다. 가족이 생태도를 그리는 과정에 참여하는 것은 가족의 가족기능 향상을 위해 끌어들일 수 있는 자원이 무엇인지에 대한 논의를 가능하게 하여 개입계획을 수립하는 데 도움이 된다(조흥식 외, 2007). 생태도 작성방법은 먼저, 가운데 원을 그려 넣고 그 안에 가족체계를 그려 넣은 후, 가족에 대한 간략한 정보(예, 이름, 연령, 결혼시기 등)를 표기한다. 다음은 가족과 상호작용하는 외부 환경체계를 각각 원으로 그려 넣는다. 이들 체계에는 확대가족, 직장, 학교, 유치원, 이웃, 친구, 교회, 사회복지관, 사법기관, 의료기관 등이 포함될 수 있다. 환경체계를 나타내는 원 안에는 필요한 경우에 해당체계의 명칭 외에도 그 체계와 관련된 사항을 간략하게 기입할 수 있다. 마지막으로, 가족과 환경체계의 관계를 선과 화살표 등의 상징을 활용하여 나타낸다. 강한 관계는 두꺼운 선으로, 약한 관계는 가는 선으로 표시하며, 스트레스가 있거나 갈등

관계는 사선으로, 체계 간의 자원과 에너지 흐름은 화살표로 표시한다. 완성된 생태도는 가족과 환경체계 간의 관계에 대한 전체적 조망과 가족과 환경체계 간의 경계의 본질 및 가족 내 역동 등 가족에 관한 많은 정보를 제공한다(Hartman & Laird, 1983). 그림 17은 생태도의 예다.

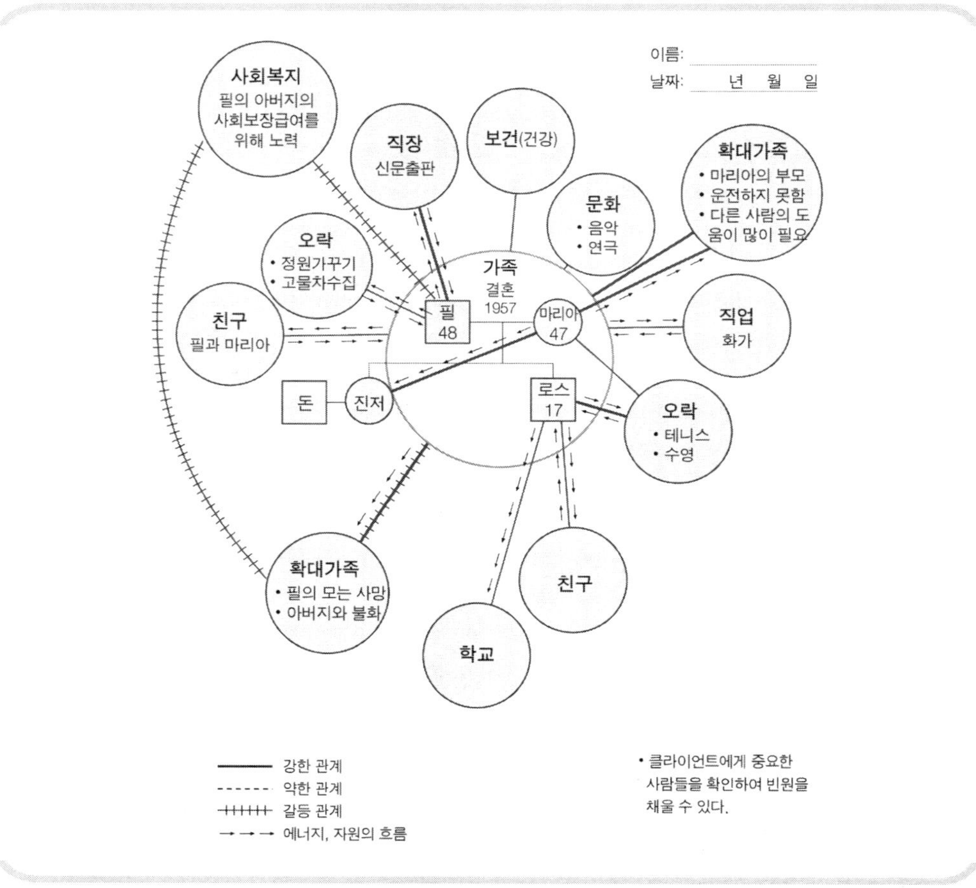

그림 17 생태도

출처: Hartman, A., & Laird, J. (1983). *Family-centered social work practice*. New York: Free Press. p.177.

5. 사회관계망 그리드(Social network grid)

사회관계망 그리드는 휘태커(Carl Whitaker)와 트레이시(Elizabeth M. Tracy)가 사회관계망 지도와 함께 개발한 것으로, 가족의 사회적 지지자원을 사정하는 도구이다. 사회관계망 그리드는 가족의 사회관계망 속에 있는 사람들이 가족과 가족원과 어떤 관계를 형성하고 있는지, 그들이 주고받는 물질적, 정서적, 정보적 지원은 어느 정도인지, 도움의 방향은 일방적인지 쌍방적인지, 그리고 이들 관계망 구성원과의 친밀도, 근접성, 접촉빈도 및 최초 접촉 시기 등에 대한 세부적이고 종합적인 정보를 제공한다. 따라서 사회관계망 그리드는 가족이 현재 지지받고 있는 구체적인 영역과 정도에 대한 통찰을 제공하고, 가족이 향후 개선하고 개발할 필요가 있는 사회적 지지의 영역은 무엇인지 발견하고 대안을 모색할 수 있도록 돕는다.

표 5 사회관계망 그리드

성명	생활영역	물질적 지지	정서적 지지	정보/조언	비판	원조방향	친밀도	접촉빈도	알고 지낸 기간
ID __ 응답자 ____ 이름#	1.가족원 2.다른 가족 3.직장/학교 4.조직 5.친구 6.이웃 7.전문가 8.기타	1.거의 없음 2.간혹 있음 3.거의 항상 있음	1.거의 없음 2.간혹 있음 3.거의 항상 있음	1.거의 없음 2.간혹 있음 3.거의 항상 있음	1.거의 없음 2.간혹 있음 3.거의 항상 있음	1.양방향 2.그들에게만 3.그들이 당신에게만	1.친하지 않음 2.가까운 정도 3.매우 가까움	0.보지 않음 1.1년에 몇 번 2.한 달에 몇 번 3.주마다 몇 번 4.매일	1.1년 미만 2.1~5년 3.5년 이상
01									
02									
03									
04									

	05									
	06									
	07									
	08									
	09									
	10									
	11									
	12									
	13									
	14									
	15									

출처: Sheafor, B., W., Horejsi, C., R., & Horejsi, G. A. (1997). *Techniques and guidelines for social work practice*. Boston: Allyn and Bacon. p.399.

반면에, 사회관계망 그리드와 달리, 시드(Seed)가 개발한 관계망 다이어그램(Network diagram)은 IP에게 2주일 혹은 그 이상의 기간 동안 일지를 쓰게 하고, 그 일지의 내용을 근거로 하여 IP가 누구와 어느 정도 그리고 어떤 내용의 교류가 있었는지를 파악하여 그림으로 나타내는 것이다. 일지의 형태는 IP가 처한 상황에 따라 시간을 몇 구간으로 나누고(예, 아침, 점심, 저녁, 밤 등), 이들 각 구간마다 어떤 일이 일어났고, 무엇을 했으며, 누구와 만났는지 등을 구체적으로 기입하게 한다(조흥식 외, 2007). 따라서 일지의 형태는 획일된 것이 아니고, IP가 처한 상황에 따라 그에 맞는 구조를 갖도록 만들면 된다. 그림 18은 잭의 사회적 관계망 다이어그램이다. 잭은 부모님과 의붓동생과 살고 있고, 집에서는 주로 녹음하면서 지낸다. 잭은 지난 2주간 여자친구를 4번 방문했고, 직장친구인 프래드와 함께 여자친구 집을 6번 방문했다. 할머니와 형과는 상호연락과 접촉을 하면서 지냈음을 알 수 있다(Seed, 1990).

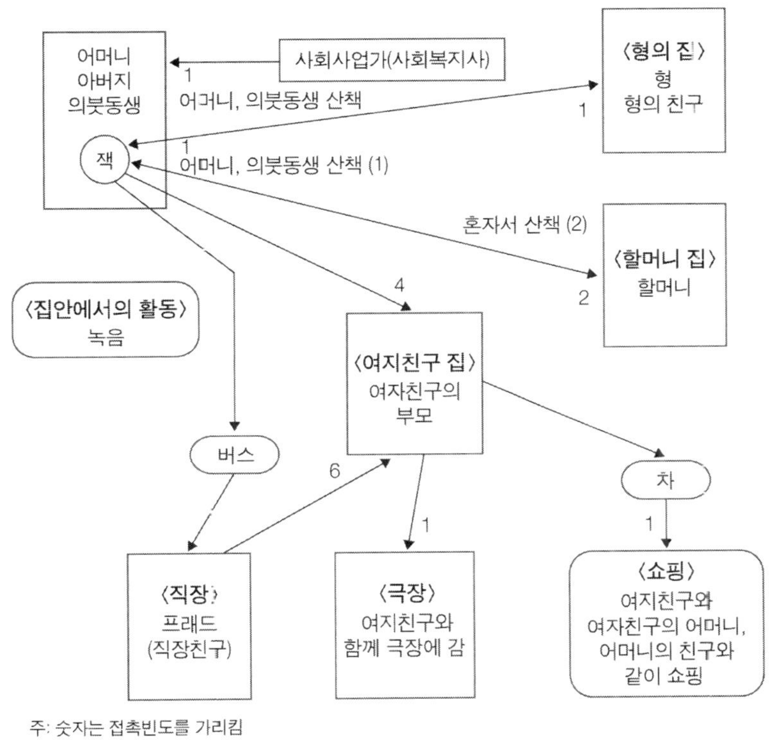

그림 18 사회적 관계망 다이어그램

출처: Seed, P. (1990). *Introducing network analysis in social work*. London: Jesscia Kingsley Publishers. p.35.

10장 의사소통 유형

가족의사소통은 가족원 간의 관계의 본질에 지대한 영향을 미치기 때문에, 가족 문제의 근원이 된다. 따라서 가족치료자는 개인의 문제행동을 그 개인의 내적 맥락에서 이해하기보다는 가족원 간의 관계, 특히 의사소통의 맥락에서 이해하여야 한다. 실제로 역기능적인 가족의사소통은 언어적 메시지와 비언어적 메시지의 의미가 불일치하고, 이중구속 메시지로 전달되는 특징을 보인다. 이중구속 메시지(double-blind message)에는 의사를 전달할 때 적어도 두 개 또는 그 이상의 상반된 메시지가 담겨 있어서, 메시지를 받은 사람이 어느 메시지에 반응해야 좋을지 몰라서 혼돈 상황에 빠진다.

예를 들어, 평상시 엄마에게서 친구들과 싸우는 것은 나쁜 일이라고 끝없이 교육을 받은 자녀가 친구와의 싸움에서 얻어맞고 들어왔을 때, 엄마가 지고 돌아온 것에 대해 심하게 야단을 친다면, 자녀는 친구와 다툴 일이 있을 때 어떻게 처신해야 되는지 혼란 상황에 빠지게 된다. 또한, 직장관계로 멀리 떨어져 지내다가 오랜만에 만난 엄마가 반가워서 딸이 두 팔을 벌려 포옹하려고 할 때, 엄마의 얼굴에 차가운 냉기가 감돈다면, 엄마에게 향했던 딸의 두 팔은 자동적으로 머뭇거리게 될 것이다. 이때 엄마가 "너는 오랜만에 본 엄마가 반갑지 않니?"라고 쏘아붙인다면, 딸은 어떻게 해야 할지 당황할 수밖에 없다. 이러한 이중구속 메시지는 자존감이 낮으며, 남의 감정을 상하게 하는 것에 대한 두려움을 가지고 있는 사람에게서 많이 나타난다. 따라서 가족치료자가 가족을 사정할 때, 가족의사소통이 어떻게 이루어지고 있는지를 파악하는 것이 중요하다.

일반적으로 상대방에게 메시지를 전달할 때, 자신의 의견이나 느낌, 생각 등을 분명하게 전달하는 것을 명확성이라고 한다(조흥식 외, 2007). 가족의 역기능과 병리는 가족원의 의사소통이 명확하게 전달되지 못할 때 발생한다. 의사소통이 명확하게 전달되지 못하는 병리적인 의사소통의 한 유형에는 위장(mystification)이 있다. 위장은 가족 내에서의 갈등이나 불화를 모호하게 하거나 가면을 쓰고 반응하는 현상을 말한다. 가면을 쓰고 의사소통을 하는 것은 갈등을 정면으로 직면하지 않고, 회피하면서 그 본질을 가리는 방식으로 반응하는 것을 말한다. 그러나 이러한 회피행동은 갈등을 해소시키는 것이 아니라 오히려 갈등을 악화시킨다.

가족 안에서 위장의 주요기능은 현상유지다. 가족 중 한 사람이 자기가 경험한 일로 인해 현상을 깨트리려고 할 때, 위장이 일어난다. 예컨대, 사춘기 자녀가 자신의 성에 대한 생각과 자위행위에 대해서 이야기할 때, 부모가 절대 내 자녀는 그럴 리 없다고 단호하게 잘라서 말할 때, 이를 위장이라고 한다(장혁표, 제석봉, 김정택, 1995). 이는 부모가 자녀의 변화에 직면하는 것을 두려워하고 회피하고 있는 것이다. 이런 의사소통이 계속 일어난다면, 자녀는 자신의 감정과 생각의 타당성을 의심하게 되어 서서히 조현병에 빠지게 된다(장혁표 외, 1995).

가족의사소통과 관련하여 가족치료자가 사정할 때 고려하여야 할 또 다른 측면은, 가족원들이 다른 가족원의 생각과 느낌을 어느 정도 수용하고, 자신의 생각과 느낌을 다른 가족원들에게 얼마나 표현하느냐는 수용성과 표현성의 문제다. 가족원 간의 수용이 자연스럽게 잘 이루어지는 가족은 가족원들이 서로 상대방의 관점과 인식에 대해 잘 알고 있고, 다른 가족원의 관점과 인식을 기꺼이 받아들이고 환영한다. 이런 가족의 가족원들은 자신의 의견이나 견해를 자유롭게 표현한다. 하지만 역기능적인 가족에서는 가족원들이 서로 관심을 갖거나 지지해 주거나 격려하는 것이 거의 없고, 가족원들은 부정적으로 평가하거나 평가절하한다. 이런 가족은 다른 가족원의 반응을 잘 알지 못한 채 의사소통을 한다.

가족 안에서 자신이 느끼고 생각하는 것을 자유롭게 표현할 수 있는가는 가족을 사정하는 또 다른 기준이다(Hepworth & Larsen, 1993). 따라서 기능적인 가족은 I-message를 통해서 가족원들 간의 느낌과 생각을 자유롭게 표현하고, 실수에 대해 서로 사과할 줄 알며, 가족원의 실수를 수용한다. 반면에, 역기능적인 가족은 의사소통이 간접적이고 모호하며, You-message를 통해 서로 비난하고 부정적으로 평가한다. 일반적으로 언어적 의사소통은 객관적인 척도를 통해서 측정이 가능하다. 본서에서는 2부 주관적 사정에서 가족치료자가 치료장면에서 만나는 가족의 의사소통 유형을 가족과의 상호작용을 통해서 사정할 수 있도록 소개한 후에, 3부 객관적 사정에서 가족의사소통 관련 계량적 척도들을 소개하고자 한다.

1. 의사소통 유형과 대처반응

사티어(Satire)는 스트레스 상황인 사람들이 자주 사용하는 의사소통을 회유형, 비난형, 초이성형, 산만형, 일치형의 5가지로 유형화하였다. 가족치료자는 가족의사소통의 대처 유형이 좀 더 일치적인 의사소통으로 변화될 수 있도록 도와야 한다. 사티어는 역기능적인 대처 유형을 제거하기보다는 이미 존재하고 있는 것에 새로운 것을 덧붙이는 변형(transform)을 강조하였다.

1) 회유형

회유형(placating)은 타인의 사랑과 인정을 받고 타인에게 수용되기 위하여 자신을 무시하는 성향을 갖고 있으며, 자신을 낮추고 상대방을 만족시키려는 행동을 한다. 회유형의 사람은 감정적으로 매우 여리고, 인정이 많으며, 대체로 갈등을 회피하고, 타인으로부터 받은 상처나 분노를 감추는 경향이 있다. 겉으로는 만족한 듯이 행동하지만, 내면적으로는 당연시되거나 소홀히 취급당하는 것에 분개한다. 회유형의 사람은 자신의 가치나 감정을 무시한 채 타인에게 자신의 힘을 넘겨주고 모두가 동의하는 말만 한다. 회유하는 사람은 타인과 상호작용하는 상황은 존중하지만, 자신의 진정한 감정은 존중하지 않는다. 즉, 자신이 안정을 유지하는 방법은 자신이 느끼는 감정보다는 상대방에게 예라고 대답함으로써 가능하다고 생각한다. 회유형의 사람이 자신을 알아차린다는 것은 타인과 자기 자신을 돌보는 것을 의미한다. 다시 말해서, 과거의 대처방식에 자기가치감과 평등성을 첨가하는 것이다. 따라서 가족치료자는 회유형의 사람에게는 감정을 통해 접촉하는 것이 효과적이다.

회유형의 내적 감정 → 회유형의 변형

출처: 정문자(2003). 사티어 경험적 가족치료. 서울: 학지사. p.157-159.

2) 비난형

비난형(blaming)은 자신이 타인보다 우월하다는 것을 보여주기 위하여 타인의 말이나 행동을 인정하는 대신 비난하고 통제한다. 비난형의 사람은 타인을 무시하며, 자기와 상황을 중요하게 여기고, 타인이 자기를 가치있게 생각하고 인정한다는 것을 행동으로 표현해 주기를 바라며 요구가 많고 화가 난 듯이 행동한다. 그러나 내면적으로는 자신이 외롭고 이해받지 못한다는 느낌을 가지고 있다. 비난형의 사람은 약해서는 안 된다는 의지를 가지고 자신을 보호하고 타인이나 환경을 괴롭히거나 나무란다. 비난하기 위해 타인의 가치를 격하시키면서 자신과 상황에만 가치를 둔다. 비난형의 사람은 타인에게 자신을 힘이 있고 강한 사람으로 인식시키려고 노력한다. 따라서 비난형의 사람에게는 타인을 존중하는 것을 첨가시켜 줄 필요가 있다. 비난형의 대처방식을 사용하는 사람은 타인에 대한 기대로 인해 문제가 생기므로 기대 부분을 일차적으로 탐색하는 것이 효과적인 접촉방법이다.

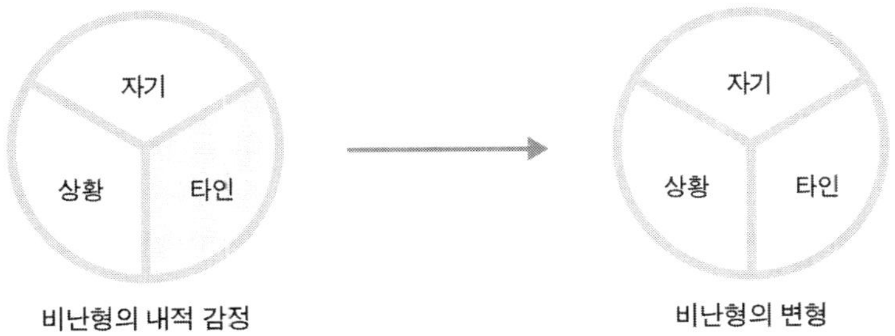

출처: 정문자(2003). 사티어 경험적 가족치료. 서울: 학지사. p.157-159.

3) 초이성형

초이성형(super-reasonable)은 스트레스 상황에서 합리적인 수준을 고수하면서 자기와 타인의 감정을 무시하고 상황만을 중시한다. 표면적으로는 무감각하고 무심하게 행동한다. 그러나 내면적으로는 쉽게 감정에 휘말리고 불안해하며 두려워한다. 초이성형의 사람은 자신이나 타인을 과소평가한다. 지나치게 상황만 중시하며 기능적인 것에 대해 합리적으로 언급하고 자료와 논리를 중요시한다. 초이성적으로 의사소통할 때는 가능하면 결함이 보이지 않도록 뜻을 알 수 없는 말로 자세히 설명한다. 다시 말해서, 감정에 초점을 두는 것에서 상황에 초점을 두는 것으로 바꾸는 것이다. 초이성형의 사람에게는 자기와 타인을 존중하고 수용하는 것을 첨가시켜준다. 초이성형의 대처방식을 사용하는 사람에게는 지각체계를 통해서 용이하게 접촉할 수 있다.

초이성형의 내적 감정 초이성형의 변형

출처: 정문자(2003). 사티어 경험적 가족치료. 서울: 학지사. p.157-159.

4) 산만형

산만형(irrelevant)은 스트레스 상황에서 내적인 고통을 두려워하고 외적으로는 타인들과 연결되는 것을 어려워하여 자신의 내면의 역동과 외부와의 연결을 피하고자 한다. 즉, 자기, 타인, 상황을 모두 무시하기 때문에, 접촉하기가 가장 어렵다. 표면적으로 이러한 사람들은 집중하기를 어려워하고 마치 광대와 같이 행동한다. 보통 이런 사람들과는 의미있는 깊은 수준에서 관계를 맺기가 어렵다. 산만형의 사람은 즐거워하거나 익살스럽지만 심리적으로는 혼란되어 있다. 산만형의 의사소통을 사용하는 사람은 위협에 직면하면 그것을 무시하고 마치 위협이 존재하지 않는 것처럼 행동하므로 주위를 혼란시킨다. 그들의 행동과 말은 타인의 행동이나 말과는 무관하다. 기능적이며 원만함, 책임감, 정직성, 친근감, 능력, 창의성, 현실적 문제를 제대로 해결할 수 있는 능력을 갖지 못한 사람들의 의사소통을 말한다. 산만형의 사람에게는 자기, 타인, 그리고 상황을 모두 알아차리고 존중해 주는 것이 필요하다. 이들에게 치료적 변화가 일어나기 위해서는 충분한 시간을 들여 접촉하는 것이 우선적으로 이루어져야 하며, 신체적 감각, 신체적 접촉, 신체적 활동을 통해 접촉하는 것이 효과적인 접촉방법이다.

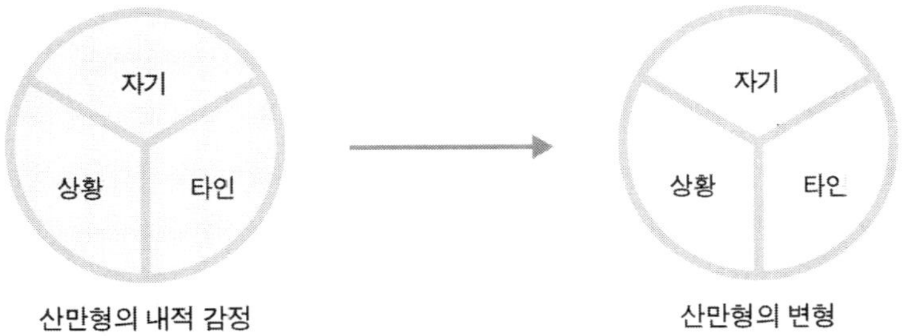

출처: 정문자(2003). 사티어 경험적 가족치료. 서울: 학지사. p.157-159.

5) 일치형

일치형(congruent)은 의사소통의 내용과 방법이 일치하는 것으로써, 전달하는 내용과 정서가 일치하는 것을 말한다. 이때 정서란 목소리의 특성, 얼굴표현, 몸짓, 신체의 자세, 음조, 피부색, 호흡 등이 포함된다. 일치형의 의사소통은 자아존중감이 높고, 성숙하며, 기능적이고, 책임감이 있으며, 진실한 인간의 의사소통방법이다. 일치형은 자신이 중심이 되어 타인과 관계를 가지면서 접촉하고, 사람과 연결이 필요할 때 스스로 직접 선택한다. 일치형의 사람은 자신과 타인을 돌보고 현재의 상황을 아는 위치에서 반응한다(Nichols, 2004).

일치형의 내적 감정

출처: 정문자(2003). 사티어 경험적 가족치료. 서울: 학지사. p.157-159.

PART 3

객관적 가족사정

가족치료자는 치료계획을 설정하기 위해 가족을 범주화하고, 판단하며 평가하는 가족사정을 거친다. 가족치료자가 가족사정을 할 때, 가족치료자의 숙련된 경험과 전문지식을 통해서 가족을 주관적으로 진단하기도 하지만, 계량화된 설문지를 통해서 자기보고식의 결과를 객관적으로 평가한다. 가족치료과정에서 자기보고식 설문지를 사용하는 것은 첫째, 어떤 가족에게 다른 가족의 걱정이 무엇인지에 대해 체계적으로 이해시킬 수 있는 기회를 제공하고, 둘째, 가족 각자에게 자기노출을 할 수 있는 기회를 제공하는 장점을 지닌다(김유숙, 2006).

가족을 사정하는 대표적인 체크리스트로는 가족기능을 파악하는 맥매스터모델, 순환모델 및 비버즈모델 등이 있다. 3부에서는 가족사정에서 대표적으로 많이 활용되고 있는 모델과 질문지법을 소개하면서, 한국판 가족평가지와 현재 국내 가족연구에서 많이 활용되고 있는 체크리스트 등을 소개하고자 한다.

11장 가족기능 평가모델

1. 맥매스터모델(McMaster Model)

1) 소개

1978년 엡스틴(N. Epstein), 비숍(D. Bishop)과 레빈(S. Levin)이 개발한 맥매스터모델은 문제해결, 의사소통, 역할, 정서적 반응성, 정서적 관여, 행동 통제, 가족의 일반적 기능 차원 등 7가지 가족기능을 파악한다(Epstein, Bishop, & Levin, 1978). 1993년에 엡스턴 등의 가족사정 척도(Family Assessment Device, FAD)에서 원척도는 53개 문항이지만(Epstein, Bishop, Ryne, Miller, & Keitner, 1993), 국내에서는 장수경(1993)의 단축형 34개 문항이 사용되고 있다. 본서에서는 앱스틴과 동료들이 개발한 원척도와 장수경의 단축형을 원어 그대로 소개하고자 한다.

2) 척도구성 및 표준화

표 6 척도구성과 신뢰도

하위영역	내용	문항	신뢰도	
			Grotevant & Carlson (1989)	정수경 (1993)
1. 문제해결	가족의 문제해결 능력	14,22,34	.74	.68
2. 의사소통	가족의 상호작용 및 정보교류방식	2,8,10,25,33	.75	.70
3. 가족역할	가족원의 반복적인 행동 유형	13,20,27,30	.71	.78
4. 정서적 반응성	가족원의 주어진 자극에 따라 다른 가족원이 적절한 내용과 적절한 양의 감정으로 반응할 수 있는 능력	5,11,18,23	.83	.74
5. 정서적 관여	가족 전체가 가족원의 흥미, 활동, 가치관에 관심을 가지고 있는 정도 서로 전혀 관여하지 않는 수준, 감정이 배제된 관여수준, 자기도취적 관여 수준, 공감적 관여수준 및 공생적 관여 수준 등을 측정	7,15,17,19,21, 24,31	.78	.72
6. 행동 통제	가족의 항상성 유지나 새로운 상황에 적응하기 위한 영향력 경직된 통제, 유연한 통제, 방임적 통제, 혼돈된 통제를 측정	4,9,17,26,28	.72	.67
7. 일반적 기능	가족의 정신건강과 병리적인 측면 등 측정	1,3,6,12,16,29, 32	.75	.68

가족사정 척도(FAD)의 판별타당도는 임상집단을 예측할 확률 64%, 비임상집단을 예측할 확률 67%로 FAD는 비교적 정확하게 임상/정상 표본 판별능력을 가지고 있다고 볼 수 있다. FACES Ⅱ와 동시타당도는 유리-경직된 집단에서만 관련이 있는 것으로 나타났다(Epstein, Baldwin, & Bishop, 1983). FACES Ⅱ는 FACES Ⅳ에서 선형성을 간주하였기 때문에, FAD의 병리적인 집단에서는 유의한 관계를 보이지 않았다.

3) 척도문항

다음은 귀하의 가족을 나타낸 질문입니다. 해당되는 곳에 V 표시하여 주십시오.

매우 그렇다			전혀 그렇지 않다
1	2	3	4

우리 가족은

1. 서로를 잘 이해하지 못하기 때문에 우리가 해야 할 일을 계획하지 못한다.
2. 누군가가 기분이 나쁘면 왜 그런지를 안다.
3. 위기가 닥치면 서로에게 도와 달라고 부탁할 수가 있다.
4. 갑자기 큰일을 맞게 되면 어떻게 할 바를 모른다.
5. 서로에 대한 애정표현을 하지 않으려고 한다.
6. 슬픈 일이 있어도 서로에게 그런 얘기를 하지 않는다.
7. 자신에게 중요한 일일 때만 서로에게 관심을 가진다.
8. 집에서 할 일이 충분히 나뉘어져 있지 않다.
9. 규칙을 어겨도 그냥 지나간다.
10. 빗대서 말하기보다는 직접 솔직하게 얘기한다.
11. 감정적으로 반응하지 않는 식구들이 있다.
12. 우리가 두려워하는 일이나 걱정에 대해 얘기를 꺼린다.
13. 각자의 역할을 다하지 못한다.
14. 집단문제를 해결하려고 애쓴 후에 그것이 잘 되었는지 아닌지에 대해 얘기하곤 한다.
15. 지나치게 자기중심적이다.
16. 서로에게 감정을 표현할 수가 있다.
17. 화장실을 사용하는 방식이 정해져 있지 않다.
18. 서로에 대한 사랑을 표현하지 않는다.
19. 우리에게 관계있는 일에만 서로 관여하게 된다.
20. 식구들이 개인적인 관심사를 알아볼 시간이 별로 없다.
21. 개인적으로 얻는 것이 있다고 생각할 때 서로에게 관심을 보인다.
22. (나쁜) 감정문제가 나타나면 거의 풀고 지나간다.
23. 다정다감한 편은 아니다.
24. 어떤 이득이 있을 때에만 서로에게 관심을 보인다.
25. 서로에게 솔직하다.
26. 어떤 규칙이나 기준을 고집하지 않는다.
27. 어떤 일을 부탁하고 나서 나중에 다시 일러줘야 한다.
28. 집에서 지켜야 할 약속들을 어기면 어떻게 되는 건지 잘 모른다.
29. 함께 있으면 잘 지내지를 못한다.
30. 가족으로서 각자가 해야 할 일에 대해 불만을 가지고 있다.
31. 비록 좋자고 하는 것이지만, 서로의 생활에 너무 많이 개입한다.

32. 서로를 믿는다.
33. 누가 해 놓은 일이 마음에 들지 않으면, 그 사람에게 말한다.
34. 문제를 해결하려고 할 때, 여러 가지 방법을 생각해본다.

1. We usually act on our decisions regarding problems.
2. After our family tries to solve a problem, we usually discuss whether it worked or not.
3. We resolve most emotional upsets that come up.
4. We confront problems involving feelings.
5. We try to think of different ways to solve problems.
6. When someone is upset the others know why.
7. You can't tell how a person is feeling from what they are saying.
8. People come right out and say things instead of hinting at them.
9. We are frank with each other.
10. We don't talk to each other when we are angry.
11. When we don't like what someone has done, we tell them.
12. When you ask someone to do something, you have to check that they did it.
13. We make sure members meet their family responsibilities.
14. Family tasks don't get spread around enough.
15. We have trouble meeting our bills.
16. There's little time to explore personal interests.
17. We discuss who is to do household jobs.
18. If people are asked to do something, they need reminding.
19. We are generally dissatisfied with the family duties assigned to us.
20. We are reluctant to show our affection for each other.
21. Some of us just don't respond emotionally.
22. We do not show our love for each other.
23. Tenderness takes second place to other things in our family.
24. We express tenderness.
25. We cry openly.
26. If someone is in trouble, the others become too involved.
27. You only get the interest of others when something is important to them.
28. We are too self-centered.
29. We get involved with each other only when something interests us.
30. We show interest in each other when we can get something out of it personally.
31. Our family shows interest in each other only when they can get something out of it.
32. Even though we mean well, we intrude too much into each other's lives.
33. We don't know what to do when an emergency comes up.
34. You can easily get away with breaking the rules.
35. We know what to do in an emergency.

36. We have no clear expectations about toilet habits.
37. We have rules about hitting people.
38. We don't hold to any rules or standards.
39. If the rules are broken, we don't know what to expect.
40. Anything goes in our family.
41. There are rules about dangerous situations.
42. Planning family activities is difficult because we misunderstand each other.
43. In times of crisis we can turn to each other for support.
44. We cannot talk to each other about the sadness we feel.
45. Individuals are accepted for what they are.
46. We avoid discussing our fears and concerns.
47. We can express feelings to each other.
48. There are lots of bad feelings in the family.
49. We feel accepted for what we are.
50. Making decisions is a problem for our family.
51. We are able to make decisions about how to solve problems.
52. We don't get along well together.
53. We confide in each other.

4) 출처

① 정수경(1993). 정신분열증 환자의 질병기간에 따른 가족기능의 효과성 연구. 연세대학교 박사학위논문.

② Epstein, N. B., Baldwin, L. M., & Bishop, D. S. (1983). The McMaster Family Assessment Device. *Journal of Marital and Family Therapy*, *9*(2), 171-180.

③ WISCONSIN-MADISON 대학 Addiction Research Center의 FAD사이트 https://arc.psych.wisc.edu/self-report/mcmaster-family-assessment-device-fad/

2. 순환모델(Circumplex Model)

1) 소개

올슨(D. Olson) 등은 가족체계의 역동성을 설명하기 위해서 가족응집력과 적응성 척도(Family Cohesion and Adaptability Evaluation Scales, FACES)를 개발하였다. 순환모델은 가족응집력과 적응성을 그림 19에서 보는 바와 같이, 각각 4개 수준 16가지 가족 유형으로 구분하였다(Olson, Sprenkle, & Russell, 1979). 가족응집력과 적응성 척도(FACES)는 1979년 최초로 개발된 FACES I은 111개 문항, 1982년에 개발된 FACES Ⅱ는 50개 문항, 미국 전 지역을 대상으로 수정·보완된 FACES Ⅲ는 20개 문항, 곡선성을 가정한 FACES Ⅳ 42개 문항으로 구성된다. 본 연구에서는 FACES Ⅳ를 정지영(2007)이 번안하여 표준화한 척도를 소개한다. FACES Ⅳ는 티에셀(Judy Tiesel)과 고랄(Dean Gorall)이 개발하고, 티에셀의 박사학위논문에서 타당화 작업을 한 척도이다. FACES Ⅳ는 총 62개 항목을 포함하는데, FACES Ⅳ 42개 문항, 가족의사소통 10개 문항, 가족만족도 10개 문항으로 구성된다. FACES Ⅳ는 2개의 균형 척도와 4개의 불균형 척도로 나뉘며, 균형 척도는 응집력 척도와 적응성 척도를 포함하고, 불균형 척도는 단절, 밀착, 경직, 혼란 척도를 포함한다. 따라서 FACES Ⅳ는 균형과 불균형의 비율, 즉 응집률과 적응률 그리고 총률로 되어있다. 0에 가까울수록 건강하지 않은 가족이며, 비율이 높을수록 건강한 가족을 의미한다(Olson & Gorall, 2006). 응집률은 응집점수를 단절과 밀착의 평균으로 나눈 값이고, 적응률은 경직과 혼란의 평균으로 나눈 값이다. 총률은 균형 하위척도의 평균을 불균형 하위척도의 평균으로 나눈 값이다. 수치가 높을수록 균형 잡힌 건강한 가족이다. 이처럼 균형과 불균형 비율의 가장 큰 장점은 FACES의 문제점으로 지적되어 왔던 응집력과 적응성의 직선좌표를 곡선좌표로 보여준다는데 있다. 또한, 총비율은 가족의 건강한 정도를 하나의 점수로 알려준다는 장점을 지닌다.

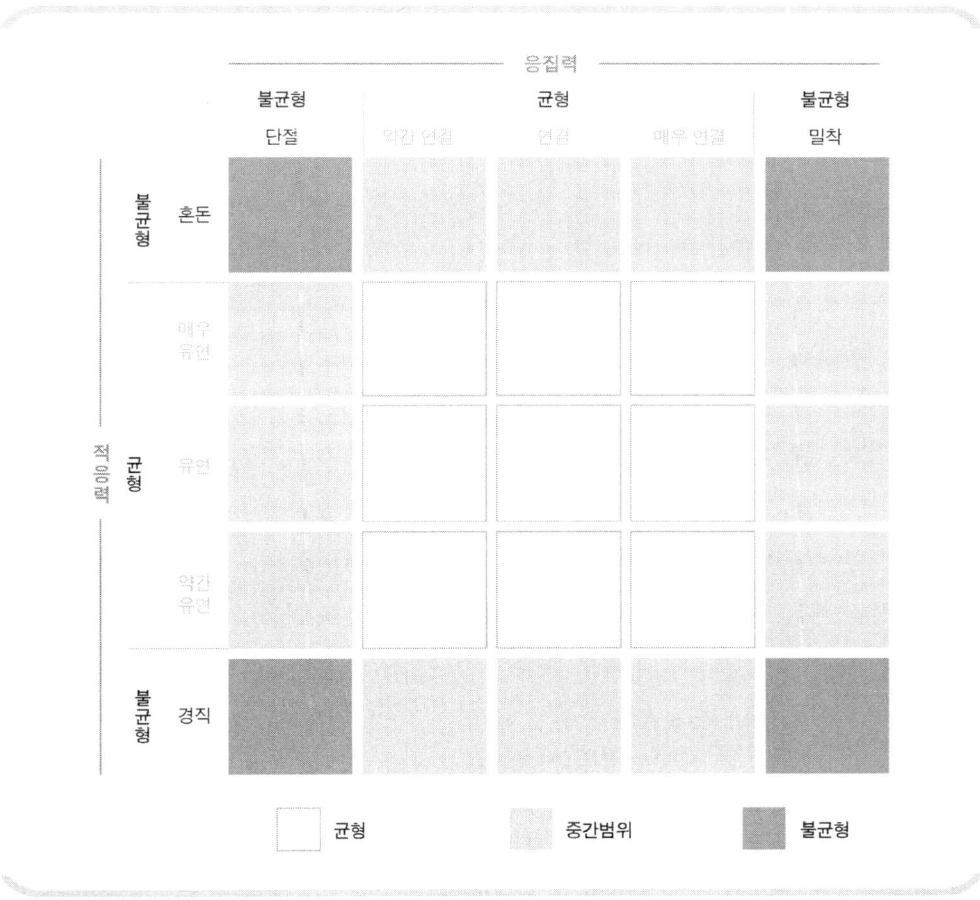

그림 19 **순환모델**

출처: Olson, D. H., Waldvogel, L., & Schlieff, M. (2019). Circumplex Model of Marital and family systems: An Update. *Journal of Family Theory & Review*, *11*(June 2019), p.200.

순환모델에서 응집력(cohesion)은 가족원 간의 감정적 결합을 의미한다. Olson(1983)은 가족응집력을 가족원 간의 심리적 유대감과 한 개인이 경험하는 자유성의 정도를 의미하는 개념으로 정의하였다. 즉, 가족이 함께 밀착되어 있는 정도를 말한다. 응집력의 수준을 보여주는 특별한 지표들은 감정적 친밀도와 경계, 연합, 시간, 공간, 친구들, 의사결정, 흥미와 여가를 포함하는 주어진 하나의 가족체계 안에서 나타난다(정채영, 1999).

반면에, 적응성(adaptability)은 가족 리더십, 역할 관계와 관계에 따른 역할들 속의 변화의 양으로 정의한다. 적응성의 수준을 보여주는 특별한 지표들은 리더십, 협상 형식, 역할 관계와 관계 역할들을 포함하는 가족체계 안에서 나타난다.

순환모델은 가족기능을 나타내는 중요한 차원인 응집력과 적응성이 의사소통이라는 변인에 의해 변화될 수도 있고, 가족 주기에 따라 가족의 응집력과 적응성이 변화할 수도 있다(김수연, 1998). 순환모델의 주요 가설은 첫째, 응집력과 적응성이 각각의 가족기능에 있어서 곡선형의 관계를 가지고 있다는 것이다. 둘째, 가족기능에서 의사소통의 특성 관계는 직선형 관계를 보인다. 여기서 응집력과 적응성은 두 개의 중심적인 차원이며, 서로 교차되는 두 축으로 표시할 수 있다. 세 번째, 의사소통은 순환모델에 직접 나타나지 않으며, 응집력과 적응성 두 차원을 이동시키는 촉매 역할을 한다(안영숙, 1999). 따라서 높고 낮은 수준의 응집력과 적응성은 건강한 가족 기능과 관련이 있다.

2) 척도구성 및 표준화

표 7 **척도구성과 신뢰도**

척도	하위변인	내용	문항수	신뢰도	
				Olson (2011)	정지영 (2008)
FACES Ⅳ	불균형 척도				
	단절	가족원 사이의 관계의 흐름이 연속되지 않음	7	.87	.64
	밀착	가족원 간의 관계가 지나치게 가까움	7	.77	.60
	경직	가족원 간의 관계가 유연하지 못하고 획일적임	7	.83	.61
	혼란	가족원 간의 관계가 어지럽고 질서가 없음	7	.85	.66
	균형 척도				
	응집력 척도	가족원 간의 감정적 결합	7	.89	.77
	적응성 척도	가족 리더십, 역할 관계와 관계에 따른 역할 등 관계 속의 변화의 양	7	.80	.68
타당도 척도	FAD			.93	.89
	SFI			.93	–
	FSS			.91	.90
	FACES Ⅲ	응집력 하위척도		–	.80
		적응력 하위척도		–	.81

이외 올슨과 스튜어트(Olson & Stewart, 1989)는 FACE Ⅳ에 대한 확인과 비교를 위한 목적으로 가족만족도 척도를 개발하였으며, 신뢰도는 내적일치도 Cronbach's α=.93이다.

3) 척도문항

다음은 귀하의 가족을 나타낸 질문입니다. 해당되는 곳에 V 표시하여 주십시오.

전혀 그렇지 않다	안 그렇다	잘 모르겠다	대체로 그렇다	매우 그렇다
1	2	3	4	5

〈FACE Ⅳ〉

1. 가족구성원은 서로의 생활에 관여되어 있다.
2. 우리 가족은 문제를 다루는 새로운 방법을 시도한다.
3. 우리는 가족보다 외부의 사람들과 더 잘 어울린다.
4. 우리는 함께 있는데 너무 많은 시간을 사용한다.
5. 가족의 규칙을 어겼을 때에는 엄격한 결과가 있다.
6. 우리 가족은 결코 체계적이지 않은 것 같다.
7. 가족구성원은 서로 매우 가깝게 느낀다.
8. 부모님은 동등하게 우리 가족 안에서 리더십을 공유한다.
9. 가족구성원은 집에서 서로 마주치는 것을 피하는 것처럼 보인다.
10. 가족구성원은 여가시간을 함께 보내야 한다는 부담을 느낀다.
11. 가족구성원이 무엇인가 잘못했을 때 분명한 결과가 있다.
12. 우리 가족 내의 지도자가 누군지 알기 매우 힘들다.
13. 가족구성원은 서로 힘든 시간을 보내는 동안 서로를 지지해 준다.
14. 우리 가족 안에서 훈육은 공정하다.
15. 가족구성원은 다른 식구의 친구들에 대해 거의 알지 못한다.
16. 가족구성원은 서로에게 너무 의존적이다.
17. 우리 가족은 거의 모든 가능한 상황에 규칙이 있다.
18. 우리 가족에서는 일이 끝마쳐지는 일이 없다.
19. 가족구성원은 중요한 결정을 할 때, 다른 가족구성원과 의논한다.
20. 우리 가족은 필요할 때, 변화에 적응할 수 있다.
21. 가족구성원은 해결해야 할 문제가 있을 때, 독자적으로 해결한다.
22. 가족구성원은 가족 외에 다른 친구에 대한 필요성을 느끼지 못한다.
23. 우리 가족은 매우 조직적이다.
24. 우리 가족 내에서 (집안일, 활동) 일에 대한 책임이 분명하지 않다.
25. 가족구성원은 자유로운 시간을 서로 함께 보내는 것을 좋아한다.
26. 우리는 집안일을 식구들이 돌아가며 한다.
27. 우리 가족이 함께 하는 것은 드물다.
28. 우리는 서로 지나치게 가깝게 느낀다.
29. 우리 가족은 우리의 일상적인 것들 또는 계획에 변화가 생겼을 때 혼란스러워진다.
30. 우리 가족 안에서 리더십은 없다.

31. 비록 가족구성원이 개인적인 취미를 가지고 있어도, 여전히 가족활동에 참여한다.
32. 우리는 가족 내의 분명한 규칙과 역할이 있다.
33. 가족구성원은 서로에게 족처럼 의지하지 않는다.
34. 우리는 가족과 어울리지 않는 가족구성원에 분개한다.
35. 우리 가족 내에서 규칙을 따르는 것은 매우 중요하다.
36. 우리 가족은 누가 어떤 집안일을 할지 알지 못한다.
37. 우리 가족은 분리와 친밀함이 균형을 이루고 있다.
38. 문제가 생길 때, 우리는 타협할 수 있다.
39. 가족구성원은 대부분 독립적이다.
40. 만약 가족구성원이 가족과 떨어져서 혼자 시간을 보내길 원한다면, 가족들은 죄책감을 느낀다.
41. 한번 결정을 하면 그 결정을 수정하기가 매우 어렵다.
42. 우리 가족은 몹시 바쁘고 혼란스럽다고 느껴진다.

〈가족의사소통〉

1. 가족구성원은 서로가 의사소통을 하는 방법에 대해 만족한다.
2. 가족구성원은 매우 좋은 경청자이다.
3. 가족구성원은 서로에 대한 애정을 표현한다.
4. 가족구성원은 서로가 원하는 것을 요청할 수 있다.
5. 가족구성원은 서로 침착하게 문제를 의논할 수 있다.
6. 가족구성원은 자신의 신념과 생각을 서로 함께 의논한다.
7. 가족구성원은 서로에게 질문을 했을 때, 솔직하게 대답을 해준다.
8. 가족구성원은 서로의 감정을 이해하려고 노력한다.
9. 화가 났을 때, 서로에 대해 부정적인 말을 거의 하지 않는다.
10. 가족구성원은 서로에게 진실한 감정을 표현한다.

〈가족만족도(The Satisfaction Scale, FSS)〉

1. 가족구성원들 사이의 친밀한 정도
2. 당신 가족의 스트레스를 대처해내는 가족의 능력
3. 융통성을 발휘할 수 있는 능력
4. 당신 가족이 긍정적인 경험들을 나눌 수 있는 능력
5. 가족구성원 사이의 의사소통의 질
6. 당신 가족의 갈등을 해결할 수 있는 능력
7. 당신이 가족으로서 함께 보내는 시간의 양
8. 문제들이 토의되는 방법
9. 당신 가족 안에서 비판의 공정성
10. 가족구성원 서로에 대한 배려

4) 출처

정지영(2007). 가족 유연성과 응집력 평가 척도(FACES IV)의 한국판 신뢰도 및 타당도에 관한 연구. 단국대학교 석사학위논문.

3. 비버즈 체계모델(Beavers System Model)

1) 소개

비버즈 체계모델은 비버즈(Beavers)와 팀버론(Timberlawn) 정신의학 연구팀 연구진이 25년간 건강한 가족기능에 대한 이론을 일반체계이론과 정신의학을 바탕으로 연역적인 방법으로 개발한 것이다(Beavers, 1981). 초기 비버즈 체계모델은 청소년의 조현병과 그들 가족원들에 대한 상호작용을 관찰하면서 시작되었다가 해를 거듭하면서 건강하고 잘 적응하는 자녀가 있는 가족까지 연구가 확대되었다(Goldberg & Goldberg, 1988). 비버즈 체계모델은 유능성(competence)과 가족양식(style)이라는 두 가지 개념으로 이루어져 있으며, 이 두 개념을 통해 가족기능에 대한 개념 지도(concept map)를 얻을 수 있다. 비버즈(1981)는 체계모델에서 4가지 기본 가정을 하였다.

첫째, 가족체계론적 시각에서 볼 때, 가족기능은 증상이나 유형론(typology)보다는 우선이다. 즉, 증상을 가진 가족을 조현병 혹은 알코올 중독 등과 같이 증상 이름을 붙여 분류하는 것보다는 가족체계의 기능과 속성을 평가하는 것이 더 중요하다.

둘째, 가족 유능성은 범주적 유형화를 나타내는 개념이 아니라 가족을 하나의 연속선으로 나타낼 수 있으며, 무한적인 개념이라고 본다. 따라서 한 연속선 상에서 건강한 가족기능부터 역기능적인 가족을 모두 나타낼 수 있으며, 모든 가족은 성장과 잠재력이 있다고 본다.

셋째, 가족의 유능성 수준과 유형 수준은 다를 수 있다. 가장 유능한 가족은 발달상의 변화에 따라 유형의 균형을 유지하고 전환시키는 능력이 있다. 반면 역기능적인 가족은 유형에서 뚜렷한 경직성을 보인다.

넷째, 가족은 엄격하고 통제 지향적인 혼란스러운 역기능 체계에서 자율적이고 융통성 있는 적응적인 체계, 즉 역량이 있는 체계로 나아간다.

비버즈와 뵐러(Beavers & Voeller, 1983)는 비버즈 체계모델을 발표하면서 자신들의 모델이 순환모델과 비교해서 다음과 같은 점이 우수하다고 주장하였다.

첫째, 가족이 서로 관계하는 양식에 관한 것으로 구심성과 원심성, 그것의 혼합형으로 가족을 분류하였다.

둘째, 그림 20처럼, 비버즈 체계모델은 가족을 심한 장애를 가진 가족부터 이상적으로 기능하는 가족에 이르기까지 여러 가지 정도로 나타냈다는 점이다. 비버즈는 심한 장애, 경계, 중간위치, 적절한 상태, 이상적인 상태에 대하여 상세히 기록하고 있다.

하지만 비버즈 체계모델은 아직 임상적 유용성이 입증되지 않아서 임상장면보다는 정상가족 연구를 위한 사정도구로 주로 이용된다.

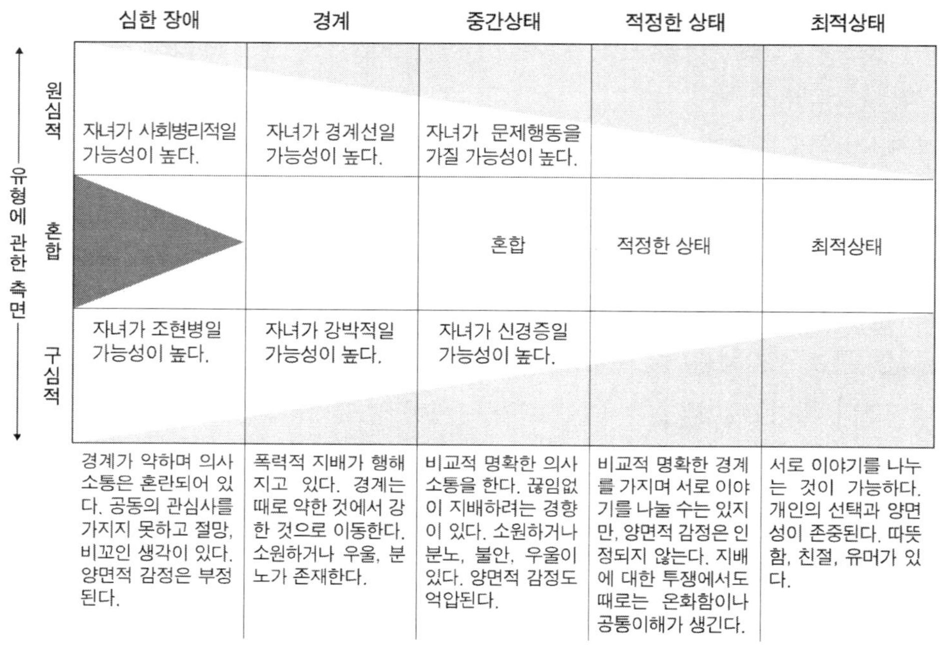

그림 20 비버즈 체계모델

출처: Beavers. W. R., & Hampson, R. B. (2000). The Beavers Systems Model of family functioning. *Journal of Family Therapy*, *22*, 129.

(1) 차원

비버즈 체계모델의 첫 번째 차원인 유능성(competence)은 몇 개의 하위요인을 이루고 있다. 첫째, 가족구조로써 권력의 분포, 부모 연합, 세대 간의 경계와 같은 개념을 포함하며, 유능한 가족은 평등한 지도력, 강한 부모 연합, 분명한 세대 간의 경계를 가지고 있다. 반면에 역기능적인 가족은 비효율적이고 혼란스러운 지도력, 약한 부모 연합, 부적절한 가족 간의 연합의 경계라는 특징을 지닌다. 둘째, 가족신화로서 가족의 습관적인 그러나 근거없는 왜곡된 사고방식이다. 유능한 가족은 가족의 실체를 정확하게 알고 있으며, 지각 또한 가족원 간에 일치한다. 반면, 역기능적인 가족일수록 신화에 지배되어 있으며, 그 신화 또한 불일치한다. 셋째, 목표지향적 협상으로 유능한 가족은 상호작용을 통해 효율적인 문제해결을 이루는 반면, 역기능적인 가족은 협상보다 위협을 통해 문제해결을 한다. 넷째, 자율성으로 침투성, 책임감, 표현의 명확성을 포함한다. 유능한 가족은 자율성 발달에 고무적이며 동시에 친밀함과 친근감이 있다. 개방적이고 직접적인 의사소통을 하며 다양한 감정을 자발적으로 표현하고 낙천적이다. 다섯째, 가족 정서에 관련된 것으로 정, 분위기, 감정이입, 미해결된 갈등을 포함한다. 여섯째, 전반적인 가족 건강상태와 병리상태다. 이와 같이 유능성은 가족체계의 전반적인 기능으로 정의되며, 체계의 발달에 기초로 하여 가족의 유능성 수준이 높을수록 가족체계의 기능은 효율적이고 건강하다고 본다. 가족의 유능성은 가족기능을 엔트로피로 설명하고 있는데, 엔트로피가 낮은 넥엔트로피 구조를 가지고 있으면, 변화에 대한 적응력과 융통성이 높고, 체계 내의 하위 체계 간의 분화가 잘 이뤄진다고 본다(Beavers, 1977; Beavers & Voeller, 1983).

비버즈 체계모델의 두 번째 차원은 관계적 차원인 가족양식(family style)이다. 가족양식은 가족이 외부세계와 관련해서 가족이 가지는 양식을 묘사하는 것으로써, 원심성 가족상호작용과 구심성 가족상호작용으로 나뉜다. 구심성 가족은 외부세계보다는 가족 내부의 관계에서 만족감을 얻는 반면, 원심성 가족은 가족 내부에서보다 외부세계에서 더 많은 만족감을 얻는다. 건강한 가족은 극단적으로 원심적이거나 구심적이지 않은 형태, 즉 균형적인 가족양식을 가진다(Beavers, 1977; Beavers & Voeller, 1983).

(2) 가족 유형

비버즈와 그의 동료들은 다양한 유형의 가족체계를 나타낼 수 있는 부모와 자녀의 개인적 기능을 묘사하면서 가족 유형을 임상적으로 규정하여 표현하였다. 비버즈가 유형화한 9가지 가족 유형은 가족기능 및 역기능의 정도에 따라 크게 5가지 가족체계 유형으로 구분된다(Beavers, 1977; Beavers & Voeller, 1983; Lewis, Beavers, Gossett, & Phillips, 1976).

첫 번째 유형은 '최적의 가족'으로 최적의 가족과 적절한 가족 유형이 이에 속한다. 건강한 가족은 최적으로 혹은 적절하게 기능하며 가족원은 심리적인 스트레스를 거의 경험하지 않는다. 가족원 간의 친밀감이 매우 높으며 개인의 선택과 개성이 존중되며, 명료한 의사소통과 타협이 허용되어 훌륭한 문제해결력을 가지고 있다.

두 번째 유형은 '적절한 가족 유형'으로 최적의 가족처럼 가족생활의 중요성, 가족원 간의 보살핌, 정신장애가 거의 없는 특징을 보인다. 그러나 최적의 가족 유형에 비해 보다 협상기술이 떨어지고, 갈등을 해소하는데 있어 위협과 직접적인 힘이 사용된다. 친밀감, 신뢰성, 자율성이 최적의 가족보다 부족하고, 역할에 대한 고정관념이 있어 남성이 권력을 가지고 있는 전형적인 패턴을 가지고 있다.

세 번째 유형은 '중간범위 가족'으로 가족역량 차원에서는 중간수준에 속하는 가족이다. 가족양식의 수준에 따라 '중간범위의 원심성 가족', '중간범위의 구심성 가족' 및 '중간범위의 혼합가족'의 세 유형이 이에 속한다. 이 유형의 자녀는 가벼운 행동 장애와 신경증적인 증세를 보인다. 가족체계는 경직적이며, 통제지향적이다. 경계를 침범하는 경우는 거의 없으나 투사가 잦고 의사소통은 상호비난조의 진술 형태를 보인다. 가족관계는 정서적 지지가 없고 갈등적이며 소원하다.

네 번째 유형은 '경계선상의 가족'으로 가족양식의 수준에 따라 '경계선상의 구심성 가족'과 '경계선상의 원심성 가족'으로 나뉜다. 경계선상의 가족은 가족 내에서 안정되고 통제지향적인 상호작용을 확립하는데 중간범위의 가족보다 효과적이지 못하다. 따라서 의사소통에서 상당한 혼돈이 유발되며, 가족원 간의 강력한 통제 투쟁이 내면적으로 이뤄진다. 강박증 환자나 거식증 환자가 종종 이 유형에서 발견되며, 분노 표현이 공개적으로 행해지며, 심한 언쟁이 잦고 부모 간의 연합이 결여되어 있다.

마지막으로 다섯 번째 유형은 '심하게 혼란스러운 가족'으로 가족건강, 역량 차원에서 가장 낮다. 가족양식 수준에 따라 '심하게 혼란스러운 구심성 가족'과 '심하게 혼란스러운 원심성 가족'이 이 유형에 속한다. 이 유형의 가족은 분명하고 명확한 의사소통이 눈에 띄게 부족하며, 가족원도 명백한 권력을 보이지 않고, 영향력 행사에 있어서도 은밀하고 간접적인 수단을 이용한다. 대인 간 경계가 불명확하며 경계 유지가 어렵다. 갈등관리, 분노의 통제가 안되며 반사회적 행동을 하기 쉽다. 심각한 역기능적 구심성 가족은 자녀들을 사회에서 고립시키거나 자녀가 점진적으로 도피증세 또는 조현병을 가질 가능성이 높다. 반면에, 심각한 원심적 가족은 무책임, 자기중심적 증세를 나타내는 반사회적 성인으로 성장시킬 확률이 높다. 반사회적 자녀의 자기파괴적 행동은 부모의 무관심에 대한 분노의 표현이다.

이상에서 살펴본 비버즈의 가족체계 유형은 정신의학에서의 임상경험에 따라 분류된 것이기 때문에, 정신장애 가족을 이해하는데 효과성이 검증되었다(전귀연, 1997; Anthony, 1970; Hamson, Beavers, & Hulgus, 1988; Lewis et al., 1976; Rusell, 1979).

2) 자기보고식 척도구성 및 표준화

국내에서 1990년에 개정한 SFI Ⅱ(Self-Report Family Inventory Ⅱ, SFI Ⅱ) 36개 문항은 전귀연(1997)과 윤지은(2006)에 의해 소개되었다. 가족건강/유능성 및 가족 유형에 대한 측정도구는 자기보고검사 척도로써 1985년 학술지에 SFI가 소개된 이후 1990년에 개정판 SFI Ⅱ가 개발되었다(Beavers & Hampson, 1990). 비버즈와 동료들(1985)은 자기보고식 척도와 외부 관찰자 평정 척도 SFI를 소개하였고, 1990년에 발표된 SFI Ⅱ는 186명의 정상가족의 11세 이상 가족원을 대상으로 개발되었으며, 총 36개 문항으로 Likert 5점 척도이다(Beavers & Hampson, 1990; Beavers & Hampson, 2000; Beavers et al.,

1985; Tutty, 1995). 척도의 총점이 낮을수록 건강하고 유능한 가족을 나타낸다. 가족유형을 측정하는 응집성 척도는 지나치게 높거나 낮지 않은 중간점수가 건강하고 유능한 가족을 나타낸다. 가족집단을 분류할 때는 건강/유능성 점수와 응집성 점수를 이용한다. 분류기준은 건강/유능성의 경우 평균 점수에 2를 곱했을 때, 2점 이하면 최적 가족, 2점 초과~4점 이하면 적절 가족, 4점 초과~6점 이하면 중간범위 가족, 6점 초과~8점 이하면 경계선 상태 가족, 8점 초과~10점 이하면 심각한 역기능 가족이다. 응집성의 경우 평균 점수가 2점 이하면 구심형 가족, 2점 초과~4점 미만이면 혼합형 가족, 4점 이상~5점 이하면 원심형 가족이다. 1985년 개발된 SFI의 신뢰도는 Cronbach's α =.86이었고(Beavers et al., 1985), 1990년에 개정판 SFI Ⅱ의 신뢰도는 Cronbach's α=.87이었다.

SFI Ⅱ의 하위요인은 건강/유능성, 응집성, 갈등, 지도력, 표현성 5개 하위요인으로 구성된다(Beavers & Hampson, 2000). 건강/유능성은 비버즈 체계모델의 유능성을 평가하기 위한 것으로 행복, 낙천주의, 문제해결과 경청기술, 애정, 부모와 자녀 간의 연합으로 대체되지 않은 부모 간의 연합, 개성, 최소의 비판양식과 책임성의 정도에 관한 19개 문항이다. 응집성은 비버즈 체계모델의 유형(구심형과 원심형)을 평가하기 위한 것으로 가족친밀감과 단란함을 통한 만족과 행복감에 관한 6개 문항이다. 갈등은 미해결된 갈등, 싸움, 비난, 논쟁, 편애, 책임전가 및 희생양 만들기의 정도에 관한 12개 문항이다. 지도력은 가족 내 성인 지도력의 강도와 일반적인 양식에 관한 3개 문항이다. 표현성은 친밀감이나 긍정적인 감성을 신체적, 언어적으로 표현하고 온정과 배려를 얼마나 편안하고 쉽게 표현하는지에 관한 5개 문항이다(Beavers & Hampson, 2000).

SFI Ⅱ의 하위요인별 Cronbach's α는 .84에서 .88범위에 있으며, 1개월에서 2개월에 걸친 검사-재검사 신뢰도는 가족 건강/유능성과 가족양식에서 .87과 .70이었다. SFI Ⅱ와 말로우-크라운(Marlowe-Crowne)의 사회적 바람직성 척도 간의 상관계수는 .03-.11 범위로 대체로 낮다(Beavers et al., 1990). 권윤아(1997)의 연구에서 하위요인별

Cronbach's α는 .73에서 .91 범위에 있었다. 동시타당도에 대한 연구결과, FACES Ⅱ, FACES Ⅲ와 높은 상관을 보였다(Tiesel, 1994). 또한, 비버즈 체계모델의 유능성과 건강 척도는 FES의 응집성과는 -.73, FAD의 애정적 반응과는 .64의 상관을 보였다.

3) 자기보고식 척도문항

다음은 가족생활에 대한 질문입니다. 해당되는 곳에 V표시하여 주십시오.

매주 일치	약간 일치	보통	약간 불일치	매우 불일치
1	2	3	4	5

1. 우리 가족은 서로의 감정에 관심을 가진다.
2. 우리 가족은 다른 사람보다는 우리 가족과 함께 어떤 일을 하는 것을 좋아한다.
3. 가족의 일을 계획할 때, 가족 모두 자기 의견을 말할 수 있다.
4. 가족 내에서 결정된 것이면, 어른들도 수긍하고 따른다.
5. 우리 가족의 어른들은 경쟁하고 싸운다.
6. 우리 가족은 서로 친하고 가깝지만, 각자 독특하고 다르다는 것을 인정한다.
7. 우리 가족은 각자의 친구를 인정한다.
8. 가족 내에 통솔자가 없어서 혼란스럽다.
9. 우리 가족은 서로 접촉하고 껴안는다.
10. 우리 가족은 서로 무시한다.
11. 우리 가족은 자신의 생각을 터놓고 이야기한다.
12. 우리 가족은 서로 애정을 느낀다.
13. 우리 가족은 서로 친밀감을 느낄 때조차 그것을 받아들이기 어려워한다.
14. 우리 가족은 논쟁을 많이 하지만, 해결되는 문제는 전혀 없다.
15. 우리 가족은 집에 있을 때 가장 행복하다.
16. 우리 가족에서는 어른이 주도권을 가지고 있다.
17. 우리 가족의 미래는 밝다.
18. 일이 잘못되면, 우리 가족은 대개 한 사람에게만 책임을 돌린다.
19. 우리 가족은 대부분 각자 개인적으로 보낸다.
20. 우리 가족은 서로 친한 것을 자랑으로 여긴다.
21. 우리 가족은 함께 문제를 잘 해결한다.
22. 우리 가족은 스스럼없이 서로 따뜻하게 대하고, 배려한다.
23. 우리 가족 안에서는 싸우거나 소리쳐도 괜찮다.

24. 한 자녀만 편애하는 어른이 있다.
25. 일이 잘못되면, 우리는 서로에게 책임을 돌린다.
26. 우리는 생각하고 느낀 것을 말한다.
27. 우리 가족은 가족보다는 다른 사람과 함께 어떤 일을 하고 싶어 한다.
28. 우리 가족은 서로의 말을 주의 깊게 잘 들어준다.
29. 우리 가족은 서로의 감정에 상처를 줄까봐 걱정한다.
30. 우리 가족의 분위기는 대체로 슬프고 우울하다.
31. 우리 가족은 논쟁을 많이 한다.
32. 가족 중 한 사람이 우리 가족을 통솔한다.
33. 우리 가족은 늘 행복하다.
34. 우리 가족은 자신의 행동에 책임을 진다.

	1	2	3	4	5
35.	우리 가족은 함께 매우 잘 기능한다.				우리 가족은 가족의 기능을 전혀 잘 수행하지 못하고 있다. 우리는 도움이 절실히 필요하다.
36.	우리 가족들 중 독자적으로 행동하는 사람은 아무도 없다. 공공연하게 싸우지 않는다. 가족들끼리 기대가며, 가족에게서 만족을 찾는다.		우리 가족은 가끔 독자적으로 행동할 때가 있으며, 의견이 맞지 않을 때도 약간 있다. 우리 가족은 가족 안과 밖 모두에서 만족을 얻는다.		우리 가족은 대개 각자 독자적으로 행동하며 의견충돌을 공공연하게 일으킨다. 가족 밖에서 만족을 찾는다.

4) 자기보고식 척도 출처

윤지은(2006). 가족체계 유형과 스트레스 대처방식 간의 관계에 관한 연구: 정신장애인 경험을 중심으로. 계명대학교 석사학위논문.

5) 비버즈 상호작용 척도(Beavers Interactional Scales)

비버즈 체계모델은 자기보고식 척도 외에도 외부자 관찰 척도(observational rating scales)를 소개하고 있다. 자기보고식 방법으로 얻은 내부자 시각과 평가자의 외부 시각 간의 차이를 고려하여 개발된 외부자 관찰 척도는 가족유능감과 가족 유형 두 부분으로 구성된다(Beavers & Hampson, 2000). 외부자 관찰 척도는 녹화된 비디오테이프를 통해서 가족의 상호작용을 평가하는 방식이다. 구성개념은 다음과 같다.

표 8 비버즈 체계모델 외부자 관찰 척도의 주요 차원

차원	구성개념
1. 가족유능성	• 가족의 구조: 전체적인 권력, 부부간의 연합, 친밀감 • 가족신화 • 목표지향적인 협상 • 자율성: 표현의 명료함, 책임감, 투과성 • 가족의 정서: 가정의 범위, 분위기와 어조, 해결되지 않은 갈등, 감정이입 • 전반적인 건강병리
2. 가족 유형	• 가족의존성 • 갈등 • 물리적 공간 • 외부인에 대한 태도 • 친밀감 • 공격성의 질과 주장성 • 감정표현의 용이성 • 전반적인 구심적/원심적 유형

(1) 가족의 구조

① **전체적인 권력**: 비디오테이프에 근거하여 가족의 권력관계에서 받은 전반적인 인상에 해당하는 것을 체크하시오.

혼돈된		뚜렷한 지배		중간 정도의 지배		다소 휘둘리는		평등한
1	1.5	2	2.5	3	3.5	4	4.5	5
지도자 없음. 상호작용을 이끌 만한 권력을 아무도 가지고 있지 않다.		통제가 거의 절대적이며 협상은 없다. 지배와 복종이 법칙이다.		통제가 거의 절대적이다. 약간의 협상은 가능하나 여전히 지배와 복종이 법칙이다.		지배와 복종하는 경향이 있지만, 대부분의 상호작용이 협상을 통해 이루어진다.		지도력이 부모 간에 공유되며, 자연스러운 상호작용으로 변화된다.

② 부모 간의 연합: 가족 내의 관계구조를 가장 잘 기술한 것에 체크하시오.

1	1.5	2	2.5	3	3.5	4	4.5	5
부모-자녀 연합				약한 부모 연합				강한 부모 연합

③ 친밀감

1	1.5	2	2.5	3	3.5	4	4.5	5
구성원들 사이의 경계가 조직적이지 않으며, 애매하고 구별되지 않는다.				고립 거리감				구성원들 사이의 경계가 분명하면서 친밀감이 있다.

(2) 가족신화

모든 가족은 신화를 가지고 있다. 여기는 '신화는 가족 내에서 어떻게 기능하는가?'의 측면이다. 가족신화가 현실과 얼마나 일치하는지를 체크하시오.

1	1.5	2	2.5	3	3.5	4	4.5	5
매우 일치하는		대부분 일치하는				다소 불일치하는		매우 불일치하는

(3) 목표지향적인 협상

문제를 협상하는 가족의 효율성을 평가하라.

1 1.5	2 2.5	3 3.5	4 4.5	5
매우 효율적인	양호		나쁨	매우 비효율적인

(4) 자율성

① **표현의 명료함:** 가족의 감정과 생각의 표현 명료성에 대해 평가하시오. 감정의 다양성이나 강도를 평가하는 것이 아니라 개인의 생각과 감정의 명료성을 평가하는 것이다.

1 1.5	2 2.5	3 3.5	4 4.5	5
매우 분명하다		다소 애매하고 숨겨짐		아무도 분명하지 않다

② **책임감:** 가족원들이 자신의 과거, 현재, 미래의 행동에 대해 책임지는 정도를 평가하시오.

1 1.5	2 2.5	3 3.5	4 4.5	5
가족원이 규칙적으로 개인행동에 대한 책임감을 말할 수 있다.		가족원 등이 각자의 행동에 대한 책임을 말하지만 때때로 다른 사람을 비난하거나 제3자 혹은 다수의 입장에서 이야기한다.		가족원들이 개개인의 행동에 대한 책임을 말할지라도 거의 표현하지 않는다.

③ **투과성:** 다른 가족원들의 말에 개방적이고 수용적이며 투과적인지를 평가하시오.

1 1.5	2 2.5	3 3.5	4 4.5	5
매우 개방적임	적당하게 개방적임		가족원들이 자주 거부를 함	가족원들이 거부적임

(5) 가족의 구조

① **감정의 범위:** 감정 표현의 폭이 어떠한가를 평가하시오.

1 1.5	2 2.5	3 3.5	4 4.5	5
감정의 다양한 영역을 직접 표현하는	약간의 두려움에도 불구하고 많은 감정들을 직접 표현하는	약간의 감정을 표현하는데 애매하게 제한된	자신의 감정을 표현하지만 대부분의 감정이 숨겨져 있는	감정의 표현이 거의 없는

② **분위기와 어조:** 가족의 상호작용에서 감정의 톤을 평가하시오.

1 1.5	2 2.5	3 3.5	4 4.5	5
따뜻하고 애정적이며 유머러스하고 긍정적인	감명 깊은 따뜻함이나 애정은 없지만 공손하며, 즐거울 때도 적개심을 보이는 경우가 흔함	공공연하게 적대적인	우울함	냉소적, 비판적, 좌절, 비관적

③ **해결되지 않은 갈등:** 겉으로 보기에 해결될 수 없을 것 같이 보이는 갈등의 정도를 평가하시오.

1 1.5	2 2.5	3 3.5	4 4.5	5
가족기능의 심각한 손상을 가져오는 심한 갈등이 있다.	가족기능이 손상을 가져올 정도의 뚜렷한 갈등이 있다.	가족기능의 약간의 손상을 가져오는 명백한 갈등이 있다.	미해결된 갈등이 존재하나 집단 기능에는 손상 없음	해결되지 않은 갈등이 거의 없는

④ **감정이입**: 가족 내에서 서로의 감정에 대한 민감성 정도와 이해 정도를 평가하시오.

1 1.5	2 2.5	3 3.5	4 4.5	5
일관적이고 감정이입적인 반응	분명한 저항에도 불구하고 타인에게 공감적 반응을 하는 경향이 있다.	공감적 개입을 시도하나 그것을 유지하지 못함	어떤 공감적 반응도 못함	감정에 대해 아주 부적절한 반응을 보임

(6) 전반적인 건강병리

가족의 전반적인 건강함을 혹은 병리를 체크하시오.

10	9	8	7	6	5	4	3	2	1
가장 병리적인									건강한

6) 가족 유형 척도

(1) 가족의존 욕구

가족의 의존심에 대한 욕구는 어떠한가?

1	2	3	4	5
좌절되고 무시된		가끔 좌절되고 가끔 수용되는		격려되며 대부분 수용되는

(2) 갈등통제

가족의 성인이 갖고 있는 갈등은 어떠한가?

1	2	3	4	5
아주 개방된	대부분 개방된		때때로 숨겨지고 감춰진	간접적이며 숨겨지고 감춰진

(3) 물리적 공간

함께 있을 때 가족의 신체적 거리, 즉 물리적 공간은 어떠한가?

1	2	3	4	5
모든 구성원들이 각자의 공간을 요구하고 기대한다.		몇몇 구성원들은 접촉하지만 다른 구성원들은 떨어져 있다.		모든 구성원들이 물리적으로 가깝고 많이 접촉한다.

(4) 외부인에 대한 태도

가족의 외부인을 대할 때의 태도는 어떠한가?

1	2	3	4	5
외부 사람에게 좋은 행동과 좋은 인상을 주기 위해 노력한다.		때때로 좋은 인상을 주는데 관심을 보인다.		사회적 승인과 체면에 관심이 없는 듯 보인다.

(5) 친밀감

이 척도는 가족의 친밀감에 관한 것이 아니라, 오히려 가족원들이 자신들이 친하다는 사실을 얼마나 말하는가를 측정하는 것이다.

1	2	3	4	5
시종일관 그들이 친밀하다는 것을 강조함		친밀감에 대해 관심이 없음		친밀감을 갖는 것을 거부함

(6) 자기주장

공격성의 질과 주장성의 정도

1	2	3	4	5
공격적/파괴적 행동 및 표현을 억제한다.				공격적인 행동과 표현도 주장할 수 있도록 격려하며 이끈다.

(7) 긍정적/부정적 감정표현의 용이성

사람들은 긍정적이고 부정적인 감정을 가지고 있다. 이들 중 어느 것이 표현되기 쉬운지에 대해 평가하라.

1	2	3	4	5
긍정적 감정이 부정적 감정보다 더 표현하기 쉽다,		거의 똑같다.		부정적 감정이 긍정적 감정보다 표현하기 쉽다.

(8) 전반적인 가족 유형

가족이 구심적 가족 유형인지 혹은 원심적 가족 유형인지 평가하라.

1 1.5	2 2.5	3 3.5	4 4.5	5
구심적 가족				원심적 가족

4. 가족환경모델(Family Environment Model)

1) 소개

가족환경 척도(Family Enviornment Scale, FES)는 스탠포드 대학의 무스(Moos, 1974)에 의해서 개발된 최초의 가족사정 척도이다. 가족환경 척도(FES)는 개인과 가족기능에 영향을 미치는 가족환경을 평가하는 자기보고식 설문이다. 총 90개 문항으로 구성되어 있으며, 각 문항에 대해 '예' 혹은 '아니오'로 답하도록 되어 있다. FES는 관계영역(relational domains), 개인성장영역(personal growth domains), 체계유지영역(system maintenance domains) 3개의 영역과 10개의 하위척도로 구성되어있고, 각 하위척도는 9개의 문항으로 구성되어 있다.

관계영역은 결합력(cohesion), 표현력(expressiveness), 갈등(conflict) 하위척도로 평가하며, 이들 하위척도들은 가족원 사이의 위임, 도움, 지지 정도, 가족원들이 공개적으로 활동하게 격려하는 정도, 직접적으로 기분을 표현하게 격려하는 정도, 가족원 간의 공개적으로 표현된 분노, 갈등의 양을 평가한다.

개인성장영역은 독립성(independence), 성취지향성(achievement orientation), 지적-문

화적 지향성(intellectual-cultural orientation), 능동적 여가활용성(active-recreational orientation), 도덕적-종교적 강조(moral-religious emphasis) 하위척도로 측정되며, 이들 척도들은 가족원이 자급자족하고 스스로의 결정을 내리는 정도, 학업이나 일에서 활동이 성취지향적이거나 경쟁적인 정도, 정치, 문화, 지적인 활동에서의 관심 정도, 사회적, 여가활용적 활동에 참여하는 정도, 그리고 윤리, 도덕적 가치의 정도를 평가한다.

체계유지영역은 조직화(organization), 통제(control) 하위척도로 측정되며, 가족 내에서 계획하는데 있어서 명백한 조직화와 구조의 정도와 가족의 생활에 있어서 이용되는 규칙과 방법들이 설정되는 정도를 평가한다.

무스와 무스(1984)는 FES가 임상가와 프로그램 평가자들이 1) 자기 가족(부부가족 및 핵가족)에 대한 개인의 지각을 이해할 수 있으며, 2) 임상사례에 대한 기술과 가족의 적응을 이해할 수 있고, 3)가족의 변화를 탐지하고 개선을 증진시키며, 4) 가족분위기에 대한 배우자 간의 지각이나 부모와 자녀 간의 지각을 비교하고 설명하며, 5) 치료의 결과를 예측하고 측정할 수 있고, 6) 가족들이 얼마나 생애주기와 위기에 적응할 수 있는지에 초점을 맞추며, 7) 가족이 자녀와 청소년에 미치는 영향을 이해할 수 있다고 주장한다(Moos et al., 1990).

2) 척도구성 및 표준화

표 9 척도구성과 신뢰도

<table>
<tr><th colspan="5">한국판 가정환경 척도(신윤오 외, 1995)</th><th colspan="3">한국 가족환경 척도(FES-K, 박정희, 2004)</th></tr>
<tr><th rowspan="2">영역</th><th rowspan="2">하위척도</th><th rowspan="2">내적일치도</th><th colspan="2">검사-재검사 신뢰도</th><th rowspan="2">영역</th><th rowspan="2">하위척도</th><th rowspan="2">내적 일치도</th></tr>
<tr><th>1개월 후</th><th>3개월 후</th></tr>
<tr><td rowspan="3">관계영역</td><td>결합력</td><td>.62</td><td>.67</td><td>.58</td><td rowspan="3">관계영역</td><td>갈등표현</td><td>.74</td></tr>
<tr><td>표현력</td><td>.26</td><td>.31</td><td>.40</td><td rowspan="2">친밀감</td><td rowspan="2">.77</td></tr>
<tr><td>갈등</td><td>.47</td><td>.72</td><td>.50</td></tr>
<tr><td rowspan="5">개인성장 영역</td><td>독립성</td><td>.28</td><td>.07</td><td>.27</td><td rowspan="5">개인성장영역</td><td>개인 독립지향</td><td>.68</td></tr>
<tr><td>성취지향성</td><td>.51</td><td>.48</td><td>.61</td><td>문화적 지향</td><td>.67</td></tr>
<tr><td>지적-문화적 지향성</td><td>.61</td><td>.73</td><td>.70</td><td>소극적 활동지향</td><td>.66</td></tr>
<tr><td>능동적 여가활용성</td><td>.65</td><td>.70</td><td>.67</td><td>종교지향</td><td>.74</td></tr>
<tr><td>도덕적-종교적 강조</td><td>.65</td><td>.78</td><td>.71</td><td>성취지향</td><td>.45</td></tr>
<tr><td rowspan="2">체계유지 영역</td><td>조직화</td><td>.55</td><td>.63</td><td>.68</td><td rowspan="2">체계유지영역</td><td>조직</td><td>.66</td></tr>
<tr><td>통제</td><td>.48</td><td>.54</td><td>.44</td><td>통제</td><td>.63</td></tr>
<tr><td colspan="2">전체(90개 문항)</td><td>.79</td><td>.69</td><td>.67</td><td colspan="2">전체(72개 문항)</td><td>.65</td></tr>
</table>

FES의 내적일치도는 Cronbach's α=.61~.78로 보고되고 있지만(Moos & Moos, 1984), 로사(Roosa)와 빌즈(Beals)는 임상가족과 정상가족을 대상으로 한 연구(.20)와 특히 하위척도에서 독립성(.20), 표현성(.29), 성취지향성(.35) 하위척도는 활용하기에 부적절하다고 하였다. 신윤오와 조성철(1995)에 의해서 표준화된 한국판 가정환경 척도의 검사-재검사 신뢰도는 .69, 내적일치도 Cronbach's α=.79이며, 정상군과 임상군의 변별력은

75%였다(신윤오, 조수철, 1995).

동시타당도 측정에서 FES의 응집성과 FACES Ⅱ의 응집성 간에는 상관이 .74, FES의 통제와 FACES Ⅱ의 적응성 간에는 상관이 -.32였다(Schmid, Rosenthal, & Brown, 1988). 다이닝과 버크(Dinning & Berk, 1989)는 알코올중독 가족의 자녀는 일반 가족의 자녀에 비해 가족응집성이 낮고 갈등이 높았다고 FES의 판별능력을 지지하였다. 안영실(1990)은 하위척도 중에서 독립성, 도덕적-종교적 강조와 통제를 제외한 다른 하위척도는 정상가족과 조현병 가족을 판별하는데 유의한 차이가 있다고 하였고, 박혜숙(1991)은 표현력, 성취지향성 및 도덕적-종교적 강조 하위척도는 정상가족과 정신질환자 가족을 판별하는데 유의하지 않다고 하였다.

박정희는 한국 가족환경 척도(Family Environment Scale-Korean Version, FES-K)에서 내적일치도를 Cronbach's α=.65로 보고하고 있으며, 한국 가족환경 척도(FES-K)와 김수연(1998)의 순환모델과의 상관계수는 -.50~.50 이상으로 높은 준거타당도를 보였다. 하지만 이미옥(2000)의 가족체계진단 척도와의 상관계수는 -.30~.35 이상으로 다소 낮았다. FES-K의 판별능력은 인문계 집단과 실업계 집단에서 60.8%였다.

3) 척도문항

(1) 한국판 가정환경 척도(신윤오 외, 1995)

다음은 가족에 대한 질문입니다. 당신의 가족에 관한 질문내용에 '예', '아니오'에 표시하면 됩니다. 만약 당신 가족이 정말 그렇다고 생각되면 '예'에 만약 그렇지 않다고 생각되면 '아니오'에 표시하여 주십시오. 다음의 질문들은 가족 중에 누구에게는 '예'이고, 다른 사람에게는 '아니오'라고 느낄 수 있습니다. 이 경우에 그 질문이 대부분의 가족원에게 해당된다고 생각되면 '예'에, 대부분의 가족원에게 해당되지 않는다고 생각되면 '아니오'에 표시하여 주십시오. 만약 가족원들이 '예', '아니오'로 각각 반씩 나눠진다면, 전반적으로 보다 강한 인상을 받는 것에 따라 표시하여 주십시오.

주의할 점은 다른 가족원들이 보고 있는 점을 표시하는 것이 아니라 각 질문마다 가족에 대한 당신의 전반적인 인상을 표시하여 주시면 됩니다.

	예	아니오
1. 우리 가족은 진심으로 서로 돕고 어려울 때에 힘을 북돋아 준다.	1	2
2. 우리 가족은 보통 자신의 감정을 속에 담아 두는 편이다.	1	2
3. 우리 가족은 잘 싸운다.	1	2
4. 우리 가족은 자기 스스로 일을 잘 하지 않는 편이다.	1	2
5. 우리 가족은 당신이 무엇을 하든 최고가 되는 것이 중요하다고 느낀다.	1	2
6. 우리는 정치문제와 사회문제에 대해 자주 이야기하는 편이다.	1	2
7. 우리는 주말이나 밤 시간을 주로 집에서 보낸다.	1	2
8. 우리 가족은 교회, 성당 또는 절 등에 꽤 자주 다닌다.	1	2
9. 우리 가족의 활동들은 꽤 신중하게 계획된다.	1	2
10. 우리 가족은 무엇을 하도록 명령받지 않는다.	1	2
11. 우리는 자주 집에서 시간을 할 일없이 보내는 것 같다.	1	2
12. 우리는 우리 집에 대해 하고 싶은 이야기는 무엇이든 한다.	1	2
13. 우리 가족은 겉으론 거의 화를 내지 않는다.	1	2
14. 우리 집에서 우리는 독립적이 되도록 아주 강하게 격려 받는다.	1	2
15. 인생에서 성공하는 것이 우리 집에서는 매우 중요하다.	1	2
16. 우리는 강연, 연극 또는 음악회에 거의 가지 않는다.	1	2
17. 친구들이 저녁식사를 함께 하기 위해서 집에 오거나 자주 방문한다.	1	2
18. 우리 가족은 기도를 하지 않는다.	1	2
19. 우리는 대체로 매우 깔끔하고 정숙한 편이다.	1	2
20. 우리 집에서는 지켜야 할 규칙이 거의 없다.	1	2
21. 우리는 우리가 집에서 하는 일에 에너지를 많이 쏟는다.	1	2
22. 우리 집에서는 누군가를 화나게 하지 않는 한 화를 내기가 어렵다.	1	2
23. 우리 가족은 너무 화가 나면 때때로 물건을 집어 던지기도 한다.	1	2
24. 우리는 우리 자신을 위해 뭔가를 궁리한다.	1	2

25. 사람이 돈을 얼마나 버는 가는 우리에게 거의 중요하지 않다.	1	2
26. 새롭고 색다른 것에 대해 배우는 것이 우리 집에서는 매우 중요하지 않다.	1	2
27. 우리 식구들은 아무도 야그, 볼링 등의 스포츠를 활발히 하지 않는다.	1	2
28. 우리는 크리스마스의 종교적 의미나 추석 또는 다른 명절에 대해 자주 이야기하곤 한다.	1	2
29. 우리 집안에서는 당신이 필요한 물건을 찾으려면 찾기가 어려운 경우가 종종 있다.	1	2
30. 우리 집에서는 한 사람이 대부분의 중요한 결정들을 한다.	1	2
31. 우리 가정에는 가족으로서의 공동체감이 있다.	1	2
32. 우리는 우리의 개인적인 문제에 대해 서로 이야기한다.	1	2
33. 우리 식구들은 거의 화를 내지 않는다.	1	2
34. 우리는 원하는 경우에 집이 왔다 갔다 한다.	1	2
35. 우리는 경쟁에서 "가장 잘한 사람이 이긴다"라고 믿는다.	1	2
36. 우리는 문화적인 활동에 흥미가 없다.	1	2
37. 우리는 영화, 운동경기, 캠프 등에 자주 간다.	1	2
38. 우리는 천당이나 지옥을 믿지 않는다.	1	2
39. 시간을 정확히 지키는 것이 우리 가족에게는 매우 중요하다.	1	2
40. 우리 집에는 일 처리하는 정해진 방식들이 있다.	1	2
41. 우리는 집에서 어떤 일이 되어야만 할 때 거의 자발적으로 하지 않는다.	1	2
42. 만일 우리가 앞 뒤 생각 없이 뭔가를 하고 싶어진다면, 우리는 하던 일도 다 그만두고 자주 그렇게 하곤 한다.	1	2
43. 우리 가족은 서로 자주 비판하곤 한다.	1	2
44. 우리 집에서는 사생활이 거의 보장되지 않는다.	1	2
45. 우리는 다음 기회에 좀 더 잘 하기 위해 항상 노력한다.	1	2
46. 우리는 지적인 토론을 거의 하지 않는다.	1	2
47. 우리 식구들은 누구나 한두 가지 정도의 취미를 가지고 있다.	1	2
48. 우리 식구들은 옳고 그른 것에 대해 엄격한 생각을 갖고 있다.	1	2
49. 우리 식구들은 자주 변덕을 부린다.	1	2
50. 우리 집은 규율을 지키도록 매우 강조한다.	1	2
51. 우리 식구들은 서로를 진심으로 도와준다.	1	2
52. 만일 우리 집에서 당신이 불평을 한다면, 보통 누군가는 화를 낸다.	1	2
53. 우리 식구들은 때때로 서로 주먹으로 친다.	1	2
54. 우리 식구들은 문제가 생기면 거의 자신에게 의지한다.	1	2
55. 우리 식구들은 승진, 학교, 성적 등에 대해 거의 걱정하지 않는다.	1	2
56. 우리 식구들 중 누군가는 악기를 다룰 줄 안다.	1	2
57. 우리 식구들은 일이나 학교 이외의 오락 활동을 거의 하지 않는다.	1	2
58. 우리는 당신이 때에 따라서는 그대로 받아들여야만 하는 어떤 일들이 있다는 것을 믿는다.	1	2
59. 우리 식구들은 방을 늘 깨끗하게 정리한다.	1	2
60. 누구나 가족의 결정에 똑같은 발언권을 갖는다.	1	2

61. 우리 집에는 공동체감이 거의 없다.	1	2
62. 우리 집에는 돈의 문제가 공공연하게 이야기된다.	1	2
63. 만일 우리 가정에서 의견이 불일치하는 경우 우리는 그것을 덮어두고 평화를 유지하려고 열심히 노력한다.	1	2
64. 우리 식구들은 자신의 권리를 옹호하도록 서로를 대단히 격려한다.	1	2
65. 우리 집에서 우리는 성공하기 위해 그렇게 열심히 노력하지 않는다.	1	2
66. 우리 식구들은 도서관에 자주 가곤 한다.	1	2
67. 우리 식구들은 어떤 취미나 관심사를 위해 학교 이외의 어떤 강좌에 때때로 등록하거나 수업을 받곤 한다.	1	2
68. 우리 식구들은 각자 옳고 그른 것에 대해 다른 생각을 갖고 있다.	1	2
69. 우리 집에서는 식구 각자의 의무가 명확하게 정의되어 있다.	1	2
70. 우리는 우리 집에서 원하는 것은 무엇이든지 할 수 있다.	1	2
71. 우리는 서로 정말로 잘 지낸다.	1	2
72. 우리는 서로에게 말하는 것에 대해 보통 조심하는 편이다.	1	2
73. 우리 식구들은 자주 서로 앞서거나 더 잘하려고 노력하곤 한다.	1	2
74. 우리 집에서는 누군가의 감정을 상하지 않게 하면서 자기를 표현하기 어렵다.	1	2
75. "놀기 전에 일하거나 공부하라"는 것은 우리 집에서 규칙이다.	1	2
76. 텔레비전을 보는 것이 독서하는 것보다 우리 식구들에게는 중요하다.	1	2
77. 우리 식구들은 외출을 많이 한다.	1	2
78. 우리 집에서는 종교 경전이 매우 중요한 책이다.	1	2
79. 우리 집에서는 돈이 거의 조심스럽게 사용되지 않는다.	1	2
80. 우리 집에서는 정해진 규칙들에 매우 엄격하다.	1	2
81. 우리 식구들은 식구 모두에게 관심을 많이 쏟는다.	1	2
82. 우리 식구들은 토론을 자발적으로 많이 한다.	1	2
83. 우리 집에서는 당신이 언성을 높인다고 해서 원하는 결과를 얻을 수 없다는 것을 알고 있다.	1	2
84. 우리 집에서는 자신을 위해 언성을 높이는 분위기가 실제로 되어 있지 않다.	1	2
85. 우리 식구들은 직장이나 학교에서 얼마나 잘 하고 있는지에 대해 남과 자주 비교되곤 한다.	1	2
86. 우리 식구들은 음악, 미술, 그리고 문학을 대단히 좋아한다.	1	2
87. 우리 가족의 오락은 주로 텔레비전을 보거나 라디오를 듣는 것이라고 말할 수 있다.	1	2
88. 우리 식구들은 만일 당신이 죄를 짓는다면, 벌을 받게 될 것이라고 믿는다.	1	2
89. 식기들은 보통 식사 후에 바로 설거지된다.	1	2
90. 우리 집에서 당신은 해야만 하는 것들을 하지 않은 채 대충 지낼 수는 없다.	1	2

영역	하위척도	문항번호
관계영역	결합력	1, 11, 21, 31, 41, 51, 61, 71, 81
	표현력	2, 12, 22, 32, 42, 52, 62, 72, 82
	갈등	3, 13, 23, 33, 43, 53, 63, 73, 83

개인성장영역	독립성	4, 14, 24, 34, 44, 54, 64, 74, 84
	성취지향성	5, 15, 25, 35, 45, 55, 65, 75, 85
	지적-문화적 지향성	6, 16, 26, 36, 46, 56, 66, 76, 86
	능동적 여가활용성	7, 17, 27, 37, 47, 57, 67, 77, 87
	도덕적-종교적 강조	8, 18, 28, 38, 48, 58, 68, 78, 88
체계유지영역	조직화	9, 19, 29, 39, 49, 59, 69, 79, 89
	통제	10, 20, 30, 40, 50, 60, 70, 80, 90

(2) 한국 가정환경 척도(박정희, 2004)

다음 문항은 당신 가족에 관한 내용입니다. 당신의 가족에 적절하다고 생각되는 곳에 ∨ 표시 하여 주시기 바랍니다.

전혀 그렇지 않다	대체로 그렇지 않다	보통이다	대체로 그렇다	매우 그렇다
1	2	3	4	5

1(1). 우리 가족은 진심으로 서로 돕고 어려울 때에 힘을 북돋아 준다.
*2(3). 우리 가족은 잘 싸운다.
*3(4). 우리 가족은 가정에서 자기가 해야 할 일을 잘 하지 않는 편이다.
4(5). 우리 가족은 무슨 일이든 최고가 되는 것이 중요하다고 여긴다.
5(6). 우리 가족은 정치나 사회문제에 대해 이야기한다.
6(8). 우리 가족은 교회(성당 또는 절)에 자주 다닌다.
7(9). 우리 가족은 가족끼리 하는 활동을 신중하게 계획한다.
*8(10). 우리 가족은 누군가에 의해 모이는 일이 거의 없다.
9(14). 우리 가족은 서로 득립적으로 생활하도록 강하게 요구한다.
10(15). 우리 가족은 인생에서 남보다 한발 앞서 나가야 한다는 것을 아주 중요시한다.
*11(16). 우리 가족은 함께 강연, 연극 또는 음악회에 가지 않는다.
*12(18). 우리 가족은 기도생활을 하지 않는다.
13(19). 우리는 대체로 깔끔하고 질서를 잘 지키는 편이다.
14(20). 우리 집에는 가족들이 지켜야 할 규칙이 약간 있다.
15(21). 우리 가족은 집에서 하는 일에 에너지를 많이 쏟는다.
16(22). 우리 가족은 서로에게 화풀이를 한다.
*17(23). 우리 가족은 화가 나게 되면 물건을 집어 던진다.
18(24). 우리 가족은 자신의 문제를 해결하기 위해 고심한다.
19(26). 우리 가족은 뭔가 색다른 것을 배우는 것을 중요하게 생각한다.

*20(27). 우리 가족은 아무도 축구나 볼링 등의 스포츠를 즐기지 않는다.
21(28). 우리 가족은 크리스마스의 의미나 명절의 유래에 대해 자주 이야기한다.
*22(29). 우리 집안의 물건들은 잘 정리되어 있지 않아서 찾기가 어렵다.
23(30). 우리 집에서는 한 사람이 대부분의 중요한 결정을 한다.
24(31). 우리 가정에는 가족으로서의 공동체감이 있다.
25(32). 우리 가족은 개인적인 문제에 대해 서로 이야기한다.
26(35). 우리 가족은 경쟁에서 "최선을 다한 사람만이 이길 수 있다"고 믿는다.
*27(36). 우리 가족은 문화적인 활동에 흥미가 많지 않다.
28(37). 우리 가족은 영화나 운동경기를 보러 가거나 여행을 자주 간다.
*29(38). 우리는 천당이나 지옥이 있다고 믿지 않는다.
30(39). 우리 가족은 시간을 정확히 지키는 것을 중요하게 여긴다.
31(40). 우리 집에는 어떤 일을 하는 방식이 정해져 있다.
*32(41). 우리 가족은 집에서 해야만 하는 일을 자발적으로 하는 경우가 거의 없다.
33(42). 우리 가족은 갑자기 뭔가 하고 싶어질 때, 이를 곧바로 실행한다.
*34(43). 우리 가족은 서로를 자주 비판하곤 한다.
*35(44). 우리 집에는 사생활이 거의 보장되지 않는다.
36(45). 우리 가족은 다음 번에 좀 더 잘 하기 위해 항상 노력한다.
*37(46). 우리 가족은 지적인 토론을 거의 하지 않는다.
38(47). 우리 가족은 누구나 한두 가지의 취미를 가지고 있다.
39(48). 우리 가족은 옳고 그른 것에 대한 엄격한 기준을 가지고 있다.
*40(49). 우리 가족은 변덕이 심하다.
41(50). 우리 가족은 지켜야 할 규칙을 매우 강조한다.
42(51). 우리 가족은 서로를 진심으로 밀어준다.
*43(52). 내가 우리 가족에 대해 불평을 하면, 꼭 누군가는 화를 내는 사람이 있다.
*44(53). 우리 가족은 서로 치고받고 싸우기도 한다.
*45(55). 우리 가족들은 승진이나 학교성적 등에 대해 걱정하지 않는다.
46(56). 우리 가족 중 누군가는 악기를 다룰 줄 안다.
*47(57). 우리 가족은 직장이나 학교 밖에서는 오락 활동을 거의 하지 않는다.
48(59). 우리 가족은 자기 방을 늘 깨끗하게 정리한다.
49(60). 우리 가족은 모두가 동등한 의사결정권을 갖는다.
*50(61). 우리 가족에는 공동체감이 거의 없다.
51(62). 우리 가족은 돈이나 공과금 지출에 대해 공개적으로 이야기한다.
52(63). 가족끼리 의견이 맞지 않을 때에는 가능한 한 좋게 넘기려고 애쓴다.
53(64). 우리 가족들은 자신의 권리를 스스로 지켜나가도록 서로를 격려한다.
*54(65). 우리 가족은 성공하기 위해 열심히 노력하지 않는다.
55(66). 우리 가족들은 도서관에 자주 가곤 한다.
56(67). 우리 가족들은 취미나 관심사에 따라 학교수업 외의 강좌에 참석하곤 한다.
57(69). 우리 집에서는 각자의 임무가 명확하게 정해져 있다.
58(71). 우리 가족은 정말로 잘 지낸다.

59(72). 우리 가족은 서로 말을 할 때 조심하는 편이다.
*60(74). 우리 집에서는 누군가의 감정을 상하지 않게 하면서 지내기가 어렵다.
61(75). "놀기 전에 일(공부)하라"는 것이 우리 집 규칙이다.
62(78). 우리 집에서는 종교 경전이 매우 중요하다.
*63(79). 우리 가족은 돈을 신중하게 쓰지 않는다.
64(80). 우리 집은 규칙이 엄하다.
65(81). 우리 가족은 서로를 위해 많은 시간과 관심을 쏟는다.
66(82). 우리 가족은 즉흥적인 토론을 많이 한다.
*67(85). 우리 가족은 서로가 직장이나 학교에서 얼마나 잘 하고 있는지에 대해 남과 자주 비교하곤 한다.
68(86). 우리 가족은 죄를 지으면 마땅히 벌을 받게 될 거라고 믿는다.
*69(87). 우리 가족의 주된 오락은 텔레비전을 보거나 라디오를 듣는 것이다.
70(88). 우리 가족은 음악이나 미술, 문학을 좋아한다.
71(89). 우리 가족은 식사를 하고 난 후에는 바로 설거지를 한다.
72(90). 우리 집은 엄격하다.

1. ( ) 원척도 문항번호
2. * 역 채점(recode) 문항
3. 척도는 3개 차원과 9개 하위척도로 구성됨.
   관계차원은 갈등표현과 친밀감 소척도, 개인성장차원은 개인 · 독립지향, 문화적 지향, 소극적 활동지향, 종교지향, 성취지향 소척도, 체계유지차원은 조직, 통제 소척도로 구성.
4. 각 문항 수는 갈등표현(8개 문항) 2, 16, 17, 34, 43, 44, 52, 59 / 친밀감(12개 문항) 1, 15, 24, 25, 32, 33, 42, 50, 51, 58, 65, 66 / 개인 · 독립지향(8개 문항) 18, 19, 26, 36, 38, 39, 53, 68 / 문화적 지향(10개 문항) 9, 11, 21, 28, 37, 46, 55, 56, 69, 70 / 소극적 활동지향(8개 문항) 3, 20, 27, 35, 45, 47, 54, 60 / 종교지향(4개 문항) 6, 12, 29, 62 / 성취지향(5개 문항) 4, 5, 10, 61, 67 / 조직(9개 문항) 8, 13, 22, 30, 40, 48, 49, 57, 63 / 통제(8개 문항) 7, 14, 23, 31, 41, 64, 71, 72 으로 구성.

4) 출처

① 신윤오, 조수철(1995). 한국형 가정환경 척도의 개발. 신경정신의학, 34(1), 280-290.

② 박정희(2004). 한국 가족환경 척도(FES-K)의 타당화 연구. 한국가족치료학회, 12(2), 1-26.

12장 한국판 결혼 척도

1. PREPARE(Premarital Personal and Relationship Evaluation)

1) 소개

1978년 올슨(Olson)과 동료들에 의해 개발된 PREPARE는 미혼이나 결혼 2년 이내의 신혼부부를 대상으로 1개의 이상주의 왜곡 영역과 11개의 하위요인에서 결혼예비커플의 강점과 보완해야 할 점들을 측정하는 검사로 검사 척도와 임상 척도로 구분되어 있다(Olson, Fournier, & Druk-man, 1986). 검사 척도는 관계의 이상주의적 왜곡을 평가하는 1개 영역과 11개 하위요인(결혼기대도, 성격문제, 의사소통, 갈등해결, 재정관리, 여가활동, 성관계, 자녀/양육, 가족/친구, 역할관계, 종교적 신념)으로 구성되어 있다. 임상 척도는 4가지 성격 유형(자기주장, 자신감, 회피성, 파트너 지배성)과 커플과 가족관계의 친밀성과 유연성을 알아보는 커플/가족지도로 이루어져 있다. 따라서 이 검사지는 인적사항을 묻는 30개 문항과 이상주의 왜곡 7개 문항을 제외한 다른 영역들은 10개 문항으로 총 195개 문항으로 이루어져 있으며, 각 문항은 5점 Likert 척도로 되어 있다. 김나미

(2009)에 의해 국내에서 표준화된 PREPARE는 이상주의 왜곡을 평가하는 1개 영역 7개 문항과 성격 및 의사표현 13개 문항, 재정관리 7개 문항, 종교적 신념 6개 문항, 비현실적 결혼기대 5개 문항, 역할관계 4개 문항, 성적 친밀감 6개 문항, 여가활동 4개 문항, 갈등회피 4개 문항 및 자녀양육 5개 문항과 가족과 친구관계요인 6개 문항 10개 하위요인 총 67개 문항이고, 5점 Likert 척도이다. 가정사역 훈련원 나희수는 한국판 PREPARE의 저작권을 가지고 있으며, 올슨 외(1986)의 195개 문항을 그대로 번역하여 사용하고 있다.

이 검사의 특징은 한 문항에 대한 두 사람의 생각을 동시에 표현해 주고 있어서 서로의 생각을 알 수 있기 때문에, 가족치료에 유용한 정보를 제공해 준다는 것이다. 검사결과와 함께 제공되는 '성공적인 결혼 설계(Building a Strong Marriage)'는 피드백 회기에 제공되는 자료로 가족치료 후에도 두 사람이 관계기술을 향상시키는 자료로 활용할 수 있다. 그리고 검사실시와 해석을 위해 1일 워크숍 프로그램과 자습서와 비디오가 만들어져 있다. 따라서 이 교육을 받은 사람만이 PREPARE를 실시할 수 있다.

PREPARE는 가장 적으면서도 광범위한 내용을 측정하고 있는 장점이 있으며, 검사실시와 해석이 용이하다. 또한, 신뢰도와 타당도에 대한 측정이 여러 차례 이루어졌고, 재혼하는 커플을 위한 보조 자료도 잘 갖추어져 있다.

2) 척도구성 및 표준화

표 10 척도구성과 신뢰도

하위요인	해외 신뢰도* 미국 1987년 N=34,050	해외 신뢰도* 미국 2000년 N=1,742	해외 신뢰도* 일본 2003년 N=1,698	국내 신뢰도** N=4,688 하위요인	국내 신뢰도** N=4,688 신뢰도
결혼기대도	.73	.78	.63	의사표현	.87
성격문제	.77	.79	.79	재정관리	.77
의사소통	.78	.78	.71	종교적 신념	.86
갈등해결	.72	.81	.70	결혼기대	.64
재정관리	.75	.75	.70	역할관계	.51
여가활동	.63	.76	.58	성적 친밀감	.65
성적관계	.70	.78	.70	여가활동	.52
자녀/양육	.62	.82	.73	갈등회피	.63
가족/친구	.70	.79	.64	자녀양육	.80
역할관계	.78	.78	.64	가족 및 친구관계	.68
종교적 신념	.85	.85	.69	이상주의 왜곡	.79
평균	.74	.75	.70		

* Asai, S. G., & Olson, D. H. (2004). Culturally sensitive adaptation of PREPARE with Japanese premarital couples. *Journal of Marital and Family Therapy*, *30*(4), 411-426.

** 김나미(2009). 결혼준비평가 한국판 PREPARE 검사의 요인구조 및 타당화 연구. 연세대학교 박사학위논문.

푸니어(Fournier, 1979)는 PREPARE의 내용타당도를 확보하기 위해서 척도를 검사의 하위척도를 위한 항목들의 적절성을 평가하는 임상의들의 심사위원단에 제출하여 평가받은 결과, 높은 평가를 받았다. Lock-Wallace Marital Scale과 PREPARE의 동시타당도에서 PREPARE의 하위요인들은 모두 유의한 상관을 보였다(Fournier, 1979). 퍼우어와 올슨(Fowers & Olson, 1986)과 라슨과 올슨(Larson & Olson, 1989)은 PREPARE의 예측타당도를 검증하였고, 그 결과 PREPARE는 뛰어난 예측타당도가 있는 것으로 나타났다. 반면에, PREPARE가 1978년에 개발된 이후 3차례에 걸쳐 개정되었지만, 푸니어(1979)의 연구에서 검증된 구인타당도 외에 개정된 내용에 대한 구인타당도는 찾기 어렵다. 국내에서는 김나미(2009)에 의해서 한국판 PREPARE의 구인타당도가 검증되었다. 김나미(2009)의 연구에서 한국판 PREPARE와 결혼준비도 검사 간에는 높은 상관을 보였고, PREPARE와 결혼만족도 검사(MSS)의 하위영역 간 높은 상관을 보임으로써, 한국판 PREPARE의 공인타당도와 예측타당도가 검증되었다.

3) 척도문항

당신이 다음의 각 문항을 읽고 본인이 해당된다고 생각되는 곳에 V표시하여 주십시오.
각 문항에는 정답이 없으며 여러분의 생각을 솔직히 나타내는 것이 중요합니다.

전혀 안 그렇다	안 그렇다	잘 모르겠다	대체로 그렇다	확실히 그렇다
1	2	3	4	5

1. 내 파트너는 내게 필요한 사랑과 애정을 항상 나에게 준다.
2. 우리가 함께 보내는 시간의 양을 늘리면, 우리의 관계는 자동적으로 개선될 것이다.
3. 나는 가끔 내 파트너의 행동 때문에, 화가 나거나 당황하기도 한다.
4. 나는 파트너와의 갈등을 피하기 위해 자리를 피한다.
5. 우리는 우리의 재정을 어떻게 다룰 것인지에 대해 아직 정한 바가 없다.
6. 직업은 남자에게나 여자에게나 동등하게 중요할 수 있다.
7. 나는 성에 관한 문제를 내 파트너와 스스럼없이 이야기할 수 있다.
8. 나는 내 파트너가 즐기는 활동에 참여하는 것이 때때로 부담스러울 때가 있다.
9. 우리는 자녀양육에 있어서 엄마의 책임에 대해 의논해 본 적이 있다.
10. 어느 한 쪽 혹은 양가의 가족들이 우리 결혼생활에 문제를 일으킬까봐 두렵다.
11. 우리는 어려운 시기에 우리의 종교적인 믿음에 의지한다.
12. 우리는 그 어떤 커플보다 행복하다.
13. 나는 우리가 결혼 전에 경험해 온 대부분의 어려움들은 우리가 결혼하면 점차 사라질 것이라고 믿는다.
14. 내 파트너는 내가 어떻게 느끼는가를 이해하지 못할 때가 자주 있다.
15. 논쟁을 끝내기 위해서 나는 매우 빨리 내 주장을 포기하는 경향이 있다.

16. 우리는 매월 얼마의 돈을 쓸 수 있는가에 대한 구체적인 계획을 가지고 있다.
17. 우리는 집안일을 남녀의 전통적인 역할보다는 우리의 흥미와 기능에 기초하여 분담하기를 원한다.
18. 나는 내 파트너에게 우리의 성적인 기대에 대해 솔직하게 이야기한다.
19. 나는 내 파트너가 너무 많은 활동과 취미를 지니고 있는 점이 염려된다.
20. 우리는 자녀양육에 있어서 아빠의 책임에 대해 의논해 본 적이 있다.
21. 때때로 내 파트너의 친구들이나 가족들이 우리의 관계를 방해한다.
22. 나와 내 파트너는 우리의 종교적 신앙 때문에 더 가깝게 느낀다.
23. 나는 내 파트너와의 관계를 결코 후회해 본 적이 없다.
24. 우리 커플이 가지고 있는 대부분의 문제는 시간이 해결해 줄 것이다.
25. 내 파트너는 나를 힘들게 하는 몇 가지 개인적인 습관이 있다.
26. 논쟁 중에 내 파트너의 감정이 상하지 않도록 하기 위해 나는 아무 말도 하지 않는 경향이 있다.
27. 우리는 우리가 결혼한 후 처하게 될 우리의 재정상황을 산정해 본 적이 있다.
28. 우리 결혼생활에서는 아내가 집 밖에서 직장을 갖도록 격려할 것이다.
29. 나는 내 파트너의 성적인 관심이 나와 다를까봐 걱정된다.
30. 저녁시간을 나 홀로 보내야만 할 때, 나는 화가 난다.
31. 우리는 자녀들을 어떻게 훈육(혹은 징계)할 것인가에 대해 의논한 적이 있다.
32. 일부 친척들이나 친구들이 우리의 결혼에 대해 염려한다.
33. 우리는 신앙생활의 중요성에 대해 의논해 왔다.
34. 내 파트너는 나의 모든 기분을 완전히 이해하고 공감한다.
35. 결혼 후엔 내 파트너에 대해 내가 싫어하는 점들을 바꾸는 것이 보다 더 수월할 것이다.
36. 가끔 우리는 별로 중요하지 않은 문제로 심각한 논쟁을 벌이기도 한다.
37. 우리는 다툴 경우에 문제에 대한 책임이 대개 나에게 있는 것처럼 느끼며 끝난다.
38. 나는 돈을 얼마만큼 저축해야 할까에 대한 우리의 결정에 대해 만족한다.
39. 만약 부부에게 어린 자녀가 있다면 아내가 직장생활을 해서는 안된다.
40. 나는 파트너에게 애정 표현하는 것을 자제한다.
    왜냐하면 그/그녀가 그것을 성적인 접근으로 해석하기 때문이다.
41. 내 파트너의 활동들(이를테면 텔레비전, 컴퓨터, 스포츠 등)이 우리의 함께 하는 시간을 방해한다.
42. 나는 자녀를 갖는데 대한 나의 느낌을 파트너와 함께 나누어 왔다.
43. 나는 결혼 후 내 몫 이상의 집안일을 하게 될까봐 염려된다.
44. 나는 종교 활동에 대한 적극적인 참여가 우리의 결혼생활에 포함되어야 한다고 믿는다.
45. 내 파트너는 나의 짝으로서 내가 항상 원해 왔던 모든 자질을 지니고 있다.
46. 만약 우리 부부 사이에 문제가 생길 경우, 자녀를 갖는 것이 우리의 관계를 개선시키는데 도움을 줄 것이다.
47. 나는 내 파트너와 내가 서로 대화하는 방식에 매우 만족한다.
48. 우리는 돈을 어떻게 써야 할지에 대해 대체로 동의한다.
49. 나는 내 파트너에게 나의 진실된 감정을 표현할 수 있다.
50. 가끔 나는 내 파트너가 돈 쓰는데 좀 더 신중하기를 원한다.
51. 나는 내 친척이 될 사람들, 즉 장래의 시댁(혹은 처가댁) 식구들과 함께 시간을 보내는 것을 참으로 즐긴다.

52. 신앙을 공유하는 것이 우리의 관계가 자라도록 하는데 도움을 준다.
53. 나와 내 파트너는 서로를 완전히 이해한다.
54. 내 파트너는 가끔 나를 깎아내리는 말을 한다.
55. 나는 가끔 내 파트너의 기질에 대해 염려한다.
56. 우리는 우리를 위한 최선의 가족계획 혹은 피임방법에 대하여 의논하고 결정한 바 있다.
57. 나는 내 가족으로부터의 재정적인 도움이나 충고를 받아들일 경우,
우리들에게 문제가 생길 것이라는 우려를 가지고 있다.
58. 나의 신앙문제는 내 배우자에게 지켜야 할 중요한 약속사항이다.
59. 내가 내 파트너에 대해 알게 되는 모든 새로운 것은 나를 기쁘게 한다.
60. 때때로 내 파트너는 너무 고집이 세다.
61. 우리가 문제를 상의할 때 내 파트너는 내 의견과 생각을 이해해 준다.
62. 내 파트너는 매우 훌륭한 경청자이다.
63. 우리는 우리의 재정 관리에 누가 주된 책임을 갖게 될 지가 불확실하다.
64. 내 파트너는 아이들과 곧잘 어울리기에 훌륭한 부모가 될 것이다.
65. 때때로 내 파트너는 너무 지배적인 것 같다.
66. 내 파트너와 나는 우리의 의견 차이를 해결하는 최선의 방법에 대하여 생각이 다르다.
67. 때때로 나는 내 파트너와 변덕스러움(우울함)에 대처하기가 어렵다.

4) 출처

김나미(2009). 결혼준비평가 한국판 PREPARE 검사의 요인구조 분석 및 타당화 연구. 연세대학교 박사학위논문.

2. ENRICH

(Evaluating Nurturing Relationship Issues, Communication, Happiness)

1) 소개

ENRICH는 PREPARE와 함께 올슨, 푸니어와 드러크맨(Olson, Fournier, & Druckman)이 1981년에 개발한 결혼 3년 이후의 부부와 커플관계 사정도구이다. PREPARE은 예비부부용이고, ENRICH는 기혼부부용으로 부부와 커플이 자신과 파트너 간의 관계영역에 대해 부부 자신들이 더 많이 배울 수 있도록 돕기 위해 개발되었다. 국내에서는 ENRICH KOREA 가정사역 훈련원 나희수[1]가 저작권을 가지고 있으며 검사 사용 자격 워크숍을 마쳐야 도구를 사용할 수 있다.

ENRICH는 결혼향상이나 결혼상담에 관심이 있는 부부들의 부부관계를 보다 효율적으로 돕기 위해 개발되었다. ENRICH의 주요 목적은 부부관계의 여러 가지 영역 가운데 이슈가 되는 중요한 영역에 초점을 맞추어 객관적으로 치료자와 커플을 돕기 위한 것이다. 결혼생활에 갈등이 있는 부부는 그 해결 자체를 어려워한다. ENRICH는 부부관계의 강점과 약점을 파악하게 하고, 이를 바탕으로 관계를 세워 나가도록 한다.

ENRICH의 구체적인 목표는 첫째, 부부의 관계 강점영역과 성장필요 영역을 파악하는 것이고, 둘째, 자기표현과 적극적 경청을 통해 부부 의사소통기술을 배우며, 셋째, 10단계 과정을 통해 갈등해결기술을 배운다. 넷째, 원가족에 대한 이해를 돕고, 다섯째, 개인, 커플, 그리고 가족의 목표를 세우도록 하며, 여섯째, 재정계획 및 예산을 세우도록 하고, 마지막으로, 결혼생활을 향상시키기 위한 기간과 에너지를 투자하도록 돕

1) 주소: (16816) 경기도 용인시 수지구 신봉1로 48번길(신봉동) 지구촌교회 ENRICH KOREA 나희수 목사
E-mail: hsnah@jiguchon.org

는 것이다.

ENRICH는 긍정적 부부 의견일치 점수(PCA)를 토대로 부부를 5가지 유형으로 분류한다(Lavee & Olson, 1993; Olson & Fowers, 1993). 전반적인 상황을 파악하는 것은 치료계획을 수립하는데 매우 도움이 된다.

첫째, 활기찬 부부이다. 대부분의 영역에서 최고의 PCA를 보인다. 가장 행복한 결혼생활을 하게 될 경향이 있으며, 최소한의 이혼 가능성을 보인다. 자원이 풍부하고, 통합된 인성을 가졌다.

둘째, 조화로운 부부이다. 재정관리나 자녀/양육의 영역을 제외하고는 대부분의 영역에서 비교적 높은 PCA점수를 나타낸다. 성이나 애정표현에서 매우 만족스러우며 자기중심적인 경향이 있다. 부모 역할이 스트레스의 근원이 되기도 하지만, 대체로 행복하며 장래의 이혼 위험성도 낮다.

셋째, 전통적인 부부다. 대인관계영역(의시소통, 갈등해소)에서 다소 낮은 PCA점수를 보이지만, 전통적인 외적 영역(자녀/양육, 가족/친구, 종교적 신앙)에서는 보다 높은 점수를 보이는 경향이 있다. 이런 부부의 경우 소수가 이혼하는 반면, 대부분의 부부는 끝까지 결혼생활을 유지하나 다른 유형에 비해 대체로 행복하지 못한 결혼생활을 할 수 있다.

넷째, 갈등있는 부부이다. 많은 영역에서 가장 낮은 PCA점수를 보인다. 높은 이혼의 위험성을 보이는 경향이 있고 결혼생활이 불행하다.

다섯째, 활기없는 부부이다. 대부분 영역에서 가장 낮은 PCA점수를 나타낸다. 이들은 이혼하게 될 가능성이 가장 높으며, 대부분 불행한 결혼생활을 하는 경향이 있다.

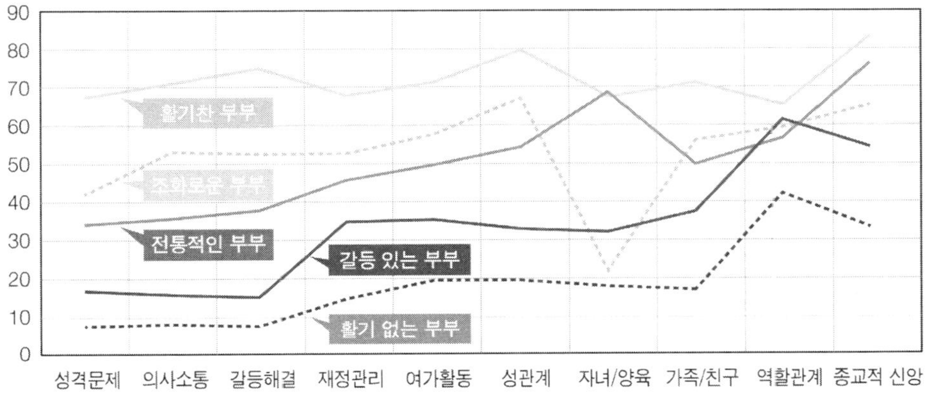

그림 21 ENRICH 부부 유형

출처: Olson, D. H., & Fowers, B. J. (1993). Five types of marriage: An empirical typology based on ENRICH. *The Family Journal*, *1*, 196-207.

2) 척도구성 및 표준화

ENRICH는 1개의 타당도 척도와 10개의 결혼만족 하위척도와 4가지 성격특성 척도, 그리고 부부와 원가족의 응집성과 적응성 정도를 알려주는 4가지 척도 등 총 20개의 하위척도로 구성되어 있다(김덕일, 박재우, 송원영, 이지연, 2009). ENRICH의 가장 큰 장점은 부부 두 사람이 검사를 같이 받은 후 두 사람의 응답을 비교해 볼 수 있다는 것이다. 이런 비교는 긍정일치점수(Positive Couple Agreement, PCA)라는 고유의 점수를 통해 이루어진다. 김윤희(1990)는 논문에서 사회적으로 바람직한 태도를 측정하는 항목을 제외한, 10개 하위요인 80개 문항을 선정한 후, varimax 회전요인분석을 통해 최종 8개 영역 73개 문항을 추출하였다.

ENRICH의 내적일치도는 .74이고, 하위영역별 내적일치도는 이상적 왜곡 .83, 결혼만족도 .86, 성격문제 .82, 의사소통 .82, 갈등해결 .84, 재정관리 .82, 여가활동 .71, 성관계 .85, 자녀/양육 .78, 가족/친구 .79, 역할관계 .68, 종교적 신앙 .84이다. 검사재검사 신뢰도는 .90이고, 하위영역별 검사-재검사 신뢰도는 이상적 왜곡 .92, 결혼만족도 .86, 성격문제 .81, 의사소통 .90, 갈등해결 .90, 재정관리 .88, 여가활동 .77, 성관계 .92, 자녀/양육 .89, 가족/친구 .82, 역할관계 .90, 종교적 신앙 .89이다(Olson, Fournier, & Druckman, 1982).

김윤희(1990)와 김덕일 외(2009)가 보고한 내적일치도와 검사-재검사 신뢰도는 표 11, 12와 같다. 김덕일 외(2009)의 한국판 ENRICH의 타당화 작업에서 수렴타당도는 FACES Ⅲ와 높은 상관을 보였다. 전반적 결혼만족도의 PCA에서 응집성과 적응성 모두 .77의 상관을, 개인의 점수와 응집성 및 적응성과는 .85, .87의 상관을, 10개 결혼만족 영역의 척도 PCA에서 응집성과는 .44~.72, 적응성과는 .56~.76의 상관을 보였고, 개인점수는 응집성에서 .60~.81, 적응성에서 .59~.85의 상관을 보였다. 변별타당도는 검증집단에서 98.4%, 교차검증에서 98.2%로 나타났다.

표 11 김윤희(1990)의 ENRICH 부부관계측정도구 신뢰도, 내용구성 및 평가기준

하위요인	문항수	문항번호	신뢰도	내용	평가
1. 애정 및 배우자와의 대화	26개	1,2,3,4,5,6,7, 8,9,10,11,12, 13,14,15,16, 17,18,19,20, 21,45,46,48, 50,56	.85	배우자와의 대화를 통한 느낌, 신뢰감 및 태도, 그리고 일상생활에 관한 의견의 일치정도를 측정한다.	점수가 높을수록 배우자와의 의사소통이 잘 이루어지고 의견의 일치가 잘 됨을 의미한다.
2. 배우자의 성격	11개	30,33,34, 36,37,38, 39,43,44, 47,51	.74	배우자의 성격, 행동 등에 관한 지각과 만족정도를 측정한다.	점수가 높을수록 배우자의 성격, 행동에 대한 수용도가 높고 만족함을 의미한다.

하위요인	문항수	문항번호	신뢰도	내용	평가
3. 종교	6개	24, 25, 26, 27, 28, 29	.86	결혼생활에 있어서의 종교적 신념과 실천에 대한 태도, 감정, 관심 정도를 측정한다.	점수가 높을수록 부부관계에서 종교를 매우 중요한 요소로 인식하고 있음을 의미한다.
4. 생활태도	6개	31, 32, 35, 41, 49, 70	.72	음주 및 흡연습관, 늦은 귀가, 금전낭비, 불신감 등에 대한 지각 및 만족 정도를 측정한다.	점수가 높을수록 배우자의 습관에 대한 수용도가 높고 만족함을 의미한다.
5. 성관계	6개	52, 57, 58, 59, 60, 61	.70	배우자와의 애정 및 성관계에 대한 개인의 감정과 관심정도를 측정한다.	점수가 높을수록 배우자의 애정표시 및 성관계에 만족함을 의미한다.
6. 여가활동	7개	40, 42, 53, 54, 55, 62, 66	.58	취미 및 오락, 자유시간의 활용에 관한 만족정도를 측정한다.	점수가 높을수록 여가활용에 대한 의견이 일치하고 서로 만족함을 의미한다.
7. 친척관계	5개	67, 68, 69, 71, 72	.70	시댁 혹은 처가, 친척 친구들과의 관계에 대한 감정과 관심정도를 측정한다.	점수가 높을수록 시가, 처가, 가족 및 친지와의 관계가 원만함을 의미한다.
8. 평등한 역할분담	6개	23, 73, 75 76, 77, 78	.43	부부간의 역할, 결정권, 가사의 책임분담 등에 관한 태도 및 신념을 측정한다.	점수가 높을수록 전통적이고 보수적인 남편과 아내의 역할과 책임수행에 대하여 만족함을 의미한다.

* 22, 63, 64, 65, 74, 79, 80 문항 제외

표 12 김덕일 외(2009)의 ENRICH의 문항구성, 하위척도 내용 및 한미 신뢰도

구분	하위척도	문항수	내용	내적일치도		검사-재검사	
				한국	미국**	한국	미국**
성격특성 Personality Assessment	자기주장 (Assertiveness)	8*	배우자에게 자신의 감정을 표현하거나 자신이 원하는 것을 어느 정도 요구할 수 있는지에 대한 평가	-	-	-	-
	자신감 (Self-Confidence)	8	자기 자신에 대해 혹은 자신의 삶 속에서 일어나는 일을 조정하는 능력에 대해 어느 정도 만족감을 가지고 있는지에 대한 평가	-	-	-	-
	회피성 (Avoidance)	8*	문제를 축소하려 하거나 혹은 문제에 직면하지 않으려는 성향에 대한 평가	-	-	-	-
	파트너 지배성 (Partner Dominance)	8*	자신의 파트너가 얼마만큼 자신을 조정하고 자신의 삶을 지배하려 한다고 느끼는지에 초점을 맞춘 평가	-	-	-	-
	소계	8(32)	* 자기주장, 회피성, 파트너 지배성은 결혼만족 영역의 문항들 중에서 재구성되어 활용함. 따라서 성격특성을 위해서만 사용되는 문항은 자신감 소척도의 8개뿐임.				
타당도	이상주의적 왜곡 (Idealistic Distortion)	7	에드먼즈(Edmonds, 1967)의 결혼관습화 척도(Edmonds Marital Conventional-ization scale)를 변형하여 만들어진 척도로 부부의 긍정편향 반응을 측정하여 개인의 점수에 있어서의 왜곡을 교정하는 데에 사용됨	-	-	-	-
전반적인 결혼만족도	결혼만족 (Marital Satisfaction)	10	결혼만족영역의 10개 소척도를 대표하는 10개 문항으로 구성되어 전반적인 만족수준을 평가(결혼만족영역을 대표하나 문항은 각 소척도의 문항과 다	.87	.86	.86	.86

구분	하위척도	문항수	내용	내적일치도		검사-재검사	
				한국	미국**	한국	미국**
			른 새로운 문항으로 구성되어 있음)				
결혼 만족영역	성격문제 (Personality Issues)	10	배우자의 개인적인 습관, 성격 특성에 대해 만족하는지에 대한 평가	.83	.82	.70	.81
	의사소통 (Communication)	10	배우자에게 자신의 느낌과 생각을 잘 나눌 수 있고 배우자에게 이해받고 있는지에 대한 평가	.86	.82	.78	.90
	갈등해결 (Conflict Resolution)	10	배우자와 함께 문제에 대해 논의하고 서로 다른 점을 잘 해결할 수 있는지에 대한 평가	.72	.84	.57	.90
	재정관리 (Financial Management)	10	현실적인 경제계획을 가지고 있고 경제문제들에 대하여 서로 동의하는지에 대한 평가	.85	.82	.57	.88
	여가활동 (Leisure Activities)	10	배우자와 함께 하는 여가시간 그리고 개인적으로 갖는 시간의 양과 질에 만족하는지에 대한 평가	.71	.71	.69	.77
	성관계 (Sexual Relationship)	10	부부간의 성관계와 애정표현의 정도에 만족하는지에 대한 평가	.84	.85	.89	.92
	자녀양육 (Child and Parenting)	10	자녀를 갖고 양육하는 것에 대한 태도와 느낌에 대한 평가	.80	.78	.80	.89
	가족친구 (Family and Friends)	10	배우자의 부모와 친척, 친구에 대한 느낌과 관심에 대한 평가	.72	.79	.74	.82
	역할관계 (Role Relationship)	10	남성과 여성의 성역할에 대하여 만족하는지에 대한 평가	.63	.68	.72	.90

<table>
<tr><th rowspan="2">구분</th><th rowspan="2">하위척도</th><th rowspan="2">문항수</th><th rowspan="2">내용</th><th colspan="2">내적일치도</th><th colspan="2">검사-재검사</th></tr>
<tr><th>한국</th><th>미국**</th><th>한국</th><th>미국**</th></tr>
<tr><td rowspan="2"></td><td>영적신념
(Spiritual Belief)</td><td>10</td><td>영적 신념과 영성활동에 대하여 만족하는지에 대한 평가</td><td>.87</td><td>.84</td><td>.67</td><td>.89</td></tr>
<tr><td>소계</td><td>100</td><td colspan="5"></td></tr>
<tr><td rowspan="5">커플 및
가족지도</td><td>커플응집성
(Couple Cohesion)</td><td>10</td><td>부부가 함께 하는 시간과 따로 보내는 시간의 균형에 대하여 만족하는지에 대한 평가</td><td>–</td><td>–</td><td>–</td><td>–</td></tr>
<tr><td>커플적응성
(Couple Adaptability)</td><td>10</td><td>부부가 역할과 리더십에 대하여 변화와 안정성의 균형에 대하여 만족하는지에 대한 평가</td><td>–</td><td>–</td><td>–</td><td>–</td></tr>
<tr><td>원가족 응집성
(Family Cohesion)</td><td>10</td><td>가족이 함께 하는 시간과 따로 보내는 시간의 균형에 대하여 만족하는지에 대한 평가</td><td>–</td><td>–</td><td>–</td><td>–</td></tr>
<tr><td>원가족 적응성
(Family Adaptability)</td><td>10</td><td>가족이 역할과 리더십에 대하여 변화와 안정성의 균형에 대하여 만족하는지에 대한 평가</td><td>–</td><td>–</td><td>–</td><td>–</td></tr>
<tr><td>소계</td><td>40</td><td colspan="5"></td></tr>
<tr><td colspan="2">총 계</td><td>165</td><td colspan="5">성격특성 8 + 타당도 7 + 전반적인 결혼만족 10 + 결혼만족영역 100 + 커플 및 가족지도 40</td></tr>
</table>

** Fowers, B. J., & Olson, D. H. (1989). ENRICH Marital Inventory: A discriminant validity and cross-validity assessment. *Journal of Marital and Family Therapy, 13*(1), 65-79.

3) 척도문항

당신이 다음의 각 문항을 읽고 본인이 해당된다고 생각되는 곳에 V표시하여 주십시오.
각 문항은 정답이 없으며 여러분의 생각을 솔직히 나타내는 것이 중요합니다.

전혀 그렇지 않다	그렇지 않다	잘 모르겠다	그렇다	매우 그렇다
1	2	3	4	5

1. 나의 모든 심정을 배우자에게 잘 털어놓는다.
2. 우리의 대화는 아주 만족스럽다.
3. 배우자는 항상 내 말에 귀를 기울인다.
4. 어떤 문제를 의논할 때, 배우자는 늘 나를 이해해 준다고 느낀다.
5. 의견이 서로 일치하지 않을 때는 마음을 열고 서로 견해 차이를 줄이려고 애쓴다.
6. 금전사용에 대한 우리들의 의견은 일치한다.
7. 우리는 우리가 정해놓은 저축목표액에 만족한다.
8. 빚이 있기는 하지만, 그것으로 인해 부부간에 문제가 되지는 않는다.
9. 우리는 함께 가계부를 쓰고 예산도 함께 짠다.
10. 우리가 즐겨 하는 모임(연말파티, 집안 모임 등)의 유형은 서로 비슷하다.
11. 배우자가 함께 사교적 모임(부부동반 모임, 직장에서의 가족 야유회 등)에 가게 될 때, 부담감을 느끼지 않는다.
12. 우리가 결정하는 여행과 휴가는 무엇이나 마음에 든다.
13. 우리는 휴일인 경우 어디에서 어떻게 보내든 부부가 함께 보내는 것이 좋다.
14. 배우자가 나에게 주는 애정은 매우 흡족하다.
15. 우리는 흥미롭고 즐거운 성관계를 유지시키기 위해 서로 노력한다.
16. 성적인 문제에 대해 편안하고 자연스럽게 배우자와 대화를 나눌 수 있다.
17. 자식을 훈계하는 방법에 대한 우리 부부의 의견은 비슷하다.
18. 우리가 원하는 자녀의 수에 대한 의견이 서로 같다.
19. 자식이 생기면서 우리는 부부로서 더욱 가까워지게 되었다.
20. 배우자는 내 친구들을 모두 좋아한다.
21. 나는 배우자의 모든 친구들과 즐겁게 잘 지낸다.
22. 만일 부부 모두가 직장에 다닌다면 남편도 부인처럼 집안의 허드렛일(밥 짓고, 청소하고, 빨래하는 일)을 좀 해야 한다.
23. 만일 자식이 아주 어리다면, 부인은 직장을 쉬는 것이 좋다.
24. 우리 자신을 위해 부부는 종교에 대해 같은 의미를 지니고 있어야 한다.
25. 종교에 관한 대화를 서로 나누는 일은 우리의 부부관계를 성장시키는데 도움이 된다.
26. 나의 신앙은 내가 배우자와 약속한 중요한 언약이다.
27. 부부가 함께 기도를 드린다는 것은 매우 행복한 일이다.
28. 우리의 결혼생활에는 적극적인 종교생활이 포함되어 있다.
29. 우리는 신앙으로 인해 더욱 가까워진 것 같다.

30. 간혹 나는 배우자의 성질 때문에 걱정이 된다.
31. 배우자의 흡연습관, 음주습관이 문제된다.
32. 때때로 배우자는 신용이 없고 항상 일을 끝까지 마무리 짓지 못한다.
33. 우리가 남들과 함께 있게 될 때, 나는 간혹 배우자의 행동으로 당황하게 된다.
34. 배우자는 가끔 너무 고집을 부린다.
35. 배우자가 자주 늦게 들어와 괴롭다.
36. 가끔 배우자의 기분을 맞추기가 어렵다.
37. 때때로 나는 배우자가 너무 독재를 한다고 생각한다.
38. 우리 부부간에 문제가 있을 때, 흔히 배우자는 나에게 말을 못하게 한다.
39. 가끔 내가 원하는 바를 배우자에게 부탁하기가 두렵다.
40. 배우자가 자신의 감정을 나에게 좀 더 말해 주었으면 한다.
41. 가끔 배우자가 나에게 해주는 것을 믿기가 어렵다.
42. 배우자가 이미 내 심정을 알고 있으리라는 생각으로 말하지 않는 경우가 가끔 있다.
43. 말다툼을 끝내려면 의례히 내가 먼저 기권한다.
44. 우리는 가끔 별로 대수롭지도 않은 문제(일)로 심하게 다툰다.
45. 배우자와의 갈등을 피하는 일이라면 무엇이든지 하겠다.
46. 가끔 우리의 부부싸움은 앞으로도 계속되고 결코 해결되지 않을 것이라 느껴진다.
47. 배우자는 나와 심각할 정도의 의견대립은 하지 않는 편이다.
48. 둘이 다툴 경우 일반적으로 모두 나 때문이라는 느낌으로 끝낸다.
49. 가끔 배우자가 돈을 좀 더 신중하게 쓰기를 바란다.
50. 돈을 유효적절하게 쓰는 방법을 모색하는데 우리 둘의 의견이 다르다.
51. 배우자의 승낙 없이 돈을 쓸 수 없다는 것이 괴롭다.
52. 우리 집의 돈 관리를 누가 해야 할지 아직도 모른다.
53. 배우자는 나와 오락을 즐길만한 충분한 시간과 정력이 없는 것 같다.
54. 배우자가 적당한 흥밋거리나 취미를 갖고 있지 않아 걱정된다.
55. 우리 부부가 함께 여가시간을 제대로 보내지 못하는 것이 걱정스럽다.
56. 배우자와 함께가 아니라면 전혀 재미가 없다.
57. 배우자가 나에게서 성적인 흥미를 잃을까봐 걱정된다.
58. 가끔 배우자가 나 이외의 사람과 성관계를 가질까봐 걱정된다.
59. 혹시 배우자가 성적으로 통달한 것 같이 오해할 까봐 애정표시를 마음대로 하지 못하겠다.
60. 가끔 배우자의 성적 흥미가 나와 같지 않아 걱정이 된다.
61. 배우자가 부당한 방법으로 성을 이용하거나 거절하는 것이 괴롭다.
62. 우리 집에서 아버지는 자식들과 충분한 시간을 보내지 못한다.
63. 우리 부부의 상호관계에 문제를 일으키는 주요 요인은 자식 문제이다.
64. 배우자가 우리의 결혼보다 자식을 더욱 중요시한다는 생각을 하니 괴롭다.
65. 자식이 생기게 되면서 우리 부부만의 시간을 거의 갖지 못하였다.
66. 우리는 자식을 위해 해주어야 할 일들 때문에 고민이다.
67. 일부 친척이나 친구들이 우리의 결혼생활에 긴장을 자아낸다.
68. 배우자는 너무 지나치게 자기네 쪽 집안일에 관여할 뿐 아니라 그들에 의해 영향을 받는 것 같다.

69. 나는 우리 친척이나 시집(또는 처가) 식구들과 잘 지내지 못한다.
70. 배우자는 가끔 너무 많은 시간을 친구들과 보낸다.
71. 부모들은 우리에게 너무나 많은 도움을 기대한다.
72. 부모들의 간섭은 우리의 결혼생활에 여러 가지 문제를 야기시킨다.
73. 여자는 근본적으로 가정에 있어야 한다고 믿는다.
74. 부인은 꼭 필요한 일(세금이나 적금 내는 일, 주민자체센터나 구청 일 등) 이외의 집밖의 일은 무슨 일이든 해서는 안된다.
75. 부인은 직업을 갖더라도 집안일을 계속해 나갈 책임을 져야 한다.
76. 우리에게는 남편의 직업이 항상 부인의 직업보다 더욱 중요한 것으로 간주된다.
77. 우리 집의 중요한 일을 결정하게 될 때에는 대개 남편이 단안을 내린다.
78. 어떤 일에 관한 남편의 결정을 부인은 무조건 믿고 받아들여야 한다.
79. 우리 부부는 신앙을 실천하는 방법에 대한 의견이 서로 다르다.
80. 종교의 교리 중 일부에 대한 의견이 배우자와 나 사이에 서로 다르다.

4) 출처

김윤희(1990). 부부관계 · 부모-자녀의사소통 · 가족기능과 청소년자녀 비행과의 관계연구. 숙명여자대학교 박사학위논문.

3. 부부적응 척도(Dyadic Adjustment Scale, DAS)

1) 소개

부부적응 척도(DAS)는 1976년에 스페니어와 콜(Spanier & Cole)이 결혼한 부부 또는 결혼하지 않은 커플의 남녀 두 사람 간의 적응도를 측정하는 것을 목적으로 개발된 자기보고식 척도이다. 부부적응 척도는 비교적 짧은 시간 내에 실시할 수 있어 사용이 간편하다는 장점이 있다. 스페니어는 결혼적응이란 질적으로 다른 상태를 의미하는 적응적 혹은 부적응적 부부관계라는 식의 이분법적 구분을 할 수 없는 개념이라고 하였다. 오히려 결혼적응은 적응과 부적응 사이의 연속선 상에서 어느 한 횡단적 상태, 즉 정도(degree)를 나타내는 것이며, 종단적으로는 얼마든지 변화의 가능성을 지니는 개념이라고 정의하였다. 따라서 스페니어는 결혼적응을 측정하는 척도는 질적으로 다른 상태(적응적 혹은 부적응적 관계)를 구분하기 위한 것이기 보다는 횡단적으로 현 시점에서의 부부관계 적응의 정도(degree)를 측정하면서 종단적으로 서로 다른 시점들의 적응정도를 비교할 수 있는 양적 정보를 제공해 주어야 한다고 가정하였다.

DAS는 부부관계의 특정한 문제영역을 심도있게 측정하거나 실제 행동을 예언하는 면에서 취약성을 지닌다는 지적이 있지만(Lewis, Filsinger, Conger, & McAvoy, 1981), 전반적인 결혼적응도를 평가하고 부적응 집단을 변별하는데 그 효용성이 우수한 것으로 알려져 있다(Margolin, 1978). 하지만 스페니어와 톰슨(Sapiner & Thompson, 1982)은 의견일치, 관계에 대한 만족, 응집력 하위척도는 적절하지만, 애정표현 하위척도 2개 문항에 문제가 있음을 보고하였고, 샤플리와 크로스(Sharpley & Cross, 1982)는 4가지 하위요인을 확인한 결과, 애정표현과 관계에 대한 만족 하위척도에 문제가 있음을 확인하였다. 문제점들이 지적되자, 스페니어(1988)는 부부적응 척도가 전반적으로 결혼만족도를 측정해 주는 훌륭한 도구이지만, 결혼생활의 질을 평가하기 위해서 개별 하위차원을 사용하지 말 것을 권고하면서, DAS의 문제점을 보완할 필요가 있다고 인정하였다. 이런 DAS의 문제점을 보완하기 위해서, 버스비 외(Busby et al., 1995)는 일치도(Dyadic Consensus), 만족도(Dyadic Satisfaction), 응집도(Dyadic Cohesion) 3개 하위척도로 구성된 개정판 부부적응 척도(Revised Dyadic Adjustment Scale, RDAS)를 개발하였다.

DAS는 의견일치, 응집력, 관계에 대한 만족, 애정표현의 4개 요인, 32개 문항으로 구성되어 있다. DAS는 가중치가 다른 문항들로 구성되어 있으며, 문항에 따라 0에서

1 혹은 0에서 6점까지 점수를 부여하도록 되어 있다. 결혼적응도는 0에서 151점까지 총점을 받을 수 있고, 의견일치는 0에서 65점까지, 응집력은 0에서 24점까지, 관계에 대한 만족은 0에서 50점까지, 그리고 애정표현은 0에서 12점까지 받을 수 있으며, 점수가 높을수록 부부적응도가 높음을 의미한다(이민식, 김중술, 1995).

DAS는 32개 문항으로 비교적 짧기는 하지만, 선별 용도나 치료 상황에서 부부관계의 변화 정도를 중간 점검하기 위한 용도로 사용하기에는 여전히 문항이 길다는 지적이 있어 왔다(Hunsley, Pinsent, Lefebvre, James-Tanner, & Vito, 1995). 이에 연구자들이 다양한 단축형 사용에 대한 제안을 하였다. 샤플리와 크로스(1982)는 8, 10, 11, 25, 27, 28번의 6개 문항이 DAS 32개 문항을 대체할 수 있다고 제안하였고, 한 문항만을 단독으로 사용할 경우에는 31번 문항을 이용하는 것이 적절하다고 제안하였다. 커덱(Kurdek, 1992)은 16~23번 문항과 31, 32번 문항의 총 10개 문항이 DAS를 대체할 수 있다고 제안하였다. 이외에도 몇몇 단축형들이 제안되고 있으나 세부사항들은 보고되지 않았다(Hall & Kieman, 1992; Russell, 1989; Saarijavi, 1991; Saarijavi, Hyyppa, Lehtmen, & Alanen, 1990). 국내에서는 조현 외(2011)가 샤플리와 크로스(1982)와 커덱(10902)의 제안에 대해 신뢰도와 타당도를 비교분석한 바 있다.

반면에, DAS의 문제점을 보완하기 위해 버스비 외(1995)가 개정한 RDAS는 14개 문항으로 0에서 6점까지 점수를 부여하고 있다. RDAS는 경제성을 지니고 있을 뿐만 아니라, 정상집단과 임상집단을 변별해 주는 능력을 지니고 있으며, DAS에 비해 비교적 높은 구성타당도와 내적일치도를 보고하고 있다.

2) 척도구성 및 표준화

(1) DAS 하위척도 및 신뢰도

표 13 척도구성과 신뢰도

하위요인	문항수	내 용	신뢰도		
			Spanier (1976)	Carey 외 (1993)	이민식 외 (1995)
1. 의견일치 (Dyadic Consensus)	13개	부부관계에서 주요 문제에 대한 의견일치의 정도	.90	.91	.89
2. 응집력 (Dyadic Cohesion)	5개	부부가 어떤 활동에 같이 참여하는 정도	.86	.83	.89
3. 관계에 대한 만족(Dyadic Satisfaction)	10개	현재의 관계에 대한 만족도와 관계가 지속되기를 바라는 정도	.94	.87	.87
4. 애정표현 (Affectional Expression)	4개	애정표현과 성생활에 대한 만족도	.73	.70	.76
결혼적응도	32개	결혼 전반에 대한 적응 정도	.96	.95	.95

스페니어(1976)는 DAS의 내적일치도를 .96로 보고하였으며, 캐리 외(Carey et al., 1993)와 이민식과 김중술(1995) 연구에서 DAS의 내적일치도는 모두 Cronbach's α=.95였다. 조현 외(2011)는 DAS-32문항에서 Cronbach's α=.92, DAS-10문항에서 Cronbach's α=.83, DAS-7문항에서 Cronbach's α=.75, DAS-6문항에서 Cronbach's α=.71 등 DAS의 내적일치도를 보고하였다. 또한, 성별에 따른 신뢰도도 전체 32개 문항에 비해 단축형

에서 남녀 차이가 컸다. 그 외에도 DAS의 단축형은 캔사스 결혼만족도검사(KMSS)와 .58~.77 범위의 상관을 보였고, 한국판 결혼만족도검사(K-MSI)의 전반적 불만족 척도와 -.57~-.78 범위의 상관을 보임으로써, 높은 수렴타당도를 나타냈다. 또한, RDAS의 신뢰도는 한국판 RDAS와 .87~94 범위, RDAS와 .79~.95 범위에 있었고, 한국판 RDAS의 구성타당도는 DAS, KMSS, K-MSI와 높은 상관을 보였다(최성일, 2004).

(2) RDAS 하위척도 및 신뢰도 한미비교

표 14 국내 · 외 연구 신뢰도 비교

	Cronbach's Alpha		Guttman Split-Half		Spearman-Brown Split-Half	
	최성일(2004)	Busby(1995)	최성일(2004)	Busby(1995)	최성일(2004)	Busby(1995)
일치도	.91	.81	.92	.88	.92	.89
만족도	.88	.85	.89	.88	.89	.88
응집도	.87	.80	.85	.79	.85	.80
결혼적응도	.94	.90	.88	.94	.89	.95

DAS개정판 RDAS에 대한 하위척도와 신뢰도는 버스비(1995)와 최성일(2004)에 의해서 표 14와 같이 보고되고 있다.

3) 척도문항

(1) 부부적응 척도(Spanier, 1976; 이민식 외, 1995)

다음은 부부적응에 관한 질문입니다. 아래에 제시된 문항 중 부부간 의견이 일치하는 정도와 가장 비슷한 번호에 ∨표시 하여 주십시오.

항상 대부분 불일치	거의 불일치	자주 불일치	가끔 불일치	거의 일치	항상 대부분 일치
1	2	3	4	5	6

1. 가정의 금전 관리에 대한 부부간의 의견은 어떻습니까?
2. 가정 오락문제에 대한 부부간 의견은 어떻습니까?
3. 종교문제에 대해서 어떻습니까?
4. 부부 서로간의 애정표시에 대해서 어떻습니까?
5. 부부 서로의 친구관계에 대해서 어떻습니까?
6. 성생활에 대해서 어떻습니까?
7. 전통(인습, 관례)에 대해서 어떻습니까?
8. 인생관에 대해서 어떻습니까?
9. 자신의 또는 상대방의 부모를 대하는 방식에 대해서는 어떻습니까?
10. 중요하다고 생각하는 일과 생활목표에 대해서는 어떻습니까?
11. 부부가 함께 보내고 싶어 하는 시간의 양에 대해서는 어떻습니까?
12. 중요한 의사결정사항이 있을 때 부부간의 의견은 어떻습니까?
13. 가사를 분담하는데 대한 의견은 어떻습니까?
14. 여가 시간에 갖는 관심과 활동에 대해서는 어떻습니까?
15. 직업결정 및 직업 이동문제는 어떻습니까?
16. 이혼이나 별거 또는 서로 간의 관계를 끝내려고 생각하거나 그런 문제에 대해 얘기하는 경우가 있습니까?
17. 서로 싸움을 하고 난 뒤에 귀하가 혹은 배우자가 집을 나가는 경우가 종종 있습니까?
18. 귀하와 귀하의 배우자 사이의 모든 일들이 전반적으로 순조롭게 잘될 것이라고 생각하십니까?
19. 귀하의 배우자를 믿고 있습니까?
20. 귀하는 결혼하신 것을 후회하신 적이 있습니까?
21. 귀하와 귀하의 배우자는 말다툼을 하십니까?
22. 귀하와 귀하의 배우자는 상대방의 신경을 건드리는 경우가 있습니까?

23. 귀하의 부부가 애정표현을 하는 정도는? (해당되는 칸에 ∨표 하십시오)

전혀 안한다	거의 안한다	가끔 한다	거의 매일 한다	매일 한다
0	1	2	3	4

24. 귀하와 귀하의 배우자가 여가생활이나 취미활동을 함께 즐기십니까?

전혀 안한다	거의 안한다	가끔 한다	거의 매일 한다	매일 한다
0	1	2	3	4

아래에 제시된 내용이 귀하와 귀하의 배우자 사이에 얼마나 자주 일어나는지 해당하는 곳에 ∨표 해 주십시오.

	질문내용	전혀 없다	한달에 한번 이하	한달에 한두번	일주일에 한번	하루에 한번	하루에 한번 이상
25.	부부가 함께 서로 좋은 생각을 교환하고 자극해 주는 정도	0	1	2	3	4	5
26.	부부가 함께 웃는 정도	0	1	2	3	4	5
27.	부부가 신중히 어떤 문제에 대해 토론하는 정도	0	1	2	3	4	5
28.	계획한 일에 부부가 협동해서 함께 일하는 정도	0	1	2	3	4	5

부부간에 서로 의견이 일치할 때도 있고, 일치하지 않을 때도 있습니다. 지난 몇 주 동안 다음 내용들로 부부간에 의견 차이나 갈등을 일으킨 적이 있는지에 대해서 그렇다 혹은 아니다에 ∨표 해 주십시오.

	질문내용	아니다	그렇다
29.	성관계에 싫증을 느낀다		
30.	애정표현이 없다		

31. 다음의 표 안에 있는 숫자는 귀하가 부부관계에서 느끼는 행복의 정도를 나타낸 것입니다. 귀하가 부부관계에서 느끼는 행복의 정도를 숫자에 ∨표 해 주십시오.

극히 불행하다	상당히 불행하다	약간 불행하다	행복하다	매우 행복하다	극히 행복하다	완벽하게 행복하다
0	1	2	3	4	5	6

32. 다음의 내용 중에서 귀 부부의 미래에 대해 귀하가 느끼는 바를 가장 잘 나타낸 내용이 어느 것인지 골라 ∨표 해 주십시오(반드시 한 문항에만 표시).
   0. 우리의 부부관계는 결코 성공적일 수 없다. 그래서 지금의 관계를 유지하기 위해 내가 할 수 있는 일은 이제 더 이상 없다. ( )

1. 나는 우리의 부부관계가 성공적이라면 좋을 것 같다. 그러나 지금의 관계를 유지하기 위해 내가 현재 기울이는 것보다 더 큰 노력을 기울일 필요는 없다. ( )
2. 나는 우리의 부부관계가 성공적이길 바란다. 그러나 그렇게 되기 위해 지금 내가 하고 있는 것 이상의 노력을 할 수는 없다. ( )
3. 나는 우리의 부부관계가 성공적이길 바란다. 그리고 그렇게 되기 위해서는 내가 해야 할 일이 있다면 기꺼이 할 생각이다. ( )
4. 나는 우리의 부부관계가 성공적이길 바란다. 그리고 그렇게 되기 위해서 내가 할 수 있는 모든 것을 할 생각이다. ( )
5. 나는 우리의 부부관계가 성공적이길 바란다. 그리고 그렇게 되기 위해서라면 무슨 일이라도 할 것이다. ( )

(2) 부부적응 척도 단축형(조현 외, 2011)

DAS-6 단축형 문항(Sharpley & Cross, 1982)

당신은 다음 각 문항에 있는 문제들에 대해 배우자와 얼마나 마음이 맞습니까?
(0점 '항상 불일치'에서 5점 '항상 일치'의 6점 척도)

8. 생활철학
10. 중요하다고 생각하는 일이나 목표
11. 함께 지내는 시간의 길이

다음의 문항에 제시된 사건들이 당신과 당신의 배우자 간에 얼마나 자주 일어납니까?
(0점 '항상 불일치'에서 5점 '항상 일치'의 6점 척도)

25. 활기 있는 의견교환
26. 어떤 문제에 대해 신중히 토론하기
27. 어떤 계획을 위해 함께 노력하기

DAS-7 단축형 문항(DAS-6 **단축형 문항에** 31번 **문항 추가**, Sharpley & Cross, 1982)

31. 당신이 결혼생활에서 느끼는 행복의 정도는?
    0. 극히 불행하다 1. 상당히 불행하다 2. 약간 불행하다
    3. 행복하다(대부분의 부부들이 느끼는 행복의 정도) 4. 매우 행복하다
    5. 극히 행복하다 6. 완벽하게 행복하다

DAS-10 단축형 문항(Kurdek, 1992)

다음의 문항에 제시된 사건들이 당신과 당신의 배우자 간에 얼마나 자주 일어납니까?
(0점 '전혀 그렇지 않다'에서 5점 '매우 그렇다'의 6점 척도)

16. 이혼이나 별거 또는 서로 간의 관계를 끝내려고 생각하거나, 그런 문제에 대해 얘기하는 경우가 있습니까?
17. 서로 싸움을 하고 난 뒤에 당신이나 혹은 당신의 배우자가 집을 나가는 경우가 있습니까?
18. 당신과 당신의 배우자 사이의 모든 일들이 전반적으로 순조롭게 잘될 것이라고 생각하십니까?
19. 당신의 배우자를 믿고 있습니까?
20. 당신이 결혼하신 것을 후회한 적이 있습니까?
21. 당신과 당신의 배우자는 말다툼을 하십니까?
22. 당신과 당신의 배우자는 상대방의 신경을 건드리는 경우가 있습니까?
23. 당신의 배우자에게 키스를 하십니까?
    0. 전혀 안한다. 1. 거의 안한다. 2. 가끔 한다. 3. 거의 매일 한다. 4. 매일 한다.

31. DAS-7 단축형 문항의 31과 동일.
32. 다음의 내용들 중에 당신 부부의 미래에 대해 당신이 느끼는 바를 가장 잘 나타낸 보기 하나에 표시하여 주십시오.
    0. 우리의 부부관계는 결코 성공적일 수가 없다. 그래서 지금의 관계를 유지하기 위해 내가 할 수 있는 일은 이제 더 이상 없다.
    1. 나는 우리의 부부관계가 성공적이라면 좋을 것 같다. 그러나 지금의 관계를 유지하기 위해 내가 현재 기울이는 것보다 더 많은 노력을 들이고 싶지 않다.
    2. 나는 우리의 부부관계가 성공적이라면 좋을 것 같다. 그러나 그렇게 되기 위해서 지금 내가 하고 있는 노력 이상은 할 수 없다.
    3. 나는 우리의 부부관계가 성공적이기를 원한다. 그리고 그렇게 되기 위해서 너가 해야 될 일이 있다면 기꺼이 할 생각이다.
    4. 나는 우리의 부부관계가 성공적이기를 원한다. 그리고 그렇게 되기 위해서 내가 할 수 있는 모든 것을 할 생각이다.
    5. 나는 우리의 부부관계가 성공적이기를 간절히 원한다. 그리고 그렇게 되기 위해서라면 무슨 일이라도 할 생각이다.

(3) 개정판 부부적응 척도(Busby 외, 1995; 최성일, 2004)

〈1-6번〉

우리들은 일상생활에서 배우자와 의견이 맞지 않아 갈등을 느끼는 경우가 종종 있습니다. 아래의 문항을 읽으시고 각각의 내용에 대해 당신과 배우자 간에 얼마나 의견이 일치하는지 또는 불일치하는지 그 정도를 가장 잘 나타낸 곳에 ∨표를 해 주십시오.

항상불일치	거의 대부분 불일치	자주 불일치	거의 일치	거의 대부분 일치	항상 일치
1	2	3	4	5	6

1. 종교문제
2. 애정표현
3. 중요한 결정을 내리는 것
4. 성관계
5. 관습 또는 관례(어떻게 처신하는 것이 옳은가 하는 문제)
6. 직업 결정

〈7-11번〉

아래의 문항 내용과 같은 일들이 당신과 배우자 사이에 얼마나 자주 일어나는지 그 정도를 가장 잘 나타낸 곳에 ∨표를 해 주십시오.

언제나 그랬다	거의 대부분 그랬다	비교적 자주 그랬다	가끔 그런 편이다	거의 그렇지 않다	전혀 그렇지 않다
1	2	3	4	5	6

7. 이혼이나 별거와 같이 부부관계를 끝내려고 생각하거나 그런 문제에 대해 얘기하는 경우가 얼마나 자주 있습니까?
8. 얼마나 자주 부부싸움을 하십니까?
9. 결혼(또는 동거)하신 것을 후회한 적이 있습니까?
10. 당신과 당신의 배우자는 상대방의 신경을 건드리는 경우가 얼마나 자주 있습니까?
11. 당신과 당신의 배우자는 여가생활이나 취미활동을 함께 하십니까?
    4__ 모든 여가생활이나 취미활동을 함께 한다.
    3__ 대부분의 여가생활이나 취미활동을 함께 한다.
    2__ 어느 정도의 여가생활이나 취미활동을 함께 한다.
    1__ 극히 일부의 여가생활이나 취미활동을 함께 한다.
    0__ 여가생활이나 취미활동을 전혀 함께 하지 않는다.

〈12-14번〉
다음의 문항에 제시된 일들이 당신과 당신의 배우자(또는 연인) 간에 얼마나 자주 일어나는지를 그 정도를 가장 잘 나타낸 곳에 ∨표를 해 주십시오.

전혀 없다	한 달에 한번 이하	한 달에 한두 번	하루에 한번 정도	하루에 한번 이상
1	2	3	4	5

12. 활기 띤 의견교환
13. 어떤 일을 위해 함께 노력하기
14. 어떤 문제에 대해 흥분하지 않고, 차분하게 토론하기

4) 출처

① 김관주(2007). 발달장애아동 아버지의 양육참여도와 어머니의 양육스트레스 및 부부적응과의 관계. 대구대학교 석사학위논문.

② 조현, 최승미, 오현주, 권정혜(2011). 한국판 부부적응 척도 단축형 타당화. 한국심리학회지: 상담 및 심리치료, 23(3), 655-670.

③ 최성일(2004). 개정판 부부적응 척도의 신뢰도 및 타당도에 대한 연구. 고황논집, 35, 97-144.

4. 한국판 결혼만족도 검사
(Korean-Marital Satisfaction Inventory, K-MSI)

1) 소개

결혼만족도 검사(MSI)는 시니더(Snyder, 1979)가 개발한 총 280개 문항의 검사로 진위형으로 응답한다. MSI는 1개의 타당도 척도와 1개의 전반적인 불만족 척도, 9개의 결혼생활 특수영역에서의 만족을 재는 척도로 구성되어 있다. 한국판 결혼만족도 검사(K-MSI)는 시니더(1979)의 결혼만족도 검사와 MSI 개정판을 권정혜와 채규만(1998)이 한국 문화에 맞게 수정 · 보완하여 최종 160개 문항을 선택하여 만든 검사이다(권정혜, 채규만, 1998). 한국판 결혼만족도 검사 역시 '예' 혹은 '아니오'로 응답하는 자기보고식 검사이다.

권정혜와 채규만(1998)은 서구문화권에서 개발된 검사를 번역하여 국내에서 사용하는데 한계를 느끼고, 한국판 결혼만족도 검사를 표준화하였다. 부부적응 척도(DAS)의 경우, 우리나라 부부들에게 적용하는데 있어서 다른 요인구조를 보이며(김득성, 1986; 이민식, 김중술, 1995), 로우치(Roach)와 동료들이 단일차원 검사로 가정한 결혼만족도(MSS)에서는 국내연구에서 6개의 하위요인을 가지는 것으로 나타남으로써 단일차원으로 개념화하는데 타당성이 제기되었다(이인수, 유영주, 1986). 따라서 연구자들은 한국 부부의 결혼만족도가 단일차원인지 혹은 다차원인지 개념화하고, 만일 다차원이라면 어떤 하위요인이 구성되어 있는지에 대한 문제를 해결할 수 있는 방안의 하나로 한국판 결혼만족도 검사를 제안하였다.

한국판 결혼만족도 검사는 부부갈등으로 치료를 받으러 온 부부들의 전반적인 결혼불만족 정도와 결혼생활 11개 영역에 대한 세부적 결혼불만족을 평가하기 위한 목적으로 제작되었다. 한국판 결혼만족도 검사는 적은 비용과 노력으로 세밀하고 민감한 정보를 빠르게 얻을 수 있다는 장점을 지닌다. 또한, 결혼만족도를 다차원으로 개념화하고 있기 때문에, 부부치료에서 중점을 두어야 할 영역을 발견하는데 도움이 되며, 부부치료를 통해 얻어진 성과를 평가하는데 유용하다.

한국판 결혼만족도 검사결과는 T값으로 제시된다. T점수는 다양한 문항수를 가진 척도 또는 일반 표집에서 다양한 반응률을 가진 척도를 서로 의미있게 비교할 수 있도록 원점수를 변형시켜 놓은 점수이다. 결과를 제시할 때 일반적인 해석지침을 사용함으로써 다양한 척도에서 40점에서 60점 사이의 점수를 획득한 사람은 거의 ⅔정도 된다는 것을 응답자에게 알려줄 수 있다. 한국판 결혼만족도 척도의 대부분에서 50점 정도의 T점수는 해당 부부관계영역에서 중간정도 수준의 불만족감을 나타내고, 60점 이상은 보다 심한 갈등이 있음을 나타낸다. 한국판 결혼만족도 검사의 T점수를 해석할 때 사용자는 반드시 일반집단에서의 해당점수와 관련있는 백분위 점수뿐만 아니라 다양한 임상집단에서 해당 점수가 갖는 가능성에 대해 많은 지식과 경험을 쌓아야 한다. 또한, 특정 척도의 상승과 관련이 있다고 보이는 행동, 태도 또는 임상적 결과 사이의 경험적인 상관관계도 숙지하고 있어야만 한다(김유숙 외, 2003, p.246).

2) 척도구성 및 표준화

표 15 척도구성과 신뢰도

하위요인	문항수	내 용	내적일치도		검사재검사	
			MSI-R	K-MSI	MSI-R	K-MSI
전반적 불만족 척도 (Global Distress, GDS)	22개	결혼생활에 대한 전반적인 불만족이나 분위기를 말해 주는 지표. 문항내용은 전반적인 결혼생활에 대한 불만족, 다른 부부와 비교하여 상대적으로 느끼는 부부관계에 대한 비판적 태도, 결혼생활의 미래에 대한 부정적인 태도를 반영.	.93	.92	.74	.96

하위요인	문항수	내 용	내적일치도		검사재검사	
			MSI-R	K-MSI	MSI-R	K-MSI
정서적 의사소통 불만족 척도 (Affective Communication, AFC)	13개	배우자에게 느끼는 애정이나 정서적인 친밀성의 결여 정도를 측정. 감정표현이나 정서적 지지의 결여, 감정적인 이해와 상호개방의 결여를 측정하는 문항으로 구성.	.85	.82	.79	.90
문제해결 의사소통 불만족 척도 (Problem-Solving Communication, PSC)	19개	부부간의 의견 차이를 해결하기 위한 의사소통상의 문제를 평가하는 척도. 의사소통에서 나타나는 정서적 거리감보다는 겉으로 드러나는 불일치를 측정. 사소한 문제해결의 반복적 실패, 특정한 문제해결기술의 부족, 민감한 문제에 대해 의논을 어렵게 하는 배우자의 과민반응 등을 측정.	.89	.84	.82	.78
공격행동 척도 (Aggression, AGG)	10개	배우자의 언어적 위협과 신체적인 공격 행동의 수준을 평가. 화났을 때 소리 지르기, 꽝하고 문 닫기, 물건을 집어던지기 등의 위협적 행동과 가볍게 밀치는 행동에서부터 신체적인 상처를 입히는 행동에 이르는 다양한 신체적인 공격행동을 평가.	.81	.78	.81	.92
공유시간 갈등 척도 (Time Together, TTO)	10개	배우자와 같이 시간을 보내는 정도와 동료애 정도를 측정. 공유하는 여가활동의 부족과 공통 관심사의 부족 정도를 평가.	.80	.73	.77	.79
경제적 갈등 척도 (Disagreement about Finance, FIN)	10개	가계관리와 관련된 부부간의 불일치 정도 측정. 경제적 문제에 대한 걱정, 배우자의 재정관리 능력에 대한 신뢰 부족, 경제적인 문제로 인한 배우자와의 갈등 평가.	.79	.72	.74	.92
성적 불만족 척도 (Sexual Dissatisfaction, SEX)	13개	성관계나 그와 관련된 성적 활동의 양과 질에 대한 불만족 측정. 성적 활동에 대한 전반적인 불만족, 성행위와 관련된 불편한 기분, 성행위에 대한 배우자의 관심과 열정 부족에 대한 불만족 등을 평가.	.84	.79	.81	.90
비관습적 성역할 태도 척도 (Role Orientation,	12개	가사활동, 자녀양육에 대한 책임분담, 가족 내의 의사결정에서의 지위와 영향력의 공평성, 직업에 대한 기회와 중요성에 대	.83	.71	.88	.70

하위요인	문항수	내 용	내적일치도		검사재검사	
			MSI-R	K-MSI	MSI-R	K-MSI
ROR)		한 형평성 측정. 부부관계와 부모로서의 역할에서의 성역할에 대한 응답자의 전통적 혹은 근대적인 태도를 평가.				
원가족 문제 척도 (Family History of Distress, FAM)	9개	자신의 원가족 내의 갈등이나 문제, 불행한 어린 시절, 불행한 부모의 결혼생활 측정. 원가족에서 해결되지 않는 갈등이나 부모의 결혼생활에 대한 지각이 현재 부부문제에 어느 정도 영향을 미치고 있는지 평가.	.78	.75	.84	.78
배우자 가족과의 갈등 척도 (Conflict with In-Laws, CIL)	10개	상대 배우자가 응답자의 부모에게 비현실적으로 잘해 주도록 요구하는 것, 배우자 가족으로 인한 부부갈등, 배우자 부모와의 갈등에 대한 대처 양식 측정.	–	.79	–	.90
자녀불만족 척도 (Dissatisfaction with Children, DSC)	11개	자녀와의 관계에 대한 질을 평가하고 자녀의 정서 상태 및 행동에 대한 걱정 측정. 자녀의 적응에 관한 걱정, 자녀양육에 대한 실망감, 자녀와의 긍정적인 상호관계의 부족, 자녀와의 잦은 갈등 등 4가지 측면 평가.	.70	.72	.79	.93
자녀양육갈등 척도 (Conflict over Child Rearing, CCR)	10개	자녀 양육에 대한 배우자의 책임감 부족, 자녀 양육으로 인한 심리적인 고통, 훈육 방식에 대한 배우자와의 불일치 측정. 부부관계에서 자녀 양육에 대한 갈등정도 평가.	.78	.73	.74	.89
관습적 반응 척도 (Conventionalization, CNV)	10개	자신의 부부관계를 사회적으로 바람직하게 제시하고 왜곡하려는 경향성을 측정하는 타당성 평가. 결혼생활에서 사소하고 평범한 문제들의 존재를 부정하거나 지나치게 자신의 결혼생활을 긍정적으로 평가하려는 태도 반영. 배우자에 대한 절대적 만족, 결혼생활에서 일어나는 상호작용에 대한 절대적 만족, 완벽한 조화와 이해 등 평가.	.83	.80	.78	.85
비일관적 반응 척도 (Inconsistency, INC)	20쌍 문항	개인이 얼마나 일관적인 방식으로 응답했는가를 평가하기 위한 타당도 척도.	–	–	.52	.49

K-MSI는 14개 소척도로 구성되어 있다. 소척도 중 비일관성 척도(INC), 관습적 반응 척도(CNV)는 응답자가 자신의 결혼을 사회적으로 바람직한 방향으로 왜곡해서 반응하여 결혼만족도 점수가 높게 나올 문제점을 점검할 수 있는 타당도 척도이다. 결혼생활의 만족도를 재는 나머지 12개의 척도 중 전반적 불만족 척도(GDS)는 결혼생활에 대한 전반적인 만족 정도를 측정하며, 나머지 11개 척도는 결혼생활의 세부영역별 불만족을 측정하는 것으로써, 정서적 의사소통 척도(AFC), 문제해결 의사소통 척도(PSV), 공격행동 척도(AGG), 공유시간 갈등 척도(TTO), 경제적 갈등 척도(FIN), 성적 불만족 척도(SEX), 관습적 성역할 척도(ROR), 원가족 문제 척도(FAM). 배우자 가족과의 갈등 척도(CIL), 자녀 불만족 척도(DSC), 자녀양육 갈등 척도(CCR)로 구성되어 있다. K-MSI는 2개의 타당도 척도(비일관적 반응 척도, 관습적 반응 척도)와 비관습적 성역할 태도 척도를 제외한, 모든 척도에서 불만족 정도를 측정하며 점수가 높을수록 그 영역에서 불만족의 수준이 높다는 것을 의미한다.

K-MSI의 각 하위척도들의 내적일치도 계수의 범위는 .71~.92였으며, 평균 내적일치도 계수는 .78이다. 이는 시니더(1997)가 미국에서 실시한 MSI-R의 하위척도(INC 제외)의 내적일치도 계수의 범위 .70~.93, 그리고 평균 내적일치도 .82와 유사한 수준이다. 시니더(1997)가 210명의 피검자(105쌍)를 대상으로 6주간의 간격으로 측정한 MSI-R 하위척도들의 검사-재검사 신뢰도 계수는 .74(GDS, FIN, CCR)에서 .88(ROR)까지로 높은 시간적 안정성을 나타냈다. 반면에, K-MSI는 30명의 피검자(15쌍)를 대상으로 2주간 간격으로 실시한 검사-재검사 신뢰도에서 각 하위척도들의 신뢰도 계수는 .70(ROR)에서 .96(GDS)까지 높은 시간적 안정성을 보였다. 논문에서 척도를 사용하고자 할 경우에는 연구자들에게 문의하기 바란다.

3) 척도문항

각 문항을 읽고 그 문항이 귀하에게 해당된다고 생각하면 응답지의 1번에, 귀하에게 해당되지 않는다고 생각하면 2번에 체크하여 주십시오.

문항	그렇다	아니다
*1. 나는 우리의 결혼생활이 꽤 행복하다고 생각한다.	1	2
*2. 내 배우자는 그때그때 내 기분을 대부분 이해하고 있다.	1	2
*3. 경제적 문제 때문에 우리의 결혼생활이 어려웠던 적은 전혀 없었다.	1	2
4. 남편이 가족을 이끌어야 한다.	1	2
5. 우리 사이에는 같이 이야기할 수 없는 것들이 있다.	1	2
*6. 우리의 성생활은 매우 만족스럽다.	1	2
7. 우리는 같이 이야기할 주제가 많지 않다.	1	2
8. 때때로 나는 배우자에게 속마음을 털어놓지 못해서 친구에게 대신 얘기한다.	1	2
9. 우리는 서로의 차이점을 해결하는 방법을 개선해야 할 필요가 있다.	1	2
*10. 나는 내 결혼생활이 지금보다 더 좋았다고 느낀 적이 없다.	1	2
11. 내 배우자는 때때로 내가 어떻게 느끼는지 이해하지 못한다.	1	2
12. 우리는 성(性)에 대해 솔직하게 의논하지 않는다.	1	2
13. 내 배우자는 내가 돈을 어디에 어떻게 쓰는지에 대해 잔소리를 한다.	1	2
*14. 우리는 함께 취미생활을 하는데 많은 시간을 보낸다.	1	2
15. 내 배우자는 때때로 나를 속상하게 한다.	1	2
16. 우리는 다른 부부들처럼 잘 지내지 못한다.	1	2
*17. 우리는 다툴 때 서로의 감정을 솔직히 이야기한다.	1	2
18. 내 배우자에게는 내가 싫어하는 점들이 있다.	1	2
19. 아이는 아버지의 성을 따르는 것이 너무나 당연하다.	1	2
20. 내 배우자는 나를 때린 적이 있다.	1	2
21. 결혼에서 평등한 관계는 바람직한 것이지만, 대체로 남편이 가족 일에 대해 더 큰 결정권을 가져야 한다.	1	2
22. 때때로 나는 배우자를 몹시 떠나고 싶었다.	1	2
*23. 내 어린 시절은 다른 사람들보다 행복했던 것 같다.	1	2
*24. 내 배우자는 어려움 없이 비판을 받아들인다.	1	2
25. 맞벌이 부부인 경우 아이가 아플 때, 남편도 결근을 하고 아이를 돌봐야만 한다.	1	2
*26. 내 배우자는 내 기분을 완전히 이해하고 공감한다.	1	2
27. 우리는 언쟁할 때마다 같은 문제를 반복하는 것 같다.	1	2
*28. 내 배우자가 화가 나서 나를 때릴까봐 걱정한 적이 없다.	1	2
*29. 나는 돈 문제에 관해서 배우자를 전적으로 신뢰한다.	1	2
30. 나는 결혼생활에서 충족되지 못한 중요한 욕구들이 있다.	1	2
*31. 나의 부모님의 결혼생활은 모범적이었다.	1	2
32. 나는 배우자와 성관계를 거의 갖지 않는다.	1	2

*33.	견해 차이가 있을 때, 내 배우자는 서로 수용할 수 있는 대안을 찾기 위해 노력한다.	1	2
*34.	나는 배우자와 여가시간을 보내는 방식에 꽤 만족하고 있다.	1	2
35.	나는 우리의 결혼이 이혼으로 끝나지 않을까 염려한 적이 있다.	1	2
36.	아이가 있는 어머니는 경제적 어려움이 있을 때만 직장에 다녀야 한다.	1	2
*37.	우리는 돈 문제로 거의 싸우지 않는다.	1	2
38.	내 배우자는 화가 났을 때 물건을 부수거나 던진 적이 있다.	1	2
39.	나는 좋아하지만 배우자는 좋아하지 않는 성행위가 있다.	1	2
40.	내 배우자는 어떤 문제에 대해서는 너무 민감해서 내가 말조차 꺼낼 수 없는 경우가 있다.	1	2
41.	내 결혼은 여러 가지 점에서 실망스럽다.	1	2
42.	우리 결혼생활에는 심각한 어려움들이 있다.	1	2
43.	내 배우자는 나보다 자신의 부모님이나 집안일에 더 신경을 쓴다.	1	2
44.	내 배우자는 종종 내 생각을 이해하지 못한다.	1	2
*45.	우리 가족의 앞날은 재정적인 면에서 안정되어 보인다.	1	2
*46.	내가 슬퍼할 때마다 내 배우자는 나에게 사랑과 행복을 느끼게 해준다.	1	2
47.	나는 내 배우자가 화가 나서 이성을 잃을까봐 걱정한 적이 있다.	1	2
*48.	나는 단 한순간도 결혼을 후회한 적이 없다.	1	2
*49.	내 부모님의 결혼생활은 다른 부부들보다 행복했었다.	1	2
50.	내 배우자는 나에게 자신의 감정을 잘 표현하지 않는다.	1	2
51.	우리 결혼생활의 미래는 너무 불확실해서 중요한 계획을 세울 수 없다.	1	2
*52.	우리는 일상생활에서 함께 할 수 있는 재미있는 일이 아주 많다.	1	2
*53.	우리는 견해 차이가 있을 때 그 문제에 대해 의논한다.	1	2
54.	나는 불행한 어린 시절을 보냈다.	1	2
55.	현모양처가 되는 것이 여성에게는 가장 중요한 일이다.	1	2
56.	내 결혼생활에는 내가 완전히 만족할 수 없는 부분이 있다.	1	2
*57.	내 배우자는 아무리 화가 나도 내게 물건을 던진 적은 없다.	1	2
58.	나는 배우자와 함께 있을 때에도 종종 외로움을 느낀다.	1	2
*59.	내 배우자는 나만큼 성생활을 즐긴다.	1	2
60.	우리는 경제적 문제를 의논할 때마다 서로의 감정을 상하게 한다.	1	2
61.	우리 부부는 시가 혹은 처가 일로 자주 싸운다.	1	2
62.	내 배우자는 내가 원하는 것을 하는데 충분한 시간을 할애하지 않는다.	1	2
63.	나는 내 배우자에게 언제나 사랑과 애정을 느끼지는 않는다.	1	2
64.	나는 지금보다 더 많은 성관계를 원한다.	1	2
65.	내 배우자는 화가 나면 때때로 나에게 고함을 치거나 소리를 지른다.	1	2
*66.	내 배우자는 가정경제를 잘 운영한다.	1	2
67.	우리 부부가 같이 보내는 시간이 옛날만큼 재미가 없다.	1	2
*68.	내 배우자는 내가 바라던 모든 자질을 가지고 있다.	1	2
*69.	나의 가정은 행복했다.	1	2
70.	내 배우자는 나의 성적 만족감에 대해 배려하지 않을 때가 있다.	1	2

71.	우리는 매우 자주 말다툼을 한다.	1	2
*72.	내 배우자는 나에게 사랑을 표현하기 위해 여러 가지 일들을 한다.	1	2
73.	아내에게 가장 중요한 역할은 가정주부의 역할이어야 한다.	1	2
*74.	내 배우자는 아무리 화가 나도 나를 밀치거나 멱살을 잡은 적이 없다.	1	2
75.	배우자와의 사소한 의견 차이가 종종 큰 언쟁으로 발전한다.	1	2
*76.	우리는 성관계 횟수에 대해 대체로 동의한다.	1	2
77.	내 배우자는 나와 배우자 집안과의 갈등이 있을 때, 자기 집안 편을 더 많이 든다.	1	2
78.	만일 내가 내 배우자와 결혼하지 않았다면 더 행복하게 느낄 것이다.	1	2
79.	내 배우자는 때때로 나를 정말 필요로 하는 것 같지 않다.	1	2
80.	나는 때때로 우리 결혼에 대해서 꽤 낙심하게 된다.	1	2
81.	우리 사이에 해결되지 않은 문제가 있더라도 겉으로는 아무렇지 않게 지낼 때도 있다.	1	2
*82.	우리는 취미와 여가생활에서 서로가 원하는 것을 얻고 있다.	1	2
83.	내 배우자는 내 몸에 멍든 자국이나 상처를 남긴 적이 있다.	1	2
84.	내 배우자는 내가 자기 부모님께 잘 하기를 지나치게 바란다.	1	2
85.	때때로 나는 배우자가 나를 정말로 사랑하고 있는지 궁금하다.	1	2
86.	나의 부모님은 나를 전혀 이해하지 못하셨다.	1	2
*87.	우리는 언쟁을 할 때 그 문제에 대해서만 이야기한다.	1	2
88.	우리 부부가 성생활에 대해 서로 이야기하는 방식이 마음에 들지 않는다.	1	2
*89.	우리는 내가 알고 있는 대부분의 부부보다 더 행복하다.	1	2
90.	예산에 맞춰 가계를 꾸려가다 보면 필요 이상으로 배우자와 문제를 일으키게 된다.	1	2
*91.	나는 매우 슬픈 감정도 배우자에게 거리낌 없이 표현할 수 있다.	1	2
92.	내 배우자는 때때로 내 성격의 어떤 면을 의도적으로 변화시키려는 것처럼 보인다.	1	2
*93.	내 배우자는 때리겠다고 위협한 적이 없다.	1	2
*94.	내 배우자는 나와 여가시간을 함께 보내는 것을 좋아한다.	1	2
*95.	내 배우자는 기분이 우울할 때마다 나에게 도움을 구한다.	1	2
96.	내 배우자는 종종 내가 자신을 이해하지 못한다고 불평한다.	1	2
*97.	나는 외도를 생각해본 적이 없다.	1	2
98.	나는 배우자가 나와 취미생활을 함께 해주기를 바란다.	1	2
99.	나의 부모님은 서로 이야기가 잘 통하지 않았다.	1	2
100.	가족 경제에 대한 일차적 책임은 남편에게 있다.	1	2
101.	내 배우자는 내 몸에 심한 상처(멍든 자국, 매 자국)를 입힌 적이 있다.	1	2
*102.	나는 결혼생활에서 거의 불행함을 모르고 지내왔다.	1	2
103.	내 배우자는 때때로 나를 비참하게 한다.	1	2
*104.	내 생각에 우리 결혼은 성공적이다.	1	2
*105.	우리는 가계의 수입을 어떻게 쓸지에 대해서 함께 결정한다.	1	2
*106.	내 배우자는 나에게 화가 나더라도 내 의견을 존중한다.	1	2
*107.	나는 배우자와 매일 최소한 한 시간은 같이 보낸다.	1	2
*108.	우리 결혼생활은 나쁜 점보다 좋은 점들이 훨씬 많다.	1	2
109.	우리의 언쟁은 대부분 결론 없이 우울하게 끝나고 만다.	1	2

110. 나는 배우자 부모님을 모시는 문제로 배우자와 갈등이 있다.	1	2
111. 나는 가끔 성생활 때문에 불행하다고 느낀다.	1	2
*112. 아내의 직업과 남편의 직업은 똑같이 중요하다.	1	2
113. 내 배우자는 자기 부모가 무리한 요구를 할 때도 내가 들어주기를 원한다.	1	2
*114. 우리는 별거하거나 이혼할 뻔한 적이 없다.	1	2
115. 우리의 언쟁은 자주 둘 중 한 명이 감정이 상하거나 우는 것으로 끝난다.	1	2
116. 내 배우자는 때때로 성에 대한 열정이 거의 없는 것 같다.	1	2
*117. 내 배우자는 내가 힘들 때, 내가 중요한 존재임을 느끼게 해준다.	1	2
118. 내 배우자는 나와 의논하지 않고 많은 물건을 구입한다.	1	2
119. 나는 배우자 가족을 경제적으로 도와주는 문제로 배우자와 갈등이 있다.	1	2
*120. 우리 결혼생활이 내가 아는 다른 사람들의 결혼생활만큼 즐겁다고 생각한다.	1	2
121. 내가 최선의 사람을 배우자로 선택한 것인지 여러 번 생각해보았다.	1	2
122. 우리는 의견 차이가 있을 때 이성을 잃고 화를 내곤 한다.	1	2
123. 결혼한 여자들이 일할 수 있도록 더 많은 보육원과 육아원이 생겨야 한다.	1	2
*124. 내 배우자와 나는 서로를 완벽하게 이해한다.	1	2
125. 우리의 수입이 좀 더 많아진다면, 우리 결혼생활의 문제는 더 줄어들 것이다.	1	2
126. 나는 배우자가 성관계 중에 좀 더 부드럽게 대해 주었으면 한다.	1	2
127. 내 배우자는 자기 가족이 나에게 악담이나 험담을 해도 가만히 있다.	1	2
128. 결혼 전에 빨리 집을 떠나 독립하기를 원했다.	1	2
129. 내 배우자는 너무 쉽게 감정이 상한다.	1	2
130. 남편의 직업에 따라 거주지를 정해야 한다.	1	2
131. 나는 배우자와 함께 부부 상담을 받아볼 생각을 종종 했다.	1	2
132. 내 배우자는 때때로 나에게 충분한 배려를 하지 않는다.	1	2
*133. 내 배우자는 나와 배우자 가족 간의 갈등을 잘 이해하고 도와준다.	1	2
134. 내 배우자는 자기 가족과 나를 비교해서 자존심을 상하게 한다.	1	2
*135. 나의 부모님은 서로 사랑했다.	1	2
136. 빨래, 청소, 육아와 같은 일은 일차적으로 아내의 책임이다.	1	2
*137. 나는 내 결혼생활의 많은 부분에 대해 만족스럽게 여긴다.	1	2
*138. 우리는 결혼생활에서 사랑과 애정을 많이 표현한다.	1	2
*139. 내 결혼은 매우 만족스럽다.	1	2

자녀가 있는 경우에만 140~160번 문항에 응답하여 주십시오.

*140. 우리는 아이들의 요구에 대해 어떻게 해야 할지 언제나 의견이 일치한다.	1	2
141. 우리의 부부관계는 종종 아이들 때문에 악화된다.	1	2
*142. 우리는 아이들과 얼마나 많은 시간을 보내야 하는지에 대해 의견이 일치한다.	1	2
143. 우리 아이들과 함께 이야기할 화제가 많지 않다.	1	2
144. 내 배우자는 아이를 돌보는데 동등한 책임을 갖고 있지 않다.	1	2
145. 아이를 갖는 것이 내가 바랐던 것만큼 만족감을 주지는 않았다.	1	2
146. 내 배우자는 아이들과 충분한 시간을 보내지 않는다.	1	2

147. 우리 아이들은 또래의 다른 아이들만큼 즐겁고 행복해 보이지 않는다.	1	2
*148. 우리는 아이들 문제로 거의 싸우지 않는다.	1	2
149. 우리 아이들은 내 감정에 대해 무관심하다.	1	2
*150. 우리 아이들은 나한테 자신의 일상사에 대해 자주 이야기한다.	1	2
*151. 우리는 아이들이 지켜야 할 규칙을 함께 결정한다.	1	2
*152. 나는 자주 아이들과 집안일을 함께 한다.	1	2
*153. 아이들 때문에 우리의 결혼생활에 문제가 생긴 적은 한 번도 없다.	1	2
*154. 우리 아이들은 집안에서 자신이 해야 할 일에 성실하다.	1	2
*155. 나는 자주 아이들과 집에서 즐거운 시간을 보낸다.	1	2
156. 우리 아이들은 부모를 존경하는 태도가 부족하다.	1	2
157. 내 배우자는 아이들에게 충분한 애정을 표현하지 않는다.	1	2
*158. 우리 아이들의 가치관은 나와 거의 비슷하다.	1	2
*159. 우리 아이들은 자신의 삶에서 나를 중요하게 생각한다.	1	2
*160. 우리는 언제 어떻게 아이들에게 벌을 주어야 할지 대부분 의견이 일치한다.	1	2

* 역 채점 문항

GDS 1, 10, 16, 22, 30, 35, 41, 42, 51, 58, 71, 78, 80, 89, 102, 104, 108, 114, 120, 131, 137, 139
AFC 2, 8, 11, 46, 50, 72, 79, 85, 91, 95, 117, 132, 138
PSC 5, 9, 17, 24, 27, 33, 40, 44, 53, 75, 81, 87, 92, 96, 106, 109, 115, 122, 129
AGG 20, 28, 38, 47, 57, 65, 74, 83, 93, 101
TTO 7, 14, 34, 52, 62, 67, 82, 94, 98, 107
FIN 3, 13, 29, 37, 45, 60, 66, 90, 105, 125
SEX 6, 12, 32, 39, 59, 64, 70, 76, 88, 97, 111, 116, 126
ROR 4, 19, 21, 25, 36, 54, 73, 100, 112, 123, 130, 136
FAM 23, 31, 49, 55, 69, 86, 99, 128, 135
CIL 43, 61, 77, 84, 110, 113, 119, 127, 133, 134
DSC 143, 145, 147, 149, 150, 152, 154, 155, 156, 158, 159
CCR 140, 141, 142, 144, 146, 148, 151, 153, 157, 160
CNV 15, 18, 26, 48, 56, 63, 68, 103, 118, 121, 124

4) 출처

① 김민녀(2005). K-MSI를 활용한 기혼자의 결혼만족도. 성신여자대학교 석사학위논문.

② 성은숙(2003). 기독교 신앙생활과 부부간 의사소통, 우울증, 결혼만족도의 관계. 총신대학교 석사학위논문.

13장 객관적 가족사정 척도들

1. 결혼 관련 척도

1) 한국형 결혼관 척도

(1) 소개

남순현(2007)은 미혼의 예비부부나 기혼부부의 성공적인 결혼을 위해 현대사회의 시대와 문화적 배경을 반영한 한국형 결혼관 척도를 개발하였다. 예비문항선정에서 문헌고찰, 설문조사, 질적 자료분석 및 문항추출 4단계를 통해 121개 문항을 추출하였다. 1단계 문헌고찰에서는 기존 문헌들의 검증과 고찰을 통하여 결혼관에 포함될 수 있는 항목을 유목화하였다. 특히, 유목화한 결혼관 척도문항에는 한국의 전통적인 문화와 현대 사회의 변화를 고려하여 우리나라의 고유한 전통적인 특징(예, 남아선호, 궁합, 결혼 후 여성의 호적이적)과 최근 변화하는 젊은이들의 가치관(예, 동거)을 적절히 반영하는 질문들로 구성하였다. 2단계 설문조사에서는 1단계에서 유목화한 결혼관의 각 하위개념들을 반구조화된 문항들로 설문지를 구성하여 대학생들에게 응답하게 하였다. 예를 들어, 응답자들은 "결혼생활에서 가장 중요한 것은 ______."이란 질문의 나머지 부분을 작성하여야만 한다. 3단계 질적 자료분석에서는 대학생들이 응답한 내용들을 연구자 외 2인이 질적 분석하였다(연구자간 일치도 .94~.97). 4단계 문항추출에서는 범주화된 응답내용을 토대로 결혼관 척도 121개 문항이 도출되었고, 개별문항과 척도총점 간의 상관관계, χ^2검증 및 Cramer's V계수를 사용한 문항양호도 검증을 통해 최종 48개 문항이 추출되었다.

(2) 척도구성 및 표준화

표 16 척도구성과 신뢰도

하위요인	문항수	내 용	문항번호	신뢰도
전통적인 결혼	12개	한국 고유의 유교적 사상을 나타내는 궁합이나 남아선호와 관련된 문항	3,23,32,37,38,39, 40.41,42,43,45,48	.88
성공적인 결혼	10개	성공적인 결혼을 관리하기 위한 문항	15,17,18,19,20,21, 22,25,26,30	.75
결혼의 불합리성	10개	결혼제도의 모순과 불합리성에 관한 문항	2,7,24,27,28,29,31, 44,46,47	.82
결혼의 필요성	10개	결혼을 해야 하는 이유와 관련된 문항	1,4,8,9,10,11,12,13, 14,16,	.74
동거	2개	결혼의 대안일 수 있는 라이프스타일인 동거와 관련된 문항	5,6	.63
이혼 및 재혼	4개	현대 가족구조의 변화를 반영한 문항	33,34,35,36	.64
전체	48개			.91

한국형 결혼관 척도의 안면타당도와 내용타당도 및 문항의 중요도는 연구자 외 4명의 전문가(심리학전공 박사 1명과 석사 1명, 사회학 전공박사 1명, 사회복지학 박사 1명)가 문항을 검토한 후, 기혼부부 30쌍을 대상으로 심층면담을 실시하여 연구자 외 4명의

전문가가 기혼부부 30쌍이 반응한 문항의 적절성과 문항에 대한 이해도 등을 검토하여 문항의 내용을 수정 · 보완하였다. 요인분석을 통한 구인타당도에서 한국형 결혼관 척도는 6개 하위요인이 타당한 것으로 추출되었고, 결혼준비도(김혜선, 신수아, 2002), Spanier 결혼불만족도(1976), Spanier 결혼만족도(1976), 결혼만족도(MSS, 1981), 결혼관(김영옥, 1999) 척도와의 상관분석을 통한 준거타당도를 살펴본 결과, 일부 하위요인을 제외하고 대체로 높은 상관을 보였다.

(3) 척도문항

각 문항을 읽고, 당신이 그 문항에 동의하는 정도에 ∨표시하여 주십시오.

전혀 그렇지 않다	그렇지 않다	잘 모르겠다	그렇다	매우 그렇다
1	2	3	4	5

1. 결혼은 반드시 해야 한다.
2. 결혼은 불합리한 제도이다.
3. 결혼 적령기에 결혼하지 못하는 것은 자신과 가족에게 부끄러운 일이다.
4. 결혼해야 진정한 행복의 의미를 찾을 수 있다.
5. 동거는 서로에 대한 간섭과 강요가 적기 때문에, 결혼보다 좋다.
6. 동거는 만남과 헤어짐이 자유롭기 때문에, 편리하다.
7. 능력이 된다면 혼자 사는 것도 괜찮다.
8. 결혼이란 남녀 간의 파트너쉽이라고 생각한다.
9. 결혼은 가족형성을 위한 필수조건이다.
10. 결혼은 사랑의 결정체이다.
11. 결혼은 부모로부터의 독립을 의미한다.
12. 결혼은 세대를 이어주는 연결고리이다.
13. 결혼은 개인의 행복과 욕구충족을 위한 것이다.
14. 사람들은 평범한 가정을 이루기 위해서 결혼을 한다.
15. 결혼은 개인의 삶에 변화를 가져온다.
16. 사람들은 개인의 성적 욕구를 충족시키기 위해서 결혼한다.
17. 결혼에서 무엇보다도 중요한 것은 상호 간의 신뢰다.
18. 결혼하기 위해서는 어느 정도의 경제력이 있어야 한다.
19. 행복하려면 사랑하는 사람과 결혼해야 한다.
20. 결혼생활이 행복하려면 서로에게 만족을 느낄 수 있어야 한다.
21. 누구나 결혼에 대한 자신만의 이미지(환상)를 갖고 있다.

22. 부모의 결혼은 자녀에게 중요한 모델이 된다.
23. 결혼한 여자는 남편의 성공에 대리만족해야 한다.
24. 결혼 후 아내의 호적이 남편에게로 옮겨지는 것은 부당하다.
25. 배우자 선택 시 가장 중요한 것은 배우자와 내가 얼마나 성격이 잘 맞느냐이다.
26. 배우자 선택 시 생활습관이나 가치관이 자신과 유사할수록 좋다.
27. 결혼 전 실수를 책임지려고 선택한 결혼은 불행하다.
28. 배우자의 지나친 음주로 결혼생활에 어려움이 있다면, 이혼하는 편이 낫다.
29. 결혼생활에서 어려움이 생기면, 전문기관에 의뢰한다.
30. 결혼생활에서 어려움이 생기면, 부부가 스스로 이겨내야 한다.
31. 결혼 후 부부간의 갈등이 심한 경우에는 이혼하는 것이 좋다.
32. 결혼 후에도 부모와 함께 살아야 한다.
33. 재혼은 새로운 삶의 시작이다.
34. 이혼이나 사별한 사람이 재혼하는 것은 당연하다.
35. 재혼은 노후를 외롭지 않게 해준다.
36. 재혼은 결혼의 실패를 치유해줄 수 있다.
37. 가족의 중요한 의사결정은 남편이 해야 한다.
38. 남자는 밖에서 일하고 여자는 가정을 돌봐야 집안이 편안하다.
39. 연애결혼보다 중매결혼이 바람직하다.
40. 결혼 전에 궁합은 꼭 보는 것이 좋다.
41. 관습상 여자가 먼저 청혼하는 것은 바람직하지 못하다.
42. 아내는 남편에게 순종해야 한다.
43. 아내는 남편에게 성관계를 요구해서는 안된다.
44. 결혼한 부부라고 해서 아이를 꼭 낳을 필요는 없다.
45. 집안의 대는 반드시 아들이 이어야 한다.
46. 아이에 대해 모든 책임을 져야 한다는 것은 너무나 부담스러운 일이다.
47. 아이들을 가지면 자신의 자유시간은 거의 없어진다.
48. 직업을 가진 여자는 살림만 하는 여자보다 자녀와 따뜻하고 안정된 관계를 갖기 어렵다.

(4) 출처

남순현(2007). 한국형 결혼관 척도 개발 연구. 한국심리학회지: 문화 및 사회문제, 13(4), 1-27.

2) 결혼이미지 척도

(1) 소개

결혼이미지 척도는 오스굿(Osgood, 1957)의 의미미분법 척도를 유가효(1988)가 원용하여 제작한 척도이다. 결혼이미지는 타인과 다양한 매체를 통해 직 · 간접적으로 결혼생활을 경험함으로써 갖게 되는 결혼에 대한 긍정적, 부정적인 인상으로 일반화된 태도이다. 결혼이미지 척도는 부정과 긍정의 의미 형용사 10개를 7등분된 수평선상에 배치하여 결혼이라는 단어에서 떠오르는 심상의 정도를 표시하게 한다. 각 문항의 점수는 1점에 가까울수록 결혼에 대한 이미지를 부정적으로 느끼고 있는 것이고, 7점에 가까울수록 결혼에 대한 이미지를 긍정적으로 느끼고 있는 것으로 해석된다.

(2) 척도구성 및 표준화

결혼이미지 척도는 요인분석 결과 단일요인으로 판명되었고, 67.7%의 설명력을 보인다(정유화, 2018). 결혼이미지 척도는 나쁜/좋은, 손해되는/이로운, 괴로운/즐거운, 불행한/행복한, 두려운/기대되는, 바람직하지 못한/바람직한, 어리석은/현명한, 불필요한/필요한, 어두운/밝은, 부정적/긍정적의 10개의 문항으로 구성되어 있으며, 많은 연구에서 .91~.98로 높은 신뢰도를 보였다(박은선, 2007; 이지은, 1996; 정유화, 2018; 황아름, 2019).

(3) 척도문항

결혼이라는 단어를 생각해보고 가깝다고 느껴지는 정도에 V표시하여 주십시오.								
	매우 그렇다			전혀 그렇지 않다			매우 그렇다	
	3	2	1	0	1	2	3	
1. 좋은	3	2	1	0	1	2	3	나쁜
2. 손해되는	3	2	1	0	1	2	3	이로운
3. 즐거운	3	2	1	0	1	2	3	괴로운
4. 불행한	3	2	1	0	1	2	3	행복한
5. 기대되는	3	2	1	0	1	2	3	두려운
6. 바람직하지 못한	3	2	1	0	1	2	3	바람직한
7. 현명한	3	2	1	0	1	2	3	어리석은
8. 불필요한	3	2	1	0	1	2	3	필요한
9. 밝은	3	2	1	0	1	2	3	어두운
10. 부정적	3	2	1	0	1	2	3	긍정적

(4) 출처

황아름(2019). 남녀 고등학생의 이성교제 관계의 질이 결혼이미지, 결혼가치관과 가족관에 미치는 영향. 이화여자대학교 석사학위논문.

3) 결혼준비도 척도

(1) 소개

결혼준비도 척도는 김혜선과 신수아(2002)가 결혼적응에 도움이 되며, 안정된 결혼생활에 도움을 줄 수 있는 한국형 결혼준비도 척도를 개발하기 위해 제작된 것이다. 연구자들(2002)은 외국에서는 결혼 전에 결혼준비 정도를 평가하는 척도(PREPARE, RELATE, FOCCUS, CMRE) 등이 개발되어져 실용화 단계에 있지만, 국내에서는 우리 실정에 맞는 표준화된 척도가 없기 때문에, 우리나라에 적합한 결혼준비도 척도를 개발하였다. 결혼준비도 척도는 전국 도시지역에 거주하고 있는 결혼 후 만 1~3년 사이 기혼

남녀에게 회고법을 사용하여 과거형으로 결혼준비 정도를 물어본 검사이다. 김혜선과 신수아(2002)는 선행연구들(서봉연, 황상민, 1993, 성숙 척도; Brigham Young University, 1997, http://relate.byu.edu; Hoffman, 1984, 독립성 척도; Manson, 1965, California Marriage Readiness Evaluation; Markey, 1998, http://www.foccusinc.com; Olson, 1997, http://www.lifeinnovation.com)을 토대로 선별한 96개 문항의 1차 예비설문지를 전문가들에게 문항적합도와 안면타당도를 검증받아 92개 문항으로 수정하여, 서울에 거주하고 있는 결혼 후 만 1년에서 3년 사이의 남녀 41명에게 예비조사를 실시한 후 82개 문항을 개발하였다. 82개 문항은 표준화 작업을 거치면서 54개의 최종 문항이 추출되었다. 결혼준비도 척도는 문항양호도를 통해 .30 이하의 문항을 제거하였고, 최종 문항의 문항 간 변별도 기준은 .25이상이었다.

(2) 척도구성 및 표준화

표 17 척도구성과 신뢰도

하위요인	문항수	내 용	문항번호	신뢰도
자녀양육 · 금전관리 · 역할분담	10개	자녀출산과 양육, 금전관리, 역할분담 등에 관련된 문항	7,8,15,18,21,23, 26,28,31,48	.88
성숙	10개	개인의 심리 · 정서적 측면의 문항	11,24,27,29,32,33, 35,41,50,52	.75
상대방의 이해 · 애정 · 성	13개	상대방에 대한 파악 및 이해, 애정도 및 성에 관한 내용의 문항	1,13,17,20,22,30, 36,37,38,39,44,47, 53	.82
결혼관	3개	결혼에 대한 가치관을 묻는 문항	5,43,45	.63
가족 · 친구에 대한 이해	8개	양가 가족과 친구에 대한 파악 및 이해에 관한 문항	2,3,12,16,19,25, 31,46	.74
의사소통능력 · 갈등해결능력	7개	의사소통능력 및 갈등해결능력에 관련된 문항	4,9,10,40,49,51,54	.70
부모로부터의 독립	3개	경제적 · 정서적 독립에 관한 문항	6,14,42	.64
전체	54개			.91

결혼준비도 척도는 54개 문항으로 자녀양육 · 금전관리 · 역할분담, 성숙, 상대방에 대한 이해 · 애정 · 성, 결혼관, 가족 및 친구에 대한 이해, 의사소통 및 갈등해결능력, 부모로부터의 독립 등 7개 요인으로 구성된다. 결혼준비도 척도의 신뢰도는 내적일치도 Cronbach's α=.91이고, 하위요인별 신뢰도는 .63~.88까지이다. 결혼준비도 척도는 결혼안정성 척도와 유의한 상관관계를 보임으로써, 높은 기준타당도를 보인다.

(3) 척도문항

각 문항을 읽고, 당신이 그 문항에 동의하는 정도에 ∨표시하여 주십시오.

전혀 그렇지 않다	그렇지 않다	잘 모르겠다	그렇다	매우 그렇다
1	2	3	4	5

1. 나는 그/그녀를 사랑하고 있었다.
2. 나는 그/그녀가 어떠한 가정분위기에서 성장하였는지 잘 알고 있었다.
3. 나는 다른 사람들과 잘 어울렸다.
4. 나는 그/그녀의 행동에 어떻게 대응해야할지 모르는 경우가 있었다.
5. 나는 재미있고 행복한 결혼생활을 위해 노력해야 한다고 생각했다.
6. 나는 어려움에 빠지면 우선 부모님을 찾았다.
7. 우리는 자녀양육 시 아버지의 책임에 대해 의논하였다.
8. 우리는 누가 돈 관리를 할 것인지 합의를 보았다.
9. 나는 그/그녀가 화가 났을 때, 어떻게 풀어주어야 하는지 알고 있었다.
10. 나는 어떤 문제를 결정할 때, 기꺼이 의논하고 합의하여야 한다고 생각했다.
11. 나는 다른 사람과의 경쟁에서 질 것 같아 두려웠다.
12. 나는 그/그녀의 가족과 우리 가족의 사회경제적인 차이를 잘 알고 있었다.
13. 나는 결혼생활에서 성 문제가 중요하다고 생각했다.
14. 나는 금전적으로 문제가 생기면 스스로 해결하기보다는 우선 부모님께 도움을 청했다.
15. 우리는 집안일을 어떻게 분담할 것인지 의논하였다.
16. 나는 그/그녀의 부모님과 형제자매에 대해 잘 알고 있었다.
17. 나는 그/그녀의 애정표현에 만족했다.
18. 우리는 생활비로 얼마나 지출할 것인가에 대하여 구체적으로 계획을 세웠다.
19. 나는 내가 필요로 할 때, 나서서 도와주는 친구가 많았다.
20. 나는 그/그녀의 감정 상태를 잘 이해하고 있었다.
21. 우리는 자녀를 몇 명 낳을 것인지에 대해 의논하였다.
22. 나는 그/그녀를 존중했다.
23. 우리는 아내가 집안일에 어느 정도 책임을 져야 하는지에 대해 합의를 보았다.

24. 나는 부모님 때문에 내가 하고 싶은 일을 못할 때가 있었다.
25. 나는 그/그녀와 친하게 지내는 친구들이나 직장동료들을 잘 알고 있었다.
26. 우리는 자녀 양육 시 어머니의 책임에 대해 의논하였다.
27. 나는 전반적으로 내가 별로 능력이 없는 사람이라고 생각했다.
28. 우리는 자녀가 받아야할 조기교육 등에 대해서 의논하였다.
29. 나는 내가 인생의 실패자라고 생각했다.
30. 나는 그/그녀에게 애정표현을 자주 했다.
31. 우리는 남편이 집안일에 어느 정도 책임을 져야 하는지에 대해 합의를 보았다.
32. 나는 세상이 나와 상관없이 돌아간다고 생각했다.
33. 나는 성공하려면 노력하는 것보다는 운이 좋아야 한다고 생각했다.
34. 우리는 분가해서 살 것인지 부모님을 모시고 살 것인지 합의하였다.
35. 나는 사람들을 도와봐야 손해만 본다고 생각했다.
36. 나는 그/그녀와 사귀는 것을 후회한 적이 있었다.
37. 우리는 우리의 성적인 기대와 관심사에 대해 자유롭게 이야기했다.
38. 나는 그/그녀의 취미나 관심사를 잘 알고 있었다.
39. 나는 그/그녀를 성적인 면에서 매력적이라고 생각했다.
40. 그/그녀는 화가 나면 나에게 물건을 던지는 등의 행동을 했다.
41. 나는 남보다 앞서기 위해서라면 옳지 못한 수단이라도 사용할 수 있다고 생각했다.
42. 나는 결혼 후에 일어날 경제적인 문제에 현실적으로 대처할 자신이 없었다.
43. 나는 부모님이 반대하시면 내가 그/그녀를 좋아할지라도 그/그녀와 결혼하지 않겠다고 생각했다.
44. 나는 나의 개인적인 계획을 세울 때에도 그/그녀를 고려하였다.
45. 나는 일단 결혼하면 끝까지 살아야 한다고 생각했다.
46. 우리는 만약 분가한다면, 시가나 처가를 어떻게 방문할 것인지에 대해 이야기한 적이 있다.
47. 나는 그/그녀의 단점을 있는 그대로 받아들일 수 있었다.
48. 우리는 각자의 돈을 어떻게 관리할 것인지에 대해 의견을 나누었다.
49. 나는 그/그녀와 이야기할 때 내가 원하는 것을 명확하게 이야기할 수 있었다.
50. 나는 미래의 일을 미리 생각하고 싶지 않았다.
51. 그/그녀는 나의 말을 잘 들어 주었다.
52. 나는 겉으로 드러난 내 모습과 실제의 내가 항상 같지 않다고 생각했다.
53. 나는 결혼생활에서 그/그녀와는 기꺼이 성적 관계를 맺을 수 있겠다고 생각했다.
54. 우리는 의견이 다를 때, 논의를 통해 의견일치를 경험한 적이 있다.

(4) 출처

김혜선, 신수아(2002). 결혼준비도 척도 개발 연구: 기혼 남녀를 중심으로. 대한가정학회지, 40(3), 41-53.

4) 결혼만족도 척도

(1) 소개

로우치(Roach)와 동료들은 결혼만족을 자기 자신의 부부관계에 있어서 얼마만큼 좋아하고 싫어하는가 하는 호감도(favorability)로 규정하였다. 이들이 규정한 자신의 결혼에 대한 태도의 개념은 각 개인의 결혼 상태를 측정하는 것이 아니라 변화가 가능한 인식을 측정하는 것이다. 이는 고정된 속성이나 행동 형태로 결혼의 적응, 성공, 행복을 측정하려고 했던 연구와는 대조적이다. 또한, 기존의 결혼만족도 검사가 행동의 빈도나 수를 측정하고 과거의 일을 기억해 내는 사실적 회고의 문항을 포함한 반면에, 결혼만족도 척도는 인지적이거나 회고적인 문항은 피하면서 자신의 결혼에 대한 태도를 다루고 있다는 장점을 지닌다. 따라서 결혼만족도를 '부부관계에 대한 호감도'라는 단일차원으로 개념화한 결혼만족도 척도(Marital Satisfaction Scale, MSS)는 로우치(1975)가 부부의 결혼만족도를 측정하기 위해 고안한 척도로 초기 73개 문항으로 구성되었으나, 시니더(1979)의 결혼만족도(Marital Satisfaction Inventory, MSI)와 동일해서 개정하였다. 이후 결혼만족도 척도(MSS)는 보우든(Bowden, 1977)이 타당화 작업을 통해 48개 문항으로 재구성하였다. MSS는 시니더(1979)의 MSI와 달리, 사회적 바람직성을 묻는 문항이나 전형적인 결혼에 대한 태도를 내포하는 문항은 배제하였다. 예비연구에서 모든 가능한 반분신뢰도를 고려한 내적일치도는 Cronbach's α=.98로 매우 높은 내적일치 신뢰도를 보였다. 프레이져(Frazier, 1976)의 연구에서 MSS의 공인타당도와 구인타당도는 높은 것으로 판명되었고, 내적일치도는 .97, 검사-재검사신뢰도는 .76이었다. 또한, MSS에서 성차는 없는 것으로 나타났다. 보우든(1977) 연구에서도 MSS의 공인타당도는 높게 나타나났으며, 변별타당도 역시 변별력있는 것으로 입증되었다. 톰슨(Tompson, 1978)은 사전, 사후 검사를 통해서 MSS가 결혼기간에 일어날 수 있는 태도의 변화를 고려할 수 있다고 밝혔다. 현재 MSS는 결혼만족도에 관한 이론적 연구나 Marital Therapy,

Marital Communication Workshop 등의 임상현장에서 개입도구로 이용되고 있다.

국내에서는 이인수(1986)가 우리나라 문화에 맞게 수정 · 번안하여 소개하였고, 타당화 작업을 하였다. 하지만 이인수와 유영주(1986)의 연구에서 로우치(1975)와 보우든(1977)이 단일차원을 가정한 '부부관계에 대한 호감도'는 6개 요인을 지니는 것으로 나타났기 때문에, 결혼만족도를 단일차원으로 개념화하는 것이 타당한지에 대한 문제가 제기되었다. 권정혜와 채규만(1999)은 결혼만족도를 단일차원으로 개념화하는 것이 타당한지 혹은 다차원으로 개념화하는 것인지, 그리고 만일 다차원이라면 어떤 하위요인들로 구성되어 있는지의 문제를 해결하기 위해서 각기 다른 하위척도로 구성된 검사를 사용하여 경험된 연구결과를 축척할 필요가 있다고 강조하였다. 이후 국성민(2008)은 22개 문항으로 재구성하였다.

(2) 척도구성 및 표준화

표 18 척도구성과 신뢰도

<table>
<tr><th colspan="4">이인수와 유영주(1986)</th><th colspan="4">국성민(2008)</th></tr>
<tr><th>하위요인</th><th>문항수</th><th>문항번호</th><th>신뢰도</th><th>하위요인</th><th>문항수</th><th>문항번호</th><th>신뢰도</th></tr>
<tr><td>결혼생활의 전반적인 만족</td><td>8개</td><td>6,14,16,17,21,26,32,48</td><td rowspan="2">48개 문항 전체 .95</td><td rowspan="2">애정적인 부부관계</td><td rowspan="2">9개</td><td rowspan="2">1,3,5,6,11,12,20,21,22</td><td rowspan="2">.89</td></tr>
<tr><td>부부의 사회적 · 심리적 동료감</td><td>11개</td><td>24,27,28,33,35,37,39,42,45,46,47</td></tr>
<tr><td>결혼생활의 애로요인</td><td>10개</td><td>2,3,4,5,7,8,10,11,15,19</td><td rowspan="2">46개 문항 (23, 29 제외) .96</td><td rowspan="2">결혼생활에 대한 적응</td><td rowspan="2">6개</td><td rowspan="2">2,8,10,13,14,15</td><td rowspan="2">.82</td></tr>
<tr><td>부부관계의 불만요인</td><td>6개</td><td>13,34,36,40,41,44</td></tr>
<tr><td>부부의 합당한 태도</td><td>4개</td><td>20,22,30,31</td><td rowspan="3">38개 문항 (2,5,18,25,29,38,42,43 제외) .95</td><td rowspan="2">결혼생활에 대한 불만족</td><td rowspan="2">7개</td><td rowspan="2">4,7,9,16,17,18,19</td><td rowspan="2">.86</td></tr>
<tr><td>결혼생활에 대한 인지</td><td>3개</td><td>1,9,12</td></tr>
<tr><td>전체</td><td>42개*</td><td></td><td>전체</td><td>22개</td><td></td><td>.94</td></tr>
</table>

* 문항분석 시 양호하지 않은 2개 문항 삭제, 요인분석 시 ±4.0이상의 요인부하량을 갖지 못하는 4개 문항 제외. 요인분석시 42번, 46번 문항과 2번, 5번 문항 간 하위요인 내 다른 문항과의 공통성을 찾기 어려워서 최종 제외되었으나, 본서에서는 그대로 적시하였음.

이인수와 유영주(1986)의 연구에서 MSS는 결혼생활의 전반적인 만족, 부부의 사회적 · 심리적 동료감, 결혼생활의 애로요인, 부부관계의 불만요인, 부부의 합당한 태도 및 결혼생활에 대한 인지 등 6개 요인이 추출되었고, 국성민 연구(2008)에서 MSS는 애정적인 부부관계, 결혼생활에 대한 적응 및 결혼생활에 대한 불만족 등 3개 요인이 추출되었다. 하지만 이인수와 유영주(1986)의 연구에서 요인 1은 36.96%의 설명량을 가지는 단일요인으로 볼 수 있다고 가정하였다. 이는 결혼만족도의 예비연구와 프레지져의 타당화 연구결과와 거의 동일한 설명변량을 가지는 것으로써, 연구자들은 요인 1을 '결혼생활에 대한 호감도'라고 명명하였다. 따라서 향후 예비연구자가 결혼만족도를 단일차원으로 가정할 때는 요인 1만 사용하는 것도 고려해볼 수 있다.

(3) 척도문항

다음 문항을 잘 읽으신 후 답안지의 해당되는 위치에 다음과 같이 ∨표를 하여 주십시오.

전혀 그렇지 않다	대체로 그렇지 않다	그렇다	대체로 그렇다	정말 그렇다
1	2	3	4	5

이인수(1986)

1. 나는 결혼생활에 있어서 남편(부인)이 나에게 무엇을 기대하고 있는지를 알고 있다.
2. 남편(부인)은 되도록 나를 편하게 해주려 한다.
*3. 나는 결혼생활에 대해 근심, 걱정이 많다.
*4. 만약 내가 다시 결혼한다면, 지금의 남편(부인)과 같은 사람과는 결혼하지 않을 것이다.
5. 나는 남편(부인)을 항상 신뢰할 수 있다.
6. 내가 결혼을 하지 않았더라면, 나의 인생은 매우 공허했을 것이다.
*7. 현재의 결혼생활은 나를 너무 구속한다.
*8. 나는 나의 결혼생활이 따분하게 느껴진다.
9. 남편(부인)과의 결혼생활이 어떠한지를 알고 있다.
*10. 결혼생활은 나의 건강에 나쁜 영향을 미친다.
*11. 나는 결혼생활에서 일어나는 일들 때문에 화가 나고 짜증스럽다.

12. 나는 결혼생활을 잘할 수 있는 충분한 능력이 있다고 생각한다.
*13. 지금의 결혼생활이 영원히 지속되기를 바라지 않는다.
14. 시간이 갈수록 나의 결혼생활은 더 만족스러워질 것이다.
*15. 나는 결혼생활을 잘 해보려고 노력하는데 지쳤다.
16. 나는 결혼생활이 생각했던 것만큼 즐겁다고 생각한다.
17. 나의 결혼생활은 다른 어떤 일보다도 나에게 만족감을 더 많이 준다.
*18. 결혼생활이 해가 갈수록 어려워진다.
*19. 남편(부인)은 나를 매우 신경질 나게 한다.
20. 남편(부인)은 내 의사를 나타낼 충분한 기회를 주는 편이다.
21. 지금까지 나의 결혼생활은 성공적이었다.
22. 남편(부인)은 나를 자신과 동등하게 대해 준다.
*23. 결혼생활 이외에 인생을 가치 있고 흥미롭게 하는 것을 추구해야 한다.
24. 남편(부인)은 내가 최선을 다하도록 용기를 북돋아준다.
*25. 결혼생활을 통하여 내 성격은 많이 억눌려져 왔다.
26. 나의 결혼생활의 미래는 희망적이다.
27. 나는 남편(부인)에게 진실로 관심을 기울인다.
28. 나는 남편(부인)과 사이가 좋다.
*29. 나는 남편(부인)과 이혼하여 헤어질까봐 두렵다.
*30. 남편(부인)은 내 자유 시간을 불공평하게 자주 빼앗는다.
*31. 남편(부인)은 나를 합당하지 못하게 대하는 편이다.
32. 나의 결혼생활은 나 자신이 결혼 전에 세웠던 목표를 이루는데 도움이 된다.
33. 남편(부인)은 우리의 관계를 보다 좋게 하려 애쓴다.
*34. 남편(부인)과 취미가 다르기 때문에, 괴로움을 겪는다.
35. 우리 부부의 애정표현은 각자의 마음에 드는 편이다.
*36. 불행한 성관계가 나의 결혼생활에 장애가 된다.
37. 남편(부인)과 나는 어떤 행동이 올바르고 적절한지에 대해 서로 의견이 일치한다.
*38. 남편(부인)과 나는 같은 인생철학을 가지고 있지는 않다.
39. 남편(부인)과 나는 서로 좋아하는 몇 가지 취미생활을 함께 즐긴다.
*40. 나는 가끔 지금의 남편(부인)과 결혼을 안했으면 하고 바랄 때가 있다.
*41. 현재의 결혼생활은 확실히 불행하다.
42. 나는 남편(부인)과 즐거운 마음으로 성관계를 가지기를 원한다.
*43. 남편(부인)은 나를 별로 존중하지 않는다.
*44. 나는 남편(부인)을 신뢰하기 어렵다.
45. 남편(부인)은 내가 생각하고 느끼는 바를 대부분 알아차린다.
*46. 남편(부인)은 내가 무엇을 말하는지에 귀 기울이지 않는다.
47. 나는 남편(부인)과 자주 즐거운 대화를 나누는 편이다.
48. 나는 확실히 나의 결혼생활에 만족한다.

국성민(2008)
1. 내가 다시 결혼한다면, 지금의 배우자와 같은 사람과 결혼하겠다.
2. 결혼은 나에게 어떤 일보다도 더 개인적인 만족을 준다.
3. 배우자와 나는 사이가 좋다.
*4. 배우자는 나를 짜증나게 한다.
5. 서로 부부관계를 보다 좋게 하려고 노력한다.
6. 나는 가끔 지금의 배우자와 결혼하지 않았으면 하고 바랄 때가 있다.
7. 나의 결혼생활은 나를 너무 구속한다.
8. 나는 결혼생활을 잘 해나갈 수 있는 충분한 능력이 있다.
9. 결혼생활은 해가 갈수록 어렵게 느껴진다.
10. 현재와 같은 결혼상태가 평생 계속되기를 바란다.
11. 우리 부부에게는 서로 좋아하는 공통된 취미가 있다.
12. 우리 부부의 애정표현은 서로 마음에 든다.
13. 내가 결혼을 하지 않았더라면, 나의 인생은 텅 빈 것 같은 느낌이 들 것이다.
14. 나의 결혼생활은 생각했던 만큼 행복하다.
15. 결혼생활은 나 자신의 목표를 달성하는데 도움이 된다.
*16. 나는 결혼생활을 잘 해보려고 하는데 진저리가 난다.
*17. 결혼생활동안 내 성격은 많이 억눌러졌다.
*18. 나는 결혼생활에 대해 근심, 걱정이 많다.
*19. 나는 결혼생활에서 일어나는 일들 때문에, 화가 나고 짜증스럽다.
20. 부부간에 서로 말하는 것에 관심을 갖고 즐거운 대화를 나눈다.
21. 우리 부부는 어떤 행동이 올바르고 적절한지에 대해 서로 의견이 일치한다.
22. 나는 확실히 나의 부부생활에 만족한다.

* 역 채점 문항

** 김재순(2015) 논문에서는 국성민(2008)의 척도 중 4, 16번을 사용하지 않았으며, 20번 '부부간에 서로 말하는 것에 관심을 갖고 즐거운 대화를 나눈다.'를 '나는 아내와 대화를 즐긴다.'로 수정하였음. 그 외 문항에서는 표현과 뉘앙스만 수정되어 있음.

(4) 출처

① 이인수(1986). 결혼만족도 척도의 타당화 연구: Roach, Frazier, Bowden의 Marital Satisfaction Scale. 경희대학교 석사학위논문.

② 국성민(2008). 부모의 양육태도 및 결혼만족도가 자녀의 성격에 미치는 영향. 대전대학교 석사학위논문.

③ 김재순(2015). 청소년 자녀를 둔 아버지의 부모효능감에 관한 연구: 원가족 관계, 결혼만족도, 자녀와의 여가활동, 직무몰입을 중심으로. 군산대학교 석사학위논문.

5) Kansas 결혼만족도 척도

(1) 소개

Kansas 결혼만족도 척도(Kansas Marital Satisfaction Scale, KMSS)는 슘(Schumm, 1983)과 동료들(1983)이 결혼만족에 대한 간결하고 직접적인 측정을 하려고 개발된 척도이다. 슘과 동료들은 결혼만족도를 단일차원으로 가정하고 있다. 핀참과 브래드베리(Fincham & Bradbury, 1987, p.805)는 결혼의 많은 영역을 표집하는 다차원적 측정은 치료를 목적으로 결혼에 대한 광범위한 사정을 강조하는 임상연구에 더 적절한 반면에, 결혼의 총체적이고 평가적 판단을 포함하는 단일차원적 측정은 주관적으로 경험된 부부간의 고통에 관련되는 것을 결정하는데 더욱 적절하다고 하였다. Kansas 결혼만족도 척도(KMSS)는 스페니에와 콜(1976)의 배우자, 결혼 그리고 남편(아내)과의 관계에 대한 만족도 간의 개념적 특징에 기초하고 있다.

(2) 척도구성 및 표준화

KMSS는 내적일치도 Cronbach's α=.89~.93의 신뢰도를 보이며(Schumm et al., 1983; Shectman et al., 1985; Mitchell et al., 1983), 10주 간의 검사-재검사 신뢰드는 .71이었다. 슘과 동료들(1986)은 KMSS가 QMI, DAS와 DAS의 하위척도 및 무스의 가정환경 하위척도와 높은 상관을 보이며, 결혼과 별거를 판별하는 능력을 지니고 있다고 하였다(Schumm et al., 1985). 국내에서 KMSS의 문항변별력은 남편 .89~.96, 아내 .83~.94이었으며, 단일요인으로 높은 요인부하량을 보였다(김득성, 1989). 김득성 연구(1989)에서 신뢰도는 남편 내적일치도 Cronbach's α=.93, 아내 .89였다. 또한, KMSS는 결혼불만족 척도, 결혼비교수준 지수 및 결혼안정성 지수와 높은 상관을 보였다.

(3) 척도문항

KMSS는 결혼에 대하여, 배우자로서 남편(아내)에 대하여, 그리고 남편(아내)과의 관계에 대하여 얼마나 만족한가를 묻는 3개 문항으로 구성되어 있다. 여기에 정현숙(1997)은 "당신은 아버지(어머니)로서 남편(아내)에 대해 얼마나 만족하십니까?"의 한 문항을 첨가하여 총 4개 문항의 수정된 Kansas 결혼만족도 척도(Revised Form of Kansas Marital Satisfaction Scale, RKMSS)로 재구성하였다. 서동인과 정현숙(1993)의 연구에서 4개 문항의 RKMSS는 1요인 단일차원으로 구성되었고, 기존 척도와 .92~.94의 상관을 보였으며, 자녀가 있는 부부의 결혼만족도 측정에 매우 타당했다.

다음은 귀하의 전반적인 결혼생활의 질에 관한 질문입니다. 귀하가 적절하다고 생각되는 정도에 ∨표 해 주십시오.

거의 그렇지 않다	약간 그렇다	자주 그렇다	매우 그렇다
1	2	3	4

1. 나는 전반적으로 나의 결혼생활에서 행복감을 느낀다.
2. 나는 전반적으로 내 결혼생활에 만족한다.
3. 나는 전반적으로 내 남편을 남편으로서 만족한다.
4. 나는 전반적으로 내 남편을 아이들의 아버지로서 만족한다.
5. 나는 전반적으로 남편으로서의 내 역할에 만족한다.
6. 나는 전반적으로 아버지로서의 내 역할에 만족한다.
7. 나는 전반적으로 사위로서의 내 역할에 만족한다.

* 본 척도는 강혜숙(2003)이 정현숙(1997)의 수정사항을 반영하여 석사학위논문에서 사용한 결혼만족도 척도임.

(4) 출처

① 김득성(1989). 결혼만족도 척도에 관한 연구: Kansas Marital Satisfaction Scale을 중심으로. 한국가정관리학회지, 7(2), 85-94.

② 정현숙(1997). 결혼만족도 연구와 척도의 고찰을 통한 새로운 연구방향과 척도의 모색. 대한가정학회지, 35(1), 191-204.

6) 결혼불만족도 척도

(1) 소개

결혼불만족 척도(The Marital Disaffection Scale, MDS)는 부부의 결혼불간을 측정하기 위해 케이서(Kayser, 1996)가 개발한 척도로써, 부부의 정서적 애착의 점진적 상실과 배우자에 대한 배려감소, 정서적 소원함 및 배우자에 대한 냉담과 무관심을 측정한다.

(2) 척도구성 및 표준화

결혼불만족 척도(MDS)에서 총점 55~84점을 받은 집단은 높은 불만족 집단, 43~54점을 받은 집단은 불만족 집단, 35~42점을 받은 집단은 평균집단, 27~34점을 받은 집단은 만족집단, 21~26점을 받은 집단은 높은 만족 집단이다. MDS의 신뢰도는 내적일치도 Cronbach's α=.97이고, 결혼행복감을 측정하는 다른 불만족 척도와 .93의 높은 상관을 보임으로써 높은 준거타당도를 보였으며(Kayser, 1996), 결혼치료를 받은 집단과 받지 않은 집단 간에 높은 변별력을 보임으로써 변별타당도가 검증되었다(Flowers, Robinson, & Carroll, 2000; Kayser, 1996).

(3) 척도문항

다음 문항을 잘 읽으신 후 각 문항에 동의하는 정도를 V표 하여 주십시오.			
전혀 그렇지 않다 1	대체로 그렇지 않다 2	대체로 그렇다 3	매우 그렇다 4

*1. 내 배우자와 함께 있을 수 없다면, 비참하게 느껴질 것이다.
2. 많은 점에서 내 배우자를 신뢰하기가 어렵다.
*3. 내 배우자와 단 둘이 보내는 시간을 즐긴다.
4. 내 배우자와 함께 있을 때도 종종 외로움을 느낀다.
*5. 내 배우자와 며칠 동안 떨어져 지내면 보고 싶다.
*6. 대체로 나는 배우자와 가깝게 느낀다.
*7. 나는 그저 배우자와 함께 있는 것 자체를 즐기는 것 같다.
*8. 나는 퇴근해서 배우자를 보는 것이 기대된다.
*9. 시간이 지남에 따라 배우자에 대한 나의 사랑은 점점 더 깊어진다.
10. 내 자신이 배우자로부터 점점 더 멀어짐을 느낀다.
*11. 개인적인 어려움이 있을 때, 배우자는 내가 가장 의지하는 사람이다.
12. 배우자에 대한 내 감정은 냉담과 무관심이다.
13. 내 배우자와 성관계를 갖고 싶은 마음은 거의 없다.
*14. 내가 필요로 할 때, 내 배우자는 항상 그곳에 있다.
15. 내 배우자와 시간을 함께 덜 보내는 편이 낫다.
*16. 내 배우자에 대한 부정적인 생각보다 긍정적인 생각이 더 많다.
17. 내 배우자에 대한 많은 분노 감정을 갖고 있다.
18. 나는 과거보다 결혼에 대한 의무감과 책임감을 덜 느낀다.
19. 배우자와 함께 있는 시간을 피하려고 노력한다.
20. 배우자에 대해 사랑과 애정을 별로 느끼지 않던 때가 있다.
*21. 내 배우자와 나의 감정을 공유하는 것을 즐긴다.

* 역 채점 문항

(4) 출처

Kayser, K. (1996). The Marital Disaffection Scale: An inventory for assessing emotional estrangement in marriage. *American Journal of Family Therapy*, *24*(1), 83-88.

7) 결혼행복감 척도

(1) 소개

김선희(2009)가 논문에서 소개한 결혼행복감 척도는 결혼생활에 대해 전반적으로 만족하는지를 평가하는 14개 문항 Likert 5점 척도로 구성되어 있다. 논문에서 김선희(2009)는 결혼행복감을 결혼에 대하여 느끼는 긍정적 또는 부정적 감정을 반영하는 개인적 태도로써 결혼생활 전반을 통하여 주관적으로 느끼는 정서적 충족감 및 기쁨과 만족을 의미하는 개념으로 정의하고 있다. 결혼행복감 척도는 한국의 다문화가족 여성 결혼이민자를 대상으로 연구되었으며, 부부만족감에 대한 8개 문항과 가족적 만족감 6개 문항 등 2개 하위요인으로 구성된다. 김선희(2009)는 여성결혼이민자의 결혼행복감은 남편의 이해도, 부부생활 만족도, 부부간 대화, 노력, 남편의 전념도, 여가, 문화생활 공유, 모국문화에 대한 이해, 시부모님과의 관계, 경제적 만족도, 경제적 지원에 의해 달라진다고 보았다.

(2) 척도구성 및 표준화

표 19 척도구성과 신뢰도

하위요인	문항수	내 용	문항번호	신뢰도
부부만족감	8개	부부간의 관계에 대한 결혼만족	1, 2, 3, 4, 5, 6, 10, 11	.83
가족적 만족감	6개	시가와 처가와의 관계에 대한 만족	7, 8, 9, 12, 13, 14	.92
결혼행복감(전체)	14개	결혼생활에 대한 전반적인 만족		.84

결혼행복감 척도의 신뢰도는 내적일치도 Cronbach's α=.84이고(김희자, 2016), 타당도는 보고된 바 없다.

(3) 척도문항

다음은 결혼행복감을 묻는 질문입니다. 다음 각 항목에 대해 해당하는 칸에 ∨표 해 주십시오.				
전혀 그렇지 않다 1	그렇지 않다 2	보통이다 3	그렇다 4	매우 그렇다 5

1. 내 남편은 그때 그때 나를 이해해준다.
2. 나는 부부의 부부생활에 대해 만족한다.
3. 나는 부부간에 충실한 대화를 자주 나눈다.
4. 내 남편은 나에 대해 전념한다(예, 외도 등을 하지 않는다).
5. 우리 부부가 함께하는 여가문화생활이 많다.
6. 내 남편은 나의 모국문화를 이해하려고 노력한다.
7. 나는 시부모님과 원만한 관계를 유지하고 있다.
8. 나는 한국에서의 결혼생활에 경제적으로 만족한다.
9. 나의 친정에 경제적인 지원을 하는 것에 대해 가족들이 이해해준다.
10. 우리 부부는 자주 말다툼을 한다.
11. 나는 가정에서 가정폭력을 경험한 적이 있다.
12. 나는 가정에서 문화적 차이로 인한 스트레스를 받고 있다.
13. 나는 결혼생활에 대해 전반적으로 만족한다.
14. 모국에서의 생활보다 한국에서의 결혼생활에 대해 대체적으로 만족한다.

(4) 출처

김선희(2009). 여성결혼이민자의 생활실태 및 결혼행복감 결정요인에 관한 연구. 한서대학교 석사학위논문.

8) 결혼비교수준 지표

(1) 소개

사바텔리(Sabatelli, 1984)가 개발한 결혼비교수준 지표(The Marital Comparison Level Index, MCLI)는 결혼의 만족도를 측정하는 척도이다. 사바텔리(1984)는 결혼의 만족도에 대한 비교수준으로 기대수준을 설정하고, 이에 따라 결혼생활 전반에 걸쳐 지각되는 결과가 기대수준보다 만족스러운지, 불만족스러운지, 아니면 기대수준과 같은지를 평가하게 하였다. 따라서 결혼비교수준 지표는 사회교환이론에 입각하여 결혼에 대해 기대했던 수준과 현재의 관계 내에서 느끼는 수준을 비교 평가하는 척도이다. 사바텔리(1984)의 기본 가정은 개인에게 유용한 사회적 · 인적 자원과 생활양식에의 만족감, 배우자와의 상호작용에서 오는 보상 등이 결혼의 질을 인식하는데 기여한다는 것이다. 사바텔리(1984)의 결혼비교수준 지표(MCLI)는 36개 문항 Likert 7점 척도이다. 사바텔리(1984)는 MCLI가 다차원으로 가정했을 때보다 단일차원을 가정했을 때, 40% 이상의 설명력을 지닌다는 것을 확인하고, MCLI에서 얻은 결혼만족도를 단일차원으로 보고자 하였다. 따라서 MCLI는 단일차원 가정에 위배되는 27, 32, 33, 34, 35, 36문항을 제외하고, 최종 32개 문항만 사용하였다(Sabatelli & Cecil-Pigo, 1985). MCLI는 각 문항에서 현재의 결혼생활이 자신의 기대수준을 충족해준 정도에 따라 '전혀 기대수준과 다르다'에 1점, '항상 기대 수준을 능가 한다'에 7점, '기대수준과 같다'에 중앙치 4점을 부여하며, 중앙치 반분법으로 채점된다. 따라서 총점에서 척도의 중앙치 128점을 기준으로(점수범위 32에서 224점까지), 중앙치보다 점수가 높으면 만족집단, 중앙치보다 점수가 낮으면 불만집단으로 분류된다.

(2) 척도구성 및 표준화

MCLI는 단일차원으로 결혼만족도를 측정하며, MCLI는 사바텔리, 세실-피고와 피어스(Sabatelli, Cecil-Pigo, & Pearce, 1982)의 관계 몰입 척도(Relational Commitment; 남편 .58, 아내 .59)와 관계 독립성 척도(Relational Equity; 남편 .62, .65)와 높은 상관을 보임으로써 구성타당도가 검증되었다(Sabatelli, 1984). MCLI의 신뢰도는 내적일치도 Cronbach's α =.93(남편 .93, 아내 .93)이다(Sabatelli, 1984).

(3) 척도문항

본서에서는 국내에서 어은주(1991)가 전체 문항과 개별 문항 간의 상관을 통해, 각 문항이 척도에 기여하는 정도가 .90 이하의 상관을 보이는 문항을 제외한 22개 문항과 사바텔리(1984)의 원척도를 원어 그대로 소개한다. 척도를 사용하고자 하는 연구자는 결혼만족도를 다차원으로 가정할지 혹은 단일차원으로 가정하여 문항 간 상관을 검증할지 등 연구목적에 맞게 취사선택하여야 한다.

다음은 부부관계에서의 기대수준과 현재의 상황을 비교하기 위한 문항입니다. 당신의 기대수준이 어느 정도 충족되었는지 해당번호에 ∨표 해 주십시오.

전혀 기대수준과 다르다			기대수준과 같다			항상 기대수준을 능가 한다
1	2	3	4	5	6	7

1. 남편(부인)과 생활양식에 있어서 일치하는 정도
2. 당신의 욕구가 충족되는 정도
3. 재정 지출에 있어서 남편(부인)과 공평하다고 느끼는 정도
4. 일상사를 결정하는데 있어서 남편(부인)과의 갈등의 정도
5. 남편(부인)의 약속이행 정도
6. 남편(부인)과의 비밀의 정도
7. 남편(부인)과 함께하는 시간 정도
8. 남편(부인)이 나타내는 성적 관심사 정도
9. 여가시간 사용에 관한 갈등 정도
10. 당신이 느끼는 남편(부인)과의 애정 정도
11. 남편(부인)과의 동료감 정도
12. 남편(부인)이 나타내는 비판의 정도
13. 시가(처가)와 접촉하는 정도
14. 친구들로부터 받는 결혼에 관한 지지 정도
15. 당신의 결혼에 대한 부모의 지지 정도
16. 당신이 지니고 있는 돈의 양
17. 자녀수에 대한 남편(부인)과 일치 정도
18. 당신의 사생활 정도
19. 남편(부인)이 나타내는 질투의 정도
20. 다른 관계 추구를 위한 자유의 정도
21. 가사활동의 책임이 공유되는 정도
22. 당신이 느끼는 재정 문제에서의 갈등 정도

1. The amount of love you experience
2. The amount of compatibility that you experience
3. The amount of mutual respect you experience
4. The degree to which your needs are met
5. The amount of affection your partner displays
6. The amount of commitment you experience from your spouse
7. The amount your partner is willing to listen to you
8. The degree to which your interpersonal communications are effective
9. The amount of companionship you experience
10. The amount of relationship equality you experience
11. The amount of confiding that occurs between you and your spouse
12. The amount your partner is trusting of you
13. The fairness with which money is spent
14. The amount of time you spend together
15. The degree of physical attractiveness of your partner
16. The amount of conflict over daily decisions that exist
17. The amount of interest in sex your partner expresses
18. The amount of arguing over petty issues that you experience
19. The amount of sexual activity that you experience
20. The amount of conflict over the use of leisure time that you experience
21. The amount of criticism your partner expresses
22. The amount that you and your partner discuss sex
23. The amount to which you and your spouse agree on your lifestyle
24. The amount of disagreement over friends you experience
25. The amount of freedom you experience in pursuing other friendships
26. The amount to which your spouse supports your choice of an occupation

*27. The amount that responsibility for household tasks is shared

28. The amount of conflict over money you experience
29. The amount of jealousy your partner expresses
30. The amount of privacy you experience
31. The degree to which you and your spouse agree on the number of children to have

*32. The amount of responsibility your partner accepts for household tasks
*33. The amount of money that you have
*34. The degree of parental approval for your marriage that you experience
*35. The amount of emotional support you experience from your friends
*36. The amount of contact that you have with in-laws

* 단일차원 가정 위배 문항

(4) 출처

① 어은주(1991). 주관적 비교수준에 의한 결혼만족도가 관계몰입에 미치는 영향 연구: 서울시 남편과 부인들을 대상으로. 경희대학교 석사학위논문.

② Sabatelli, R. M. (1984). The Marital Comparison Level Index: A measure for assessing outcomes relative to expectations. *Journal of Marriage and the Family, 46*(3), 651-662.

9) 결혼의 질 척도

(1) 소개

결혼의 질 척도(The Indonesian Moslem Marital Quality Scale, IMMQS)는 와현잉시와 동료들(Wahyuningsih et al., 2013)이 Moslem을 위한 결혼의 질 척도를 개발한 것이다. 결혼의 질은 객관적인 평가기준으로써 결혼이라는 목표를 통해서 부부의 결혼생활을 평가하는 것이다(Fowers & Owenz, 2010). 다시 말해서, 결혼생활은 결혼의 질을 높이기 위한 하나의 목표를 가진 활동이다. 결혼의 질 척도(IMMQS)는 동료감(friendship), 부부조화(harmony), 자녀관계 만족(satisfaction with children)의 3개 요인으로 구성되며, Likert 4점 척도 13개 문항이다.

(2) 척도구성 및 표준화

표 20 척도구성과 신뢰도

하위요인	문항수	문항번호	신뢰도
동료감(Friendship)	7개	1, 2, 3, 4, 5, 6, 7	.85
부부조화(Harmony)	3개	11, 12, 13	.76
자녀관계 만족 (Satisfaction with Children)	3개	8, 9, 10	.82
전 체	13개	(남편/아내 신뢰도 동일)	.93

IMMQS의 신뢰도는 남편과 아내 동일하게 내적일치도 Cronbach's α=.93이고, 구성타당도는 타당한 것으로 나타났으며, 높은 변별력을 보인다(Wahyuningsih & et al., 2013).

(3) 척도문항

다음의 문항을 읽고 각 문항에 동의하는 정도를 해당번호에 V표 해 주십시오.			
전혀 그렇지 않다	대체로 그렇지 않다	대체로 그렇다	매우 그렇다
1	2	3	4

1. 나와 배우자는 항상 자녀양육을 서로 돕는다.
2. 나와 배우자는 시가(처가)와 상호작용하는 방식에 동의한다.
3. 나와 배우자는 친구들과의 관계에 동의한다.
4. 나와 배우자는 돈 씀씀이에 동의한다.
5. 나와 배우자는 자녀교육에 동의한다.
6. 나와 배우자는 함께 문제를 해결한다.
7. 나와 배우자는 종종 함께 여가를 보낸다.
8. 나는 내 자녀의 발전에 만족한다.
9. 나는 내 자녀의 장점에 만족한다.
10. 나는 내 자녀의 성과에 만족한다.
11. 나와 배우자는 거의 싸우지 않는다.
12. 나와 배우자는 의견차이로 불화를 일으키지 않는다.
13. 나와 배우자는 싸우지 않고 잘 지낸다.

(4) 출처

Wahyuningsih, H., Nuryoto, S, Afiatin, T., & Helmi, A. (2013). The Indonesian Moslem Marital Quality Scale: Development, validity, and reliability. *The Asian conference on psychology & behavioral science 2013 official conference proceeding.*

10) 결혼환멸 척도

(1) 소개

결혼환멸 척도(The Marital Disillusionment Scale, MDS)는 니에후이스와 바텔(Niehuis & Bartell, 2006)이 개발한 척도로써, 배우자에 대한 사랑의 감정, 배우자에 대한 애정행동, 배우자의 반응에 대한 태도 및 배우자와 결혼에 대한 양가감정의 변화를 평가한다. 결혼환멸 척도는 Likert 5점 척도로 총 16개 문항이다.

(2) 척도구성 및 표준화

예비연구에서 결혼환멸 척도(MDS)는 애정과 양가감정 변화 척도(Braiker & Kelly, 1979), 애정표현 변화 척도(Wills, Weiss, & Patterson, 1974)와 Kansas 결혼만족도 척도(Schumm et al., 1985, 1986)와 각각 .79, .75, .88, .95의 상관을 보이면서 높은 수렴타당도를 보였고, 내적일치도는 Cronbach's α=.96이었다. MDS는 단일차원으로 70% 이상의 설명력을 보였고, 기혼부부와 이혼부부에 대한 높은 변별력이 검증되었다. 애정 척도, 애정표현 척도, 양가감정 척도, 배우자 태도변화 척도 및 결혼만족도 척도와 MDS 간의 기준타당도는 -.62에서 .90까지였고, 신뢰도는 내적일치도 Cronbach's α=.98이었다.

(3) 척도문항

당신은 결혼에 부정적인 변화가 생겼을 때, 배우자에게 때때로 실망하고 심한 경우 환멸감을 느낍니다. 다음의 문항을 읽고 각 문항에 동의하는 정도를 해당번호에 ∨표 해 주십시오.

전혀 그렇지 않다	대체로 그렇지 않다	대체로 그렇다	마우 그렇다
1	2	3	4

1. 나의 결혼생활이 매우 실망스럽다(실망스러웠다).
2. 나의 배우자는 매우 실망스럽다(실망했습니다).
3. 나의 배우자(전 배우자)는 가장 좋은 친구였지만, 지금은(이후로도) 더 이상 배우자를 좋아하지 않는다.
4. 결혼생활은 내가 기대했던 것과 전혀 다르고(달랐고), 나는 환멸을 느낀다(느꼈다).
5. 결혼 전에는 내가 배우자 같은 사람을 만난 것이 운이 좋았다고 생각했지만, 지금은 내가 운이 좋은 건지 확신이 서지 않는다.
6. 나는 배우자와 함께 보내는 시간을 좋아했지만, 점점 귀찮게 느껴지기 시작했다.
7. 나는 사랑에 속고, 또 속고, 속았다고 느낀다(느꼈다).
8. 나의 결혼생활은 내가 기대했던 것만큼 즐겁지 않다.
9. 내가 결혼 전으로 돌아간다면, 나는 배우자(전 배우자)와 다시 결혼하지 않을 것이다.
10. 우리가 결혼하기 전에 배우자는 내게 최선을 다했지만, 결혼 후에는 그렇지 않았다.
11. 내 결혼생활은 더 이상 예전만큼 중요하지 않다(않았다).
12. 결혼은 신성한 결합이었지만, 지금은(이후로도) 단지 호적관계에 불과하다.
13. 내 배우자는 내가 결혼한 배우자와 완전히 다른 사람인 것 같다(같았다).
14. 우리가 결혼하기 전에, 나는 배우자에게 더 나은 사람이 되고 싶었지만, 결혼 후 배우자는 내가 발전하는 것을 격려하지 않는다.
15. 나는 더 이상 행복한 결혼생활이 어떤 것인지 모른다(몰랐다).
16. 나는 결혼생활을 포기한다(포기했다).

(4) 출처

Niehuis, S., & Bartell, D. (2006). The Marital Disillusionment Scale: Development and psychometric properties. *North American Journal of Psychology*, *8*(1), 69-84.

11) 결혼대안 척도

(1) 소개

우드리(Udry, 1981)가 개발한 결혼대안 척도(Marital Alternative Scale, MAS)는 현재 결혼에 대한 대안수준을 측정한다. 결혼대안에 대한 개념으로는 페이버(Faber, 1964)의 영원한 가능성(permanent availability), 벡커(Becker)와 동료들(1977)의 결혼안정성(marital stability) 등이 알려져 있다. 우드리(1981)는 결혼대안 척도(MAS)에서 배우자 대체 가능성이나 자기부양 능력 등의 두 가지 요인으로 결혼대안 수준을 측정하고자 하였다. MAS는 Likert 4점 척도이며, 총 11개 문항이다.

(2) 척도구성 및 표준화

표 21 척도구성과 신뢰도

하위요인	문항수	내용	문항번호
배우자 대체 (Spouse Replacement)	7개	현재 배우자가 아닌 다른 사람을 배우자로 선택할 가능성	1, 2, 3, 4, 8, 9, 11
자기부양 능력 (Maintain of Economic Level)	4개	이혼 후 자신을 스스로 부양할 수 있는 경제적 수준이나 능력	5, 6, 7, 10
전 체	11개		반분신뢰도 .70

MAS는 배우자 대체와 자기부양 능력의 2개 하위요인으로 나뉘며, 이혼할 경우에 남편은 자기부양 능력이 더 중요하고, 아내는 배우자 대체가 더 중요하다고 보고하였다(Udry, 1981). 또한, 결혼을 유지하고, 결혼안정성을 위해서 남편과 아내 모두 무엇보다도 경제력이 가장 중요한 요인이라고 하였다. MAS의 전체 문항과 개별 문항 간의 상관은 .20~.80이며, 척도의 반분신뢰도는 .70이다.

(3) 척도문항

오늘날 어떤 부부들은 이혼을 하기도 합니다. 현재 이러한 일이 일어나지 않았지만, 당신이 남편(아내)과 헤어지는 것을 상상해보시고, 다음의 각 문항에 대한 당신의 생각을 나타내는 번호에 ∨표 해 주십시오.

전혀 그럴 가능성이 없다	그럴 수 있지만, 그렇게 하지 않을 것이다	그럴 가능성이 있다	매우 그럴 가능성이 높다
1	2	3	4

만약 남편(아내)과 이혼하게 된다면,

1. 나는 현재의 남편(아내)보다 훨씬 더 나은 사람을 만날 수 있을 것이다.
2. 나는 현재의 남편(아내)과 비슷한 수준의 사람을 만날 수 있을 것이다.
3. 나는 재혼하지 않고 혼자 살 수 있을 것이다.
4. 나는 슬프지만 곧 이겨낼 수 있을 것이다.
5. 나는 지금처럼 잘 살 수 있을 것이다.
6. 나는 나 스스로를 잘 돌볼 수 있을 것이다.
7. 나는 경제적으로 더 나아질 것이다.
8. 나의 미래는 밝지 않을 것이다.
9. 나를 행복하게 해 줄 수 있는 다른 사람들이 있을 것이다.
10. 나는 현재 살고 있는 수준만큼 내 자신을 부양할 수 있을 것이다.
11. 내 삶은 황폐해질 것이다.

(4) 출처

Udry, j. R. (1981). Marital alternatives and marital disruption. *Journal of Marriage and Family*. *43*, 889-897.

12) 결혼불안정성 지표

(1) 소개

결혼불안정성 지표(Marital Instability Index, MII)는 부스와 에드워드(Booth & Edward, 1983)가 개발하였는데, 부부 중 어느 한 쪽이라도 결혼을 해체하려는 성향과 태도를 보이는지를 측정한다. 따라서 결혼불안정성 지표(MII)는 부부 중 한 배우자는 만족하고 있을지라도 다른 배우자가 불만족스러울 때, 그 결혼의 안정성을 측정할 수 있다는 장점을 지닌다. 부스와 에드워드(1983)는 MII에서 결혼안정성을 해체하고 최후의 결과를 가져오지는 않았을지라도, 부부가 현재의 결혼생활을 지속시키려는 성향의 정도를 측정하였다. 부스와 에드워드(1983)는 결혼안정성을 공식 · 비공식적으로 이혼한 것보다 부부의 결혼상태를 유지하려는 의지와 성향 및 태도라고 정의하였고, 결혼기간이 길수록 결혼안정성이 높다고 하였다. 이는 부부가 오랜 기간 함께 생활할수록 그들의 경험이 상호간 반드시 긍정적인 영향을 끼치지 않더라도, 같은 경험을 공유하고 있다는 것 자체가 이혼의 방해요소로 작용하여 결혼안정성을 높이기 때문이다(Heaton & Albrecht. 1991).

(2) 척도구성 및 표준화

결혼생활은 시간에 따라 변화하기 때문에, MII는 최근 1년 이내에 결혼생활에 문제가 있다고 생각하는가를 묻는 관계에 대한 정서적 · 인지적 평가에서 실제 이혼이나 별거 제안 등 행동적 측면까지 포함하여 결혼안정성을 측정한다. 척도는 총 9개 문항 Likert 5점 척도이다. 3번 문항은 역채점 문항이며, 점수가 높을수록 결혼안정성이 높음을 의미한다. 척도의 신뢰도는 남편과 아내 모두 내적일치도 Cronbach's α=.94였다(전세송, 2020).

(3) 척도문항

결혼생활은 시간에 따라 변화합니다. 다음의 각 문항을 읽으시고 최근 1년 이내에 이러한 일이 있었는지를 자신의 경우와 일치하는 해당 번호에 V표 해 주십시오.

매우 그렇지 않다	대체로 그렇지 않다	보통이다	대체로 그렇다	매우 그렇다
1	2	3	4	5

1. 나는 지금의 남편(아내)과 결혼하지 않았으면 하고 바랄 때가 있다.
2. 남편(아내)과 싸움이 있을 때, 이혼이나 별거를 생각해본 일이 있다.
*3. 나의 배우자와 나의 관계는 안정적이라고 생각한다.
4. 나는 지금의 배우자와 결혼한 것을 후회한 적이 있다.
5. 나는 남편(아내)과 이혼이나 별거문제에 대해 친구나 다른 사람과 이야기한 적이 있다.
6. 나와 남편(아내)은 이혼이나 별거에 대해 이야기를 종종 한다.
7. 나는 결혼생활을 잘해 보려고 노력하는데 지쳤다.
8. 나 또는 남편(아내)이 이혼을 심각하게 말해본 적이 있다.
9. 나는 솔직히 내 남편(아내)과 이혼하고 있다.

* 역 채점 문항

(4) 출처

Booth, A., Johnson, D., & Edwards, J. N. (1983). Measuring marital instability. *Journal of Marriage and the Family*, *45*(2), 387-394.

13) 이혼태도 척도

(1) 소개

이혼태도 척도는 박찬미(1987)가 이혼부부들을 대상으로 이혼에 대한 원인을 규명한 선행연구들(이동원, 1981; 차명희, 1982; 최재석, 1972; 한남제, 1968; Burns, 1984; Jorgensen & Johnson, 1980)을 토대로 개발한 척도이다.

(2) 척도구성 및 표준화

표 22 척도구성과 신뢰도

하위요인	문항수	내용	문항번호
객관적 불안정성	5개	결혼의 불안정성을 야기시키는 객관적 저해요인으로써 지나친 음주, 폭력, 정신적 학대, 배우자의 외도 등	6, 7, 8, 9, 16
부부생활의 긴장	5개	성격, 가치관의 불일치에 의한 인격적 부조화와 성생활의 불만, 애정상실 등 부부생활의 긴장	1, 2, 3, 4, 5
경제적 긴장	2개	실직 및 가정의 경제적 파탄요인	10, 11
가족관계의 부조화	4개	자녀교육에 따른 불화, 시가 · 처가 가족원과의 심화된 갈등	12, 13, 14, 15
결혼의 영속성	4개	결혼의 영속성에 관한 의지	17, 18, 19, 20
전 체	20개	Cronbach's α=.75	

이혼태도 척도는 20개 문항, Likert 5점 척도이다. 이혼을 수긍하는 허용적 태도일 때 1점에서부터 이혼을 절대 부정하는 태도의 5점까지로 이루어져 있다. 이혼태도 척도의 하위요인에는 객관적 불안정성, 부부생활의 긴장, 경제적 긴장, 가족관계의 부조화와 결혼의 영속성 5개 요인이 포함된다. 점수가 높을수록 이혼에 대해 부정적인 태도를 보이는 것이고, 점수가 낮을수록 이혼에 대해 허용적인 태도를 지닌다. 각 개인의 이혼태도의 총 점수의 가능한 범위는 최하 20에서 최고 100점까지다. 척도의 신뢰도는 내적일치도는 Cronbach's α=.75이다.

(3) 척도문항

당신의 결혼생활 중에 다음과 같은 일이 생긴다면, 어떠한 태도를 취하시겠습니까?
해당되는 곳에 ∨표 해 주십시오.

이혼한다	경우에 따라서 이혼한다	이혼을 고려해 본다	가능한 이혼하지 않는다	이혼하지 않는다
1	2	3	4	5

1. 배우자와 성격이 맞지 않는 경우
2. 배우자와 가치관(사상, 신념, 신앙의 불일치)이 맞지 않을 경우
3. 배우자가 나의 인격과 감정을 무시할 경우
4. 불만족스러운 성생활
5. 애정을 느끼지 못할 경우
6. 남편의 음주와 주벽이 심한 경우
7. 배우자의 폭행을 참기 어려울 경우
8. 배우자가 정신적으로 학대할 경우
9. 배우자가 다른 이성관계를 갖고 있을 경우
10. 배우자가 오랫동안 생계를 유지할 능력이 없을 경우(실직 등)
11. 상대방의 원인으로 인하여 가정에 경제적 파탄이 생길 경우
12. 부부간 어느 한쪽의 신체적 결함으로 인하여 자녀를 낳을 수 없는 경우
13. 자녀교육에 있어서 큰 의견차이가 생겨 자주 불화가 있을 때
14. 시어머니가 심한 학대를 할 경우
15. 배우자가 나의 부모를 괄시, 학대할 경우
16. 배우자가 오랫동안 가출할 경우

다음 항목은 이혼에 대한 태도에 관한 질문입니다. 해당되는 곳에 ∨표 해 주십시오.

매우 그렇다	대체로 그렇다	그저 그렇다	거의 그렇지 않다	전혀 그렇지 않다
1	2	3	4	5

17. 이혼이란 불행한 결혼생활에 대한 최선의 해결책이다.
*18. 결혼은 신성한 결합이므로 가장 극한 상황에서만 파기되어야 한다.
19. 결혼생활 중 부부 사이에 진정한 파탄요인이 생겼을 경우, 그들은 결혼생활을 지켜나갈 의무감을 상실할 것이다.
*20. 자녀는 비록 부모 사이에 불화가 있더라도 부모가 모두 존재하는 가정을 필요로 한다.

* 역 채점 문항

(4) 출처

안소영(1991). 결혼만족도와 이혼태도의 사회인구학적 변수에 따른 분석: 강릉지역을 대상으로. 동덕여자대학교 석사학위논문

14) 이혼적응 척도

(1) 소개

이혼적응 척도(Divorce Adjustment inventory, DAI)는 포터(Porters)와 동료들(1999)이 자녀의 이혼적응에 영향을 미치는 가족의 특징과 과정을 측정하기 위해서 개발한 척도이다. 이후 포터와 동료들(2014)이 이혼적응 척도(DAI)를 개정(Divorce Adjustment inventory-Revised, DAI-R)하였고, 총 42개 문항 Likert 5점 척도로 구성되어 있다. DAI-R은 양육권을 가진 부모가 이혼 후 자녀의 적응영역과 관련된 지각을 측정한다.

(2) 척도구성 및 표준화

DAI는 이혼을 이혼 전부터 이혼 후까지 연속된 가족과정으로 가정하는 개념적 모델에 기초하고 있다. DAI는 가족갈등의 정도, 가용지원체계, 현재 자녀의 적응상태, 이혼 전후 상태의 본질 등 4개의 하위요인으로 구성되어 있었으나, DAI-R에서는 가족갈등과 역기능 14개 문항(2,4,11,12,15,17,19,26,27,28,29,30,31,32), 순조로운 이혼조건과 아동의 대처능력 9개 문항(5,6,7,13,14,24,25,40,42), 긍정적 이혼해결 8개 문항(1,3,8,9,10,37,38,41), 외적 지원체계 3개 문항(21,22,23), 이혼 전이 8개 문항(16,18,20,33,34,35,36,39)으로 구성하였다. DAI-R의 신뢰도는 내적일치도는 Cronbach's α=.69이고, 하위요인별 신뢰도는 .43~.83이다.

(3) 척도문항

다음 문항들은 이혼에 대한 가족의 감정, 행동, 그리고 반응들입니다. 당신 가족을 가장 적절히 묘사하고 있는 곳에 ∨표 해 주십시오. 자녀와 관련된 문항의 경우, 이혼으로 인해 가장 어려움을 겪는 자녀를 기준으로 응답하여 주십시오.

강한 동의	동의	확실치 않음	반대	강한 반대
1	2	3	4	5

*1. 이혼 전에 우리 가족은 종종 뭔가를(저녁식사 등) 함께하였다.
2. 이혼 전에 가족들은 집안에서 서로를 피했다.
*3. 이혼 전에 우리 가족은 서로에게 관련된 감정과 문제들을 이야기하였다.
4. 이혼 전에 우리 가족들은 서로를 때렸다.
5. 이혼 전에 우리 가족들은 서로에게 소리를 쳤다.
6. 이혼 전에 우리 상황은 종종 스트레스와 논쟁으로 이어졌다.
*7. 이혼 전에 전 배우자와 나는 대부분의 집안일 결정에 동의하였다.
*8. 이혼 후에 전 배우자와 나는 대부분의 집안일 결정에 동의하였다.
*9. 비록 문제가 있긴 했지만, 나는 우리가 함께 한 세월들을 호의적으로 회고할 수 있다.
*10. 나는 자녀들이 전 배우자와 함께 있을 때 활동과 보살핌을 받는 것을 허락한다.
11. 이혼 후에 전 배우자와 나는 자녀들이 있는 데서 싸우거나 서로 비판한 적이 있다.
12. 이혼 후에 전 배우자와 나는 자녀들이 전 배우자에게 등 돌리도록 노력하였다.
13. 내 생각에 우리는 서로를 다시는 안보는 것이 좋을 것이다.
14. 나는 파경에 대해 전 배우자를 비난하지 않을 수 없다.
15. 이혼 후에 나는 이혼 전보다 자녀들에 대해 훨씬 더 엄해졌다.
*16. 자녀들은 우리가 왜 이혼했는지에 대해 이해한다고 느껴진다.
17. 가끔 자녀들이 부모의 이혼이 어떤 식으로든 자신들 책임으로 느낀다고 생각한다.
*18. 자녀들이 이혼으로 인해 우리가 자신을 덜 사랑하는 것을 의미하는 것은 아님을 이해한다고 생각한다.
19. 자녀들이 이혼 전에 비해 나에 대해 다르게 느낀다고 생각한다.
*20. 이혼 후에 취미 등(레크레이션 활동, 친구들과의 사교, 정치활동, 종교활동 등)과 같은 활동에 하나 이상 참여하였다.
*21. 이혼 후에 자녀들은 클럽 등(교회, 방과활동, 레크레이션 활동)과 같은 활동에 하나 이상 참여하였다.
*22. 이혼 후에 자녀들은 다른 자녀들(사촌, 학우, 교회 등)과 이야기할 기회가 있다.
*23. 이혼 후에 자녀들은 다른 어른들(친척, 선생님, 친구부모 등)과 이야기할 기회가 있다.
24. 이혼 후 자녀를 양육할 능력에 큰 타격을 받았다.
25. 이혼 후 우리는 재정적 상황 때문에 이사를 안갈 수 없다.
26. 이혼 후 약물(술 등)을 과용하였다.
27. 이혼 후에 종종 우울해졌다(불면증, 울음, 아침에 일어나기 힘듦).
28. 이혼 후에 자녀들이 (부모나 형제, 친구들에게) 공격적이 되었다.

29. 이혼 후에 자녀들은 학교에서 문제가 있었다(성적 저하, 행동문제, 등교 거부).
30. 이혼 후에 전 배우자와 나는 자녀훈육문제로 논쟁하였다.
31. 이혼 후에 전 배우자와 나는 서로에게 큰소리를 지른 적이 있다.
32. 이혼 후에 전 배우자와 나는 신체적으로 서로를 해치려고 시도한 적이 있다.
33. 전반적으로 이혼이 자녀들에게 많은 정서문제를 초래했다고 생각한다.
34. 전체적으로 자녀들은 우리의 이혼에 잘 대처하지 못했다.
35. 이혼 후에 나는 치료나 개인상담을 받은 적이 있다.
36. 이혼 후에 자녀들은 집단상담이나 개인상담에 참여한 적이 있다.
*37. 이혼 후에 전 배우자는 자녀양육과 지원에 부모로서의 책임을 다하였다.
*38. 자녀들은 양육권 합의에 대해 만족한다(원하는 대로 전 배우자를 만나거나 이야기할 수 있다).
*39. 전반적으로 나는 자녀들이 지금보다 더 자주 전 배우자를 만날 수 있기를 바란다.
40. 내가 받는 양육비는 부당하다.
*41. 정황을 볼 때 지금 받는 양육비는 공평하다고 본다.
42. 전 배우자는 양육비지원으로 인해 곤란을 겪고 있을 것이다.

* 역 채점 문항

(4) 출처

Portes, P. R., Smith, T. L., & Brown, J. H. (2014). The Divorce Adjustment Inventory-Revised. *Journal of Divorce and Remarriage, 33*(3/4), 93-109.

15) 편부모 적응 척도

(1) 소개

싱과 맥브룸(Singh & McBroom, 1992)이 개발한 편부모 적응 척도(Single Parent Adjustment Scale, SPAS)는 원래 대학 재학 중인 편모를 위해 개발된 척도로 편부모로서 자녀양육을 위한 순응도(conformity), 만족도(satisfaction), 헌신도(commitment)를 묻는 26개 문항의 설문지이다.

(2) 척도구성 및 표준화

편부모 적응 척도는 순응 하위요인 17개 문항, 만족 하위요인 7개 문항, 헌신 하위요인 2개 문항으로 구성되어 있으며, 각 하위요인별 신뢰도는 내적일치도는 각각 Cronbach's α=.96, .94, .87이고, 전체 척도의 신뢰도는 내적일치도는 Cronbach's α=.96이다.

(3) 척도문항

I. 순응도

A. 다음과 같은 자녀의 욕구 충족을 위해 얼마나 적절히 잘해 주고 있다고 생각합니까?

욕구만족 못해줌	부적절, 문제있음	적절, 어려움 있음	적절, 문제없음
0	1	2	3

1. 음식과 영양
2. 자녀의 독방
3. 의료처치
4. 옷
5. 장난감
6. 학교나 과외
7. 베이비시터
8. 자녀의 친구/또래와의 상호작용

B. 자녀와 함께 다음과 같은 활동에 얼마나 참여하십니까?

전혀 안함	아주 드물게	가끔	자주	항상/늘
0	1	2	3	4

9. 자녀들에게 책을 읽어줌
10. 공부나 숙제를 도와줌
11. TV를 함께 봄
12. 영화를 보러 감
13. 외식을 함
14. 집안밖에서 게임을 함
15. 자녀 훈육을 위해 권위를 사용함
16. 잘못된 행동/실수에 대해 매를 듬
17. 자녀들을 신경쓰지 않는다(방임한다).

Ⅱ. 만족도

A. 현재 자녀와의 관계에서 다음 문항에 대해 어떻게 느끼십니까?

비참하고 역겹다	스트레스 받는다	참을 만하다	좀 즐긴다	많이 즐긴다
0	1	2	3	4

18. 편부모로서 책임을 갖는다.
19. 자녀 주변에 가까이 있는다.
20. 모든 것을 고려할 때 편부모로서 지금 상태에 대해 얼마나 행복한가?

매우 불행	약간 불행	행복도, 불행도 아님	약간 행복	매우 행복
0	1	2	3	4

B. 다음 문항들에 대해 일반적으로 사실(T)인지 거짓(F)인지를 표시하시오.

21. 우리 사회의 대부분의 편부모가 기혼부모보다 더 자유롭고 재미있게 산다.
22. 자녀의 이익을 위해 기혼부모 가정에서 성장하는 것이 반드시 필요한 것은 아니다.
23. 오늘날 사회의 기본적 가치관은 자녀양육이 양 부모가 모두 있는 가족에서 가장 잘 이루어진다는 것이다.
24. 많은 편부모는 커플지향적인 사회에서 고립되어 있다고 느낀다.

Ⅲ. 헌신도

25. 다음 기술 중에 자녀에 대한 당신의 감정을 가장 잘 묘사한 것은?
    4. 자녀 없이는 살 수 없으며, 자녀들을 데리고 있고 키우기 위해 무엇이든 할 것이다.
    3. 자녀들을 원하며 자녀들을 위해 내가 할 수 있는 것은 무엇이든 할 것이다.
    2. 자녀들이 나와 계속 함께 있든 말든 상관없다.
    1. 자녀들이 나와 있는 것을 원한다는 것을 전제로 나와 함께 있어야 한다.
    0. 자녀들을 데리고 있는 것이 매우 부담스럽다. 애들을 위해 다른 양육적 대안이 있으면 좋겠다.

26. 얼마나 자녀들과 정서적으로 밀착되어 있는가?

매우 소원	다소 소원	상당히 밀착	매우 밀착
0	1	2	3

* 21-24번 문항 채점, T=1, F=0

(4) 출처

Singh, R. N., & McBroom, J. R. (1992). On measuring the adjustment of separated and divorced mothers to parenting: *A proposed scale. Journal of Divorce & Remarriage*, *18*(1-2), 127-147.

16) 계부모 역할긴장 지표

(1) 소개

계부모 역할긴장 지표(Step Role Strain Index, SRSI)는 휫세트와 랜드(Whitsett & Land, 1992)가 개발한 척도로써, 재혼가정의 계부모가 경험하는 역할긴장을 측정하는 척도이다. 원래 51개 문항이었으나, 요인분석을 통해 최종 8개 하위요인 30개 문항을 추출하였다.

(2) 척도구성 및 표준화

계부모 역할긴장 지표(SRSI)는 역할매김, 역할모호성, 역할갈등, 자기역할 비일치성, 정서적 배우자 지원, 경계모호성, 포용/배척과 자원의 8개 하위척도로 구성되어 있다. SRSI의 신뢰도는 내적일치도 Cronbach's α=.87이며, 하위척도 별 내적일치도는 .60~.94이다.

(3) 척도문항

계부모로서 당신의 느낌을 반영하는 곳에 ∨표 해 주십시오.

강한 동의	동의	동의도 반대도 아님	반대	강한 반대
1	2	3	4	5

*1. 나는 내 배우자가 우리 자녀들과 관련된 다음의 사항들에 대해 내게 기대하는 바가 무엇인지를 분명히 알고 있다.
1) 훈육 2) 학교/숙제 3) 집안일 4) 돌봄과 배려 5) 함께 시간을 보내는 것
2. 나는 나의 작업적 요구를 의붓자녀보다 우위에 놓을 때 내가 이기적이라고 느낀다.
3. 남편/아내로서 내게 기대되는 것들은 계부/계모로서의 나의 역할과 때때로 마찰을 일으킨다.
4. 나의 직업적 요구들은 때때로 남편/아내로서의 나의 역할을 방해한다.
5. 때로 직장에 나가 있는 나의 시간은 가족과의 시간과 상충된다.
*6. 나는 나의 다른 역할들(예, 배우자, 직업, 부모)을 잘 관리하고 있다고 느낀다.

*7. 나는 재혼하기 전에 의붓자녀 문제에 대해 충분히 인식하고 있었다.
8. 때때로 나는 내가 원하지 않는 상황에 걸려들었다고 느낀다.
9. 때때로 나는 의붓자녀가 커서 집을 떠나야만 내가 원하는 삶을 살 수 있을 것 같다고 느낀다.
10. 때때로 나는 내가 부응해야만 하는 모든 요구들에서 벗어났으면 하고 바란다.
11. 때때로 나는 다른 모든 사람들의 요구에 부응하라는 나의 요구를 놓치고 있다고 느낀다.
12. 우리 가족의 욕구에 부응하기에는 생계대책이 막막하다.
13. 우리가 매우 열심히 일한다할지라도, 우리의 모든 지출을 감당하기에는 결코 충분하지 않다고 생각한다.
14. 나는 의붓자녀에 대해 사랑해야 한다고 머리로 생각하지만, 그만큼 마음이 따르지 않는다.
15. 나는 의붓자녀와 보다 많은 시간을 함께 보내야 한다고 생각하지만, 그만큼 마음이 따르지 않는다.
16. 나는 의붓자녀와 많은 것들을 함께 공유해야 한다고 생각하지만, 그만큼 마음이 따르지 않는다.
17. 나는 의붓자녀에 대해 지금 느끼는 것보다 더 긍정적으로 느끼기를 원한다.
18. 나는 나의 의붓자녀에 대해 내가 하는 것보다 정서적으로 더 많이 내 자신을 줄 수 있기를 바란다.
*19. 나는 나의 의붓자녀의 친부모가 아이와 통하는 것을 개의치 않는다.
20. 때때로 나는 내 배우자와 그 자녀들 간의 관계에서 소외되었다고 느낀다.
21. 나는 의사결정에 더 많이 참여하고 싶다.
22. 나는 내 배우자가 자기 자녀에 대한 자신의 감정을 내게 더 많이 얘기해 주기를 원한다.
23. 나는 내 배우자가 자신의 전 배우자에 대한 자기감정을 내게 더 많이 얘기해 주기를 원한다.
24. 나는 내 배우자의 전 남편/아내 앞에서 어떻게 행동해야 할지 잘 모르겠다.
25. 나는 내 남편/아내의 전 배우자가 배우자와 나의 관계를 방해한다고 느낀다.
26. 나는 내 남편/아내의 전 배우자가 나와 의붓자녀와의 관계를 방해한다고 느낀다.
27. 나의 성생활은 집에서의 사생활이 잘 보장되지 않아 어려움을 겪고 있다.
28. 나는 내 배우자의 시간을 의붓자녀와 나누어야 한다는 것이 화가 난다.
29. 나는 의붓자녀가 자기의 친부모와 나 사이에서 충성심 갈등을 느낀다고 생각한다.
30. 방문 스케줄은 다른 사람의 필요를 수용해야 한다는 측면에서 내게 힘들다.
*31. 긴급한 일로 방문 스케줄에 갑자기 변동이 생겼을 때, 나는 쉽게 마음을 바꿀 수 있다.
32. 나는 내 의붓자녀가 두 가족을 왔다갔다하는 것이 혼란스럽거나(혹은 혼란스럽고) 당황스럽기 때문에, 자기의 친부모를 방문한 뒤에 거칠게 행동한다고 느낀다.
33. 만약 나의 남편/아내가 더 많이 도와준다면, 나는 계부모로서의 양육이 더 쉬워질 것 같다.
*34. 내 배우자와 나는 이 세상에서 그 어떤 두 사람이 될 수 있는 것만큼 잘 적응되어 있다.
*35. 나의 배우자와 나는 서로 완벽하게 이해하고 있다.
36. 만약 나의 남편/아내가 내가 자기의 자녀를 훈련시키는 것에 대해 지지한다면, 나는 계부모로서의 양육이 더 쉬워질 것 같다.
37. 내 배우자가 어떤 잘못을 범한다 하더라도 나는 그 잘못을 알아차리지 못한다.
*38. 내 배우자는 나의 모든 기분을 온전히 이해하고 공감한다.
*39. 내 배우자에 관해 내가 배워 왔던 모든 새로운 것은 나를 기쁘게 해 왔다.
40. 나는 내 배우자에게서 많은 사랑과 애정을 느끼지 못할 때가 있다.

41. 나는 나의 남편/아내에게 더 많이 기댈 수 있기를 소망한다.
*42. 나는 어떤 커플이라도 내 배우자와 나보다 더 멋진 조화를 이루며 살 수 있다고 생각하지 않는다.
43. 우리 관계는 완벽한 성공은 아니다.
*44. 나는 우리가 함께 있을 때, 어떤 커플도 내 배우자와 나보다 더 행복할 수 있을 것이라고 생각하지 않는다.
*45. 나는 나의 남편/아내에게 어떤 것이라도 그냥 말할 수 있다.
46. 나는 우리의 관계에서 채워지지 않는 욕구들이 있다.
47. 내 배우자는 나를 불행하게 만드는 일들을 할 때가 있다.
*48. 내 배우자는 나의 가장 친한 친구이다.
*49. 만약 이성이라는 세계 안에서 모든 사람이 나에게 유효하고 나와 기꺼이 결혼하려 할지라도, 나는 더 나은 선택을 할 수는 없었을 것이다.
50. 나의 관계는 지금보다 더 행복해질 수 있을 것이다.
*51. 나는 내 배우자와의 관계를 한순간이라도 후회한 적이 없다.
52. 계부모로서의 당신의 경험을 생각해볼 때, 전반적으로 당신은 다음의 각 정서들에 대해 얼마나 강하게 느끼는가?
1) 좌절감 2) 긴장 3) 자기확신이 없음 4) 행복* 5) 혼란
6) 분노 7) 원망 8) 정서적 고갈 9) 만족감* 10) 의기소침

* 역 채점 문항

(4) 출처

Whitsett, D., & Land, H. (1992). The development of a Role Strain Index for Stepparents. *Families in Society*, *72*, 14-22.

17) 재혼태도 척도

(1) 소개

재혼태도 척도는 김은진(1995)이 홀로된 노인이 재혼을 희망하는 이유, 동기 등과 홀로된 후 겪는 개인적 · 사회적 문제들을 사전면접을 통해 개발한 11개 문항의 설문지이다.

(2) 척도구성 및 표준화

재혼태도 척도는 Likert 5점 척도이며, 점수가 높을수록 각 영역에서 재혼을 수긍하는 것을 의미한다. 재혼태도 척도의 내적일치도는 Cronbach's α=.94이다.

(3) 척도문항

다음은 당신의 재혼태도를 알아보기 위한 문항입니다. 아래와 같은 상황에 놓인다면 어느 정도 동의하는지 동의하는 정도에 ∨표 해 주십시오.

전혀 하고 싶지 않다	하고 싶지 않다	보통이다	하고 싶다	꼭 하고 싶다
1	2	3	4	5

1. 이상적인 상대방을 만났을 때
2. 외로움에 견딜 수 없을 때
3. 건강이 좋지 못할 때
4. 주위 친구가 재혼하여 행복한 모습을 볼 때
5. 자녀 · 친지가 적극 권할 때
6. 사회적 활동시 동반자가 필요하다고 느낄 때
7. 간호나 보호가 필요할 때
8. 의지할 곳이 없을 때
9. 경제적인 문제로 어려움을 당할 때
10. 생활이 불규칙적이고 통제가 안될 때
11. 생활에 사기가 저하되었을 때

(4) 출처

우명자(2001). 홀로된 노인의 결혼만족도와 재혼태도에 관한 연구: 청주시 재가 노인을 중심으로. 청주대학교 석사학위논문.

2. 가족기능 관련 척도

1) 가족건강도 척도

(1) 소개

가족건강도 척도는 어은주와 유영주(1995)가 가족연구와 가족생활교육 및 가족상담 장면에서 활용될 수 있도록 건강한 가족을 측정하기 위해 개발한 척도이다. 가족건강도 척도는 몰입, 의사소통, 가치관과 적응력의 4개 하위요인으로 구성되어 있으며, 총 34개 문항이다. 연구자들(1995)은 한국 가족의 건강한 관계 측면을 평가할 수 있는 도구를 개발함으로써 가족원 개개인에게는 1차적 환경집단이 되는 가족 내에서 이상적인 가족관계를 추구하도록 고무하고자 하였으며, 연구자들이나 치료자들, 그리고 가족생활교육자가 가족건강도의 각 차원에 대한 정보를 제공받을 수 있도록 하였다.

(2) 척도구성 및 표준화

표 23 척도구성과 신뢰도

하위요인	문항수	문항번호	신뢰도
몰입	10개	1, 2, 3, 4, 5, 6, 7, 8, 9, 10	.91
의사소통	9개	11, 12, 13, 14, 15, 16, 17, 18, 19	.88
가치관	9개	20, 21, 22, 23, 24, 25, 26, 27, 28	.83
적응력	6개	29, 30, 31, 32, 33, 34	.80
전 체	34개		.94

척도는 자기보고식 Likert 5점 척도이며, 척도의 신뢰도는 내적일치도 Cronbach's α =.94이다. 척도는 FACES Ⅲ와 FSS와 .56, .39의 높은 상관을 보임으로써 공인타당도가 입증되었다.

(3) 척도문항

다음의 문항을 잘 읽고 각 문항에 대해 귀하가 동의하는 정도를 ∨표 해 주십시오.				
전혀 그렇지 않다 1	대체로 그렇지 않다 2	보통이다 3	대체로 그렇다 4	매우 그렇다 5

1. 우리 가족은 서로를 위하는 일을 한다.
2. 우리 가족은 다른 사람보다 우리 가족원에게 더 친근감을 느낀다.
3. 우리 가족은 화목하다.
4. 우리 가족은 서로를 감싸준다.
5. 우리 가족은 가정에 충실하다.
6. 우리 가족은 서로의 감정을 이해한다.
7. 우리 가족은 서로에 대해 충분한 관심을 보인다.
8. 힘들어 하는 가족원이 있을 때는 다른 사람도 그 이유를 안다.
9. 우리 가족은 서로에게 진실하다.
10. 우리는 서로에 대한 애정을 표현한다.
11. 우리는 함께 대화하는 것을 즐긴다.
12. 우리 가족은 서로에게 솔직하다.
13. 우리 가족은 서로 믿으며 숨김없이 모든 것을 털어놓고 산다.
14. 개인의 문제를 가족에게 말할 수 있다.

*15. 우리는 서로를 무시하는 말을 한다.

16. 결정할 일이 있을 때에는 가족 모두가 의견을 제시한다.
17. 우리 가족은 원하는 것이 있을 때는 직접 말한다.
18. 우리는 서로의 말을 주의깊게 듣는다.
19. 우리 가족은 서로의 느낌을 자유롭게 표현할 수 있다.
20. 온가족이 함께 할 일을 결정하기는 매우 쉽다.
21. 우리 가족은 서로 비슷한 가치관과 신념을 갖고 있다.
22. 우리 가족은 서로를 존중해 준다.
23. 우리 가족은 옳고 그른 것에 대해 일치한다.
24. 우리 가족은 인생에 있어서 중요하다고 생각하는 것이 일치한다.
25. 우리 가족만의 전통이 있다.
26. 우리 가족은 관심사와 취미가 같다.
27. 우리 가족의 가치관과 규칙은 명확하다.
28. 우리 가족은 규칙이나 가치관을 함께 만든다.
29. 문제를 해결할 때, 가족원 모두에게 최선의 해결책이 되도록 노력한다.
30. 어려운 일이 있을 때는 가족에게 도움을 구할 수 있다.
31. 어려운 문제가 생겼을 경우는 가족원끼리 협력하면서 해결한다.
32. 가족에 문제가 생겼을 때는 가족 모두가 책임을 동등하게 진다.
33. 우리는 문제를 다각도로 해결하고자 노력한다.

*34. 우리 가족 간의 의견차는 극복하기가 어렵다.

* 역 채점 문항

(4) 출처

어은주, 유영주(1995). '가족의 건강도' 측정을 위한 척도개발에 관한 연구. 한국가정관리학회지, 15(1), 145-156.

2) 한국형 가족건강성 척도

(1) 소개

한국형 가족건강성 척도는 유영주(2004)가 드프랑과 스티넷(DeFrain & Stinnett, 2000)이 개발한 미국 가족건강 척드(American Family Strengths Inventory)를 준거타당도 검사와 예비연구 등을 거쳐 제작한 68개 문항의 자기보고식 질문지다. 유영주(2004)는 개방형 가족에 대한 건강성 인식을 통해 건강한 가족에 대한 특성을 10가지로 분류하여, 하위요인별 문항을 작성한 후 타당도를 검증하였다. 타당도 검증 과정에서, 신뢰도가 낮은 신체적 건강 하위요인을 제외하고, 한국형 가족건강성 척도에는 가족원에 대한 존중, 유대의식, 감사와 애정, 긍정적인 의사소통, 가치관 · 목표공유, 역할충실, 문제해결능력, 경제적 안정과 사회와의 유대 등 9개의 하위요인이 최종 포함되었다. 이후 유영주 외(2013)은 동료들(2013)은 간편형 척도의 필요성에 의해 한국형 가족건강성 척도 Ⅱ를 개발하였고, 한국형 가족건강성 척도 Ⅱ(KFSS-Ⅱ)는 5개 하위요인 22개 문항으로 이뤄져 있다.

(2) 척도구성 및 표준화

한국형 가족건강성 척도는 총 68개 문항으로 9개의 하위요인으로 구성되어 있다. 척도의 신뢰도는 내적일치도 Cronbach's α=.97이고, 하위요인별 신뢰도는 .85~.89이다. 한국형 가족건강성 척도 Ⅱ는 가족탄력성 7개 문항, 상호존중과 수용 5개 문항, 질적 유대감 4개 문항, 경제적 안정성 3개 문항, 가족문화와 사회참여 3개 문항으로 구성되어 있으며, 신뢰도는 Cronbach's α=.94이고, 하위요인별 신뢰도는 .65~.91이다.

(3) 척도문항

가. 한국형 가족건강성 척도(유영주, 2004)

다음의 문항을 잘 읽고 당신 가족을 잘 표현하고 있는 문항에 대해 어느 정도 동의하는지 동의하는 정도를 ∨표 해 주십시오.				
전혀 그렇지 않다 1	대체로 그렇지 않다 2	보통이다 3	대체로 그렇다 4	매우 그렇다 5

1. 우리 가족은 서로의 자존감을 세워준다.
2. 우리 가족은 서로 신뢰한다.
3. 우리 가족은 서로에게 알맞은 기대감을 가지고 있다.
4. 우리 가족은 서로 각자의 있는 그대로를 인정한다.
5. 우리 가족은 서로를 존중하고 있다.
6. 우리 가족은 서로에게 새로운 것을 경험할 기회를 준다.
7. 우리 가족은 서로에 대해 관심을 표현한다.
8. 우리 가족은 서로 배려하는 마음을 갖는다.
9. 우리 가족은 서로가 자신의 일을 마칠 수 있도록 충분한 시간을 준다.
10. 대체로, 우리 가족은 서로를 가치있게 여기도록 가족의 안녕에 힘쓴다.

11. 우리 가족은 서로 잘 돕는다.
12. 우리 가족은 가족의 뿌리(전통과 가문)에 대한 긍지를 갖고 있다.
13. 우리 가족은 함께 좋은 시간을 많이 갖는다.
14. 우리 가족은 가족에 대한 소속감이 있다.
15. 우리 가족은 가족사(지난 시절)에 대해 이야기하는 것을 좋아한다.
16. 우리 가족은 함께 하는 활동(외식, 여가, 취미 등)을 즐긴다.
17. 우리 가족은 화목하다.
18. 대체로, 우리는 가족에 대한 유대감을 갖고 있다.

19. 우리 가족은 서로에게 감사하고 표현할 줄 안다.
20. 우리 가족은 서로 가깝다고 느낀다.
21. 우리 가족은 서로 포옹하는 것을 좋아한다.
22. 우리 가족은 서로를 편안하게 느낀다.
23. 우리 가족은 서로에게 사랑을 표현한다.
24. 우리 집은 편안히 쉴 수 있는 곳이다.

25. 우리 가족은 서로 좋은 감정을 갖도록 노력한다.
26. 대체로, 우리 가족은 서로에게 감사와 애정을 가지고 있다.

27. 우리 가족은 열린 마음으로 이야기하는 것을 좋아한다.
28. 우리 가족은 여러 가지 이수에 대해 논의하는 것을 좋아한다.
29. 우리는 서로에게 자신에 대해 설명할 기회를 준다.
30. 우리는 서로의 이야기를 주의깊게 듣는다.
31. 우리 가족은 함께 대화하는 것을 즐긴다.
32. 우리는 서로를 무시하는 말을 하지 않는다.
33. 대체로, 우리 가족의 의사소통은 효율적이다.

34. 우리 가족은 웃어른에 대해 존경하는 태도를 갖고 있다.
35. 우리 가족은 옳고 그른 것에 대해 대체로 일치한다.
36. 우리 가족은 인생관을 서로 공유한다.
37. 우리 가족만의 전통이 있다.
38. 우리 가족은 가족규칙을 가지고 있으며 잘 지킨다.
39. 우리는 공통 관심사가 많다.
40. 우리 가족은 삶에 대해 긍정적인 태도를 가지고 있다.
41. 대체로, 우리 가족은 삶의 목표와 가치관을 공유하고 있다.

42. 우리 가족은 가정에서의 역할에 충실하다.
43. 우리는 가족 내에서 각자의 역할을 인정해준다.
44. 우리는 가족의 역할을 공평하게 나눈다.
45. 우리 가족은 각자의 역할을 잘 수행한다.
46. 우리 가족은 자신이 맡은 일에 책임감을 갖고 있다.
47. 대체로, 우리가족은 역할을 공평하게 나누고, 각자 맡은 역할을 잘 수행한다.

48. 우리 가족은 어려운 문제를 해결하기 위해 함께 노력한다.
49. 위기는 우리 가족의 관계를 강하게 하는데 도움을 준다.
50. 우리 가족은 어려움이 닥치더라도 크게 걱정하지 않는다.
51. 우리 가족은 일상의 문제에 대해서 자신있게 대응해 나갈 수 있다.
52. 우리 가족은 위기상황에서도 좋은 일이 생길 수 있음을 알고 있다.
53. 우리 가족은 변화하는 환경에 적응하기 위해 우리의 계획을 바꿀 수 있다.
54. 우리 가족은 서로를 위해 어떠한 위험도 감수할 용기가 있다.
55. 어려운 일이 있을 때 가족에게 도움을 구할 수 있다.
56. 대체로, 우리는 위기를 성장의 기회로 본다.

57. 우리 가족은 생활에 불편이 없을 정도의 충분한 수입을 유지하고 있다.
58. 우리 가족은 의식주 해결에 별 어려움을 느끼지 않는다.
59. 우리 가족은 장래의 경제적 지출을 위한 준비를 한다.
60. 우리 가족은 생활필수품의 부족을 느끼지 않는다.
61. 대체로, 우리 가족은 경제적인 관리 및 협력이 잘 된다.

62. 우리 가족은 반상회나 주민회의 등의 모임이 있을 때 참석한다.
63. 우리 가족은 다른 사람(이웃, 지역사회주민)과 어울리는 것을 좋아한다.
64. 우리 가족은 이웃과 긴밀한 유대관계를 맺고 있다.
65. 우리 가족은 사회적 친분이 있는 가족들과 자주 만난다.
66. 우리 가족은 지역사회 봉사활동에 참여한다.
67. 우리 가족은 주위의 국제사회 환경에 연결되어 있음을 느낀다.
68. 대체로, 우리 가족은 사회와 긴밀한 유대관계를 갖는다.

척도문항은 가족원에 대한 존중, 유대의식, 감사와 애정, 긍정적인 의사소통, 가치관·목표공유, 역할충실, 문제해결능력, 경제적 안정과 사회와의 유대 하위요인 순임.

나. 한국형 가족건강성 척도 Ⅱ(유영주, 이인수, 김순기, 최희진, 2013)

다음의 문항을 잘 읽고 당신 가족을 잘 표현하고 있는 문항에 대해 어느 정도 동의하는지 동의하는 정도를 ∨표 해 주십시오.

전혀 그렇지 않다	대체로 그렇지 않다	보통이다	대체로 그렇다	매우 그렇다
1	2	3	4	5

1. 우리 가족은 각자의 역할을 잘 수행한다.
2. 우리 가족은 자기 입장을 표현할 기회를 준다.
3. 우리 가족은 어려운 문제를 함께 해결한다.
4. 우리 가족은 서로 잘 돕는다.
5. 우리 가족은 서로에게 감사와 사랑하는 마음을 표현한다.
6. 우리는 서로의 이야기를 주의깊게 듣는다.
7. 우리 가족은 상황에 따라 유연하게 대처한다.

8. 우리 가족은 서로 신뢰한다.
9. 우리 가족은 가족구성원으로서 소속감이 있다.
10. 우리 가족은 서로 터놓고 이야기한다.
11. 우리 가족은 삶에 대해 긍정적인 태도를 가지고 있다.
12. 우리 가족은 서로를 존중하고 수용한다.

13. 우리 가족은 함께 하는 활동(외식, 여가, 취미생활 등)을 즐긴다.
14. 우리 가족은 여러 가지 이슈에 대해 논의하는 것을 중요시한다.
15. 우리 가족은 함께 하는 시간을 많이 가진다.
16. 우리 가족은 함께 대화하는 것을 즐긴다.

17. 우리 가족은 먹고 살만한 수입이 있다.
18. 우리 가족은 미래의 경제적 안정을 위해 준비하고 있다.
19. 우리 가족은 여가와 문화생활을 할 만한 경제적 여유가 있다.

20. 우리 가족만의 전통과 문화가 있다.
21. 우리 가족은 사회활동(봉사, 모임 등)에 참여한다.
22. 우리 가족은 지역사회에서 일어나는 일에 관심이 있다.

척도문항은 가족탄력성, 상호존중과 수용, 질적 유대감, 경제적 안정성, 가족문화와 사회참여 하위요인 순임.

(4) 출처

① 유영주(2004). 가족강화를 위한 한국형 가족건강성 척도 개발 연구. 한국가족관계학회지, 9(2), 119-151.

② 유영주, 이인수, 김순기, 최희진(2013). 한국형 가족건강성 척도 Ⅱ(KFSS-Ⅱ) 개발 연구. 한국가정관리학회지, 31(4), 113-129.

3) 이종원의 가족규칙 척도

(1) 소개

가족규칙 척도는 송성자와 정문자(1994)의 가족규칙 실례와 이경희와 옥선화(1999)의 자기인식 향상을 위한 부브친밀감 증진프로그램 시안을 기초해서 이종원(2002)이 제작한 23개 문항 척도이다.

(2) 척도구성 및 표준화

표 24 척도구성과 신뢰도

하위요인	문항수	내용	문항번호	신뢰도
생활규칙	5개	가족이 잘 모이거나, 약속을 잘 지키고, 돈을 최대한 아껴쓰고 저축하는 것 등을 측정	1,2,3,4,5	.80
성 · 성역할규칙	7개	남자는 말이 적어야 하고, 여자는 집안일과 자녀양육을 해야 한다는 것 등을 측정	6,7,8,9,10,11,12	.78
위계규칙	6개	어른에게 말대꾸하지 않고, 순종하는 등의 위계질서를 지녀야 한다는 것 등을 측정	13,14,15,16,17,18	.88
감정규칙	5개	감정표현을 하거나 남의 흉을 보거나 남에게 싫은 말을 해서는 안된다는 것 등을 측정	19,20,21,22,23	.85
전 체	23개			.91

가족규칙 척도는 Likert 5점 척도로 생활규칙, 성과 성역할에 관한 규칙, 위계에 관한 규칙, 감정규칙의 4개 하위영역으로 구성되어 있다. 척도에서 받을 수 있는 점수는 23에서 115점이며, 점수가 높을수록 원가족 내에서 지켜온 가족규칙을 강하게 지각하는 것으로 해석된다. 가족규칙 척도의 신뢰도는 내적일치도 Cronbach's α=.91이었다.

(3) 척도문항

다음 질문은 당신이 평소 우리 가족에 대해 어떻게 느끼고 있는지를 알아보기 위한 것입니다.
아래 문항을 잘 읽고 평소에 가족에게 느낀 것과 가장 비슷하다고 생각되는 번호에 ∨표 해 주십시오.

전혀 그렇지 않다	그렇지 않다	잘 모르겠다	그렇다	매우 그렇다
1	2	3	4	5

1. 가족행사에 빠져서는 안된다.
2. 약속은 꼭 지켜야 한다.
3. 항상 성실해야 한다.
4. 돈을 최대한 아껴쓰고 저축해야 한다.
5. 사치하지 말고 검소해야 한다.

6. 여자는 성관계를 요구해서는 안된다.
7. 남자는 말이 적어야 한다.
8. 남자는 포용력이 있어야 한다.
9. 여자는 남자의 의견에 반대해서는 안된다.
10. 집안일은 여자가 해야 한다.
11. 자녀양육은 엄마가 책임져야 한다.
12. 장남과 장녀는 장남과 자녀노릇을 해야 한다.
13. 어른에 대해 흉보거나 불평해서는 안된다.
14. 부모님이 들어오시기 전에 잠자리에 들지 않는다.
15. 집안에는 위계질서가 있어야 한다.
16. 어른들에게 규칙적으로 전화한다.
17. 어른에게 말대꾸하지 않는다.
18. 아버지께 순종해야 한다.
19. 감정을 표현하지 말아야 한다.
20. 남에게 싫은 말을 해서는 안된다.
21. 원하는 것을 이야기하기보다는 해줄 때까지 기다린다.
22. 남의 흉을 보아서는 안된다.
23. 부정적 감정을 표현해서는 안된다.

(4) 출처

이종원(2002). 부부갈등과 관련된 원가족 변인 연구. 연세대학교 석사학위논문.

4) 한국사티어연구소의 가족규칙 검사

(1) 소개

가족규칙 검사는 사티어의 경험주의 이론에 근거하여 원가족의 가족규칙을 측정하기 위해서 한국사티어연구소(2004)가 제작한 검사이다. 가족규칙 검사는 총 33개 문항으로 구성되어 있으며, Likert 5점 척도이다. 점수가 낮을수록 가족규칙의 수가 적다고 볼 수 있으며, 이런 가족은 자유로운 가족이 되거나 지나치게 방임가족이 될 가능성이 높다. 점수가 높을수록 규칙의 변화가 필요하고, 점수가 높은 문항의 수가 많을수록 가족체계가 경직되어 있을 가능성이 높다. 본 척도는 가족치료장면에서 활용도가 높다.

(2) 척도구성 및 표준화

척도에 대한 신뢰도와 타당도는 보고된 바 없으며, 검사를 사용하고자 할 경우에 한국사티어연구소의 동의를 받은 후 홈페이지 상단 심리검사 메뉴에서 가족규칙검사(http://familycounseling.co.kr/skin/board/aptitude/aptitude_test.php?bo_table=aptitude&wr_id=6)를 클릭하면 사용가능하다.

(3) 척도문항

다음 문항을 읽으신 후, 당신이 이전에 함께 생활한 원가족(친부모와 형제로 구성된 가족) 내에서 지켜진 나의 원가족 가족규칙에 관한 적절한 설명이라고 생각되는 곳에 ∨표 해 주십시오.

그렇지 않아도 된다	대체로 그렇게 하지 않아도 된다	중간이다	대체로 그렇게 해야 한다	그렇게 해야 한다
1	2	3	4	5

1. 모든 가족행사에 참석해야 한다.
2. 한번 약속을 하면 그 약속은 지켜야 한다.
3. 항상 성실하고 최선을 다해야 한다.
4. 사치는 나쁘기 때문에 검소해야 한다.
5. 근검절약하여 미래를 위해 준비해야 한다.
6. 성(性)에 대해 말하거나 알려고 해서는 안된다.
7. 남자는 말을 아껴야 한다.
8. 여자는 목소리가 커서는 안된다.
9. 여자는 남자의견을 반대해서는 안된다.
10. 집안일은 여자의 몫이다.
11. 자녀양육은 엄마가 책임져야 한다.
12. 장남, 장녀는 장남과 장녀 노릇을 해야 한다.

13. 어른의 잘못을 지적하거나 불평해서는 안된다.
14. 아랫사람은 윗사람에게 복종해야 한다.
15. 어른에게 말대꾸해서는 안된다.
16. 말을 많이 해서는 안된다.
17. 남에게 싫은 말을 해서는 안된다.
18. 원하는 것을 요구하기보다는 해줄 때까지 기다린다.
19. 남의 흉을 봐서는 안된다.
20. 감정 특히, 부정적 감정을 표현해서는 안된다.
21. 집안일을 밖에서는 말해서는 안된다.
22. 식구들 사이에서는 갈등이 있어서는 안된다.
23. 형제끼리 싸워서는 안된다.
24. 자기자랑을 해서는 안된다.
25. 실수해서는 안된다.
26. 가문에 먹칠을 해서는 안된다.
27. 잘못하면 반드시 벌을 받아야 한다.
28. 부모에게 반드시 효를 행해야 한다.
29. 남자는 울어서는 안된다.
30. 어른에게 걱정을 끼쳐서는 안된다.
31. 부모의 판단이 가장 옳기 때문에, 부모의 의견을 따라야 한다.
32. 부모의 마음이 불편하면 자식이 풀어드려야 한다.
33. 거짓말을 해서는 안된다.

(4) 출처

박경숙(2009). 어머니의 의사소통을 통해 본 원가족의 가족규칙과 부부의사소통에 관한 연구. 진주산업대학교 석사학위논문.

5) 가족기능평가 척도

(1) 소개

가족기능평가 척도는 장성란과 김성희(2006)가 가족기능을 측정하기 위해 개발한 척도로써, 총 41개 문항 Likert 5점 척도이다.

(2) 척도구성 및 표준화

표 25 척도구성과 신뢰도

하위요인	문항수	내용	신뢰도
가족구조	15개	가족구조의 결손 여부 및 적응과 수용정도를 묻는 문항	.93
가족애정성	14개	가족 간의 애정과 관련된 내용을 측정	.93
가족의사소통	12개	가족의 의사소통과 관련된 내용을 측정	.91
전 체	41개		.93

가족기능평가 척도는 가족구조 14개 문항, 가족애정성 15개 문항, 가족의사소통 12개 문항 총 41개 문항으로 구성되어 있으며, 신뢰도는 내적일치도 Cronbach's α=.93이다. 가족기능평가 척도는 FAD척도와 높은 상관을 보임으로써 수렴타당도가 입증되었다.

(3) 척도문항

다음 질문은 당신이 평소 우리 가족에 대해 어떻게 느끼고 있는지를 알아보기 위한 것입니다.
아래 문항을 잘 읽고 평소에 가족에게 느낀 것과 가장 비슷하다고 생각되는 번호에 ∨표 해 주십시오.

전혀 그렇지 않다	그렇지 않다	잘 모르겠다	그렇다	매우 그렇다
1	2	3	4	5

1. 나는 우리 가족에게 좋은 일이 있으면 함께 기뻐한다.
2. 나는 우리 가족을 소중히 여기고 사랑한다.
3. 나는 우리 가족을 믿는다.
4. 우리 가족은 불가피한 사유(직장, 학업 등) 때문에, 원치 않는 이별 또는 별거를 했던 적이 있고 아직도 적응이 힘들다.
5. 우리 부부(부모)는 별거한 적이 있고 아직도 그 영향에서 못 벗어났다.
6. 우리 가족 중에 없어진 사람의 빈자리가 너무 커서 어려움을 경험한 적이 있다.
7. 우리 가족 중에 가출한 사람이 있어서 스트레스를 받는다.
8. 우리 부부(부모)는 이혼한 적이 있고, 아직도 나를 힘들게 한다.
9. 우리 가족 중에 결혼하지 않고 이성과 동거하는 사람이 있어서 스트레스를 받는다.
10. 우리 부부(부모)의 문제 때문에 자녀와 떨어져 산 적이 있고,

아직도 그때의 힘들었던 마음이 남아있다.
11. 우리 부부(부모)의 이혼으로 인해 나는 상처를 받은 적이 있다.
12. 우리 형제(자매)는 친형제(자매)가 아니며 때로 서먹함이 있다.
13. 우리 부부(부모) 중의 한 사람이 같이 살지 않았던 적이 있었고,
지금도 나는 그 영향을 받는 편이다.
14. 우리 가족은 서로 떨어져서 살았던 적이 있고, 나는 아직도 그 영향을 받는 편이다.
15. 우리 가족은 가치관과 신념이 비슷하다.
16. 나는 우리 가족이 하는 일을 지지하고 격려해준다.
17. 나는 우리 가족과 사이가 좋다.
18. 나는 우리 가족과 함께 있으면 행복하다.
19. 나는 우리 가족에게 정서적으로 힘이 되어 준다.
20. 가끔은 부부(부모)만의 시간을 갖는다.
21. 부부(부모)관계에서 갈등이나 의견충돌이 생기더라도 대체로 상대방의 의견을 존중하는 편이다.
22. 나는 우리 가족과 함께 있으면 정서적으로 안정된다.
23. 나는 우리 가족에게 감사한다.
24. 나는 우리 가족과 정서적으로 가깝다.
25. 힘든 일이 있을 때 나는 우리 가족을 위로해준다.
26. 우리 가족을 위해 내가 해야 할 일에 대해 불만이 없다.
27. 우리 부부(부모)는 부모역할을 제대로 하고 있다.
28. 집에서 내가 해야 할 일에 대해 분명히 알고 있다.
29. 나는 우리 가족과 어떻게 대화해야 할지 잘 모르겠다.
30. 부부(부모)관계가 친밀하고 유대가 강한 편이다.
31. 우리 가족 중의 한 사람은 나를 많이 힘들게 한다.
32. 우리 가족에게는 쉽게 해결하기 어려운 갈등과 문제가 있다.
33. 우리 가족은 어떤 일을 부탁하고 나서 나중에 다시 알려줘야 한다.
34. 우리 가족 중에 나와 대화가 안되는 사람이 있다.
35. 나는 우리 가족 중의 누군가와 대화를 할 때 그 속에 무슨 의미가 있는지 혼란스러울 때가 있다.
36. 나는 우리 가족에게 화나는 일이 있어도 왜 화가 났는지, 어떻게 해주기 바라는지 말하지 않는다.
37. 우리 가족의 대화하는 방식이나 태도에 문제가 있다.
38. 우리 가족은 서로 마음을 나누며 대화하기가 힘이 든다.
39. 나는 우리 가족의 대화하는 방식이 마음에 안든다.
40. 우리 가족은 거의 대화가 없는 편이다.
41. 나는 우리 가족의 대화하는 태도와 방식에 대해 얘기하는 편이다.

(4) 출처

장성란, 김성희(2006). 가족기능평가 척도 개발. 상담학연구, 7(4), 1221-1238.

6) 가족기능 척도

(1) 소개

가족기능 척도(Family Functioning Style Scale, FFSS)는 딜과 동료들(Deal et al., 1988)이 가족이나 가족원이 자기 가족의 강점, 능력 및 역량의 정도를 평가할 수 있도록 개발한 척도이다. 가족기능 척도(FFSS)는 Likert 5점 척도이며, 총 26개 문항으로 구성되어 있다.

(2) 척도구성 및 표준화

FFSS는 26개 문항 5개 하위요인, 상호작용 유형, 가족가치관, 대처전략, 가족몰입, 자원동원력 등으로 구성되어 있다. 딜과 동료들(1988)이 241명의 미취학 아동의 부모를 대상으로 척도의 신뢰도와 타당도를 검증한 결과, 척도의 반분신뢰도는 .85였고, 내적 일치도는 .92였으며, 척도가 가족의 강점을 잘 측정하는 것으로 나타났다(Danisman & Tiftik, 2014).

(3) 척도문항

다음 질문은 당신이 평소 우리 가족에 대해 어떻게 느끼고 있는지를 알아보기 위한 것입니다.
아래 문항을 잘 읽고 평소에 가족에게 느낀 것과 가장 비슷하다고 생각되는 번호에 V표 해 주십시오.

전혀 그렇지 않다	그렇지 않다	보통이다	그렇다	매우 그렇다
1	2	3	4	5

1. 우리 가족에게 도움이 된다면, 희생할 가치가 있다.
2. 우리는 가족원의 행동방식에 대체로 동의한다.
3. 우리는 최악의 상황에서도 항상 좋은 일이 생길 거라고 믿는다.
4. 우리는 가족원의 작은 성취에도 자부심을 느낀다.
5. 우리는 생산적인 방법으로 관심과 감정을 공유할 수 있다.
6. 아무리 힘든 일이 있어도 우리 가족은 끈끈하다.

7. 일반적으로, 우리는 가족문제를 스스로 해결할 수 없을 때, 외부에 도움을 요청한다.
8. 대체로, 우리는 우리 가족에게 중요하다고 생각하는 것에 동의한다.
9. 가족 안에서 우리는 항상 '협력하고', 서로 돕는다.
10. 만약 통제할 수 없는 무언가가 우리 가족을 계속 화나게 한다면, 우리는 걱정에서 벗어날 수 있는 무언가를 찾는다.
11. 우리 가족에게 어려운 일이 생겨도, 우리는 '긍정적으로 생각하려고' 애쓴다.
12. 바쁜 일상 속에서도, 우리는 함께할 시간을 찾는다.
13. 우리 가족은 모두 수용 가능한 행동에 대한 '규칙'을 이해한다.
14. 친구들과 친척들은 항상 우리가 어려움이나 위기를 겪을 때마다 기꺼이 도와준다.
15. 우리가 문제나 고민이 있을 때, 우리는 어떻게 해야 할지 결정을 내릴 수 있다.
16. 단지 허드렛일을 하더라도, 우리는 함께 하는 시간을 즐긴다.
17. 우리는 힘겨운 문제나 걱정이 있을 때, 잠시 잊으려고 노력한다.
18. 우리는 의견충돌이 있을 때마다, 가족원 '모두의 이야기'에 귀를 기울인다.
19. 가족 안에서 우리는 우리 모두가 중요하다고 동의하는 일을 할 시간을 갖는다.
20. 우리 가족은 어려움이 있을 때마다, 서로에게 의지할 수 있다.
21. 대체로 우리는 문제나 걱정거리를 해결하는 다양한 방법에 대해 이야기한다.
22. 가족 안에서 우리 관계는 물질적인 소유물보다 더 오래 지속될 것이다.
23. 이사나 이직과 같은 결정은 가족원 모두가 좋아하는 방식에 따른다.
24. 우리는 예상치 못한 일이 생겼을 때, 서로 의지해서 도울 수 있다.
25. 우리 가족은 서로 당연시 하지 않으려고 노력한다.
26. 우리는 외부의 도움을 청하기 전에, 우리 문제를 먼저 해결하려고 노력한다.

(4) 출처

Deal, A. G., Trivette, C., & Dunst. C. J. (1988). Family Functioning Style Scale. In C. J. Dunst, C. M. Trivette, & A. G. Deal(Eds.), Enabling and empowering families: Principles and guidelines for practice(pp.179-184). Cambridge, MA: Brookline Books.

7) Colorado 가족기능 척도

(1) 소개

가족기능 척도(Colorado Self-Report Measurement of Family Functioning)는 블룸(Bloom, 1985)이 가족체계이론과 가족발달이론에 근거하여 기존의 가족기능 척도 Family Environment Scale(FES), Family-Concept Q Sort(FCQS), Family Adaptability and Cohesion Evaluation Scale(FACES) 및 Family Assessment Measure(FAM)를 통합 · 발전시켜 제작한 척도이다. Colorado 가족기능 척도는 관계차원(relationship dimension), 개인적 성장/가치차원(personal growth or value dimension), 체계유지차원(system maintenance dimension)의 3차원으로 나뉘며, 관계차원에는 응집성, 표현성, 갈등, 가족사회성, 가족이상화, 가족원의 이탈, 개인적 성장/가치차원에는 지적-문화적 지향성, 활동적-여가적 지향성, 종교적 강조, 체계유지차원에는 조직화, 통제소재, 민주적 가족 유형, 방임적 가족 유형, 권위적 가족 유형, 가족원의 밀착 등 15개 하위차원으로 구성된다.

(2) 척도구성 및 표준화

Colorado 가족기능 척도는 75개 문항으로 구성된 자기보고식 Likert 4점 척도이다. 국내에서는 박선영(1997)이 예비조사를 통해 Colorado 가족기능 척도의 신뢰도와 타당도를 검증하였고, 응집성, 갈등, 가족사회성 및 민주적 가족 유형의 4개 하위요인 20개 문항을 소개하였다. 20개 문항에 대한 전체 신뢰도는 내적일치도 Cronbach's α=.79이며, 하위요인별 내적일치도는 .72~.80이다.

(3) 척도문항

다음 각 문항들을 읽고, 현재 당신의 가족모습과 가장 가깝다고 생각되는 곳에 ∨표 해 주십시오.			
전혀 그렇지 않다 1	그렇지 않은 편이다 2	그런 편이다 3	매우 그렇다 4

1. 서로 격려하고 돕는다.
2. 우리 가족에게는 '우리'라는 느낌이 있다.
3. 일을 함께 하지 않는다.
4. 정말 서로 잘 지낸다.
5. 집에 있을 때 서로 가까이 하는 것을 피하는 편이다.
6. 많이 다툰다.
7. 때때로 너무 화가 나서 물건을 던진다.
8. 거의 화를 내지 않는다.
9. 때때로 서로 때린다.
10. 서로를 거의 비난하지 않는다.
11. 활기 있고 원기 왕성하다.
12. 다른 사람들과 함께 있는 것을 즐긴다.
13. 다른 사람들과 사귀는 것 때문에 불편해 할 때가 많다.
14. 가족 전체적으로 볼 때 우리 가족은 친구가 많다.
15. 모임 갖는 것을 좋아한다.
16. 규칙을 함께 만든다.
17. 문제를 해결할 때, 자신의 견해를 자유롭게 말할 수 있다.
18. 각각의 가족원은 가정의 주요 결정에 대해 적어도 발언권이 있다.
19. 부모와 자녀가 처벌 방법에 대해 서로 의논한다.
20. 부모님은 어떤 결정을 내리기 전에 자녀의 의견을 물어보지 않는다.

(4) 출처

① 박선영(1997). 가족기능 및 인성특성과 청소년의 외로움 간의 관계. 이화여자대학교 석사학위논문.

② Bloom, B. L. (1985). A factor analyses of self-report measures of family functioning. *Family Process*, *24*(2), 225-239.

8) ICPS 가족기능 척도

(1) 소개

ICPS 가족기능 척도(ICPS Family Functioning Scale, ICPS-FFS)는 놀러와 동료들(Noller et al., 1992)이 가족 내의 상호작용양식을 측정하기 위해 개발한 척도이다. ICPS 가족기능 척도(ICPS-FFS)는 Likert 6점 척도 총 30개 문항으로써, 친밀감(intimacy), 갈등(conflict)과 양육(parenting)의 세 하위차원으로 구성되어 있다. 점수가 높을수록 친밀감이 높음을 의미하며, 양육방식이 민주적이며 독립성을 보장함을 의미한다. 반면에, 갈등 하위차원에서는 점수가 높을수록 가족 간의 여러 어려움과 오해가 많음을 의미한다.

(2) 척도구성 및 표준화

표 26 척도구성과 신뢰도

하위요인	문항수	문항번호	신뢰도	
			Noller(1992)	노남숙(2009)
친밀감(intimacy)	12개	1, 4, 6, 10, 13, 15, 18, 20, 23, 26, 27, 29	.92	.91
갈등(conflict)	10개	3, 5, 8, 9, 12, 14, 17, 19, 22, 24	.82	.62
양육방식(parenting)	8개	2, 7, 11, 16, 21, 25, 28, 30	.68	.75
전 체	30개			

ICPS-FFS는 친밀감, 갈등, 양육의 3개 하위차원으로 구성되어 있으며, 12개 문항으로 구성된 친밀감 하위척도는 공유와 가까움, 의사소통에서의 표현성과 개방성을 측정한다. 10개 문항으로 구성된 갈등 하위척도는 오해 및 문제해결과 계획의 어려움을 측정하며, 8개 문항으로 구성된 양육방식은 규칙과 결정, 독립성의 보장 등을 측정한다. ICPS-FFS의 친밀감, 갈등, 양육방식 각 하위영역별 신뢰도는 내적일치도 Cronbach's α =.92, .82, .68이다.

(3) 척도문항

다음 질문에 대해 당신의 가족에 관한 기술로 적절한 곳에 ∨표 해 주십시오.

전적으로 반대 1	2	3	4	5	전적으로 동의 6

1. 우리 가족은 서로 돕고 의지하면서 산다.
2. 가족의 중요한 결정사항에는 모든 구성원들의 의견을 존중한다.
3. 우리 가족의 규칙을 바꾸는 것은 상당히 힘이 든다.
4. 우리 가족은 서로에게 진실하다.
5. 우리 가족은 서로 오해를 하는 경우가 많다.
6. 가족 관련 사항들에 대해 부모의 의견은 대부분 일치한다.
7. 우리 가족은 개개인이 무엇을 하던지 유연하고 개방적인 입장을 가지고 있다.
8. 의도는 좋지만 우리 가족은 서로 간의 간섭이 너무 심하다.
9. 우리 가족은 서로 간에 안 좋은 감정들을 많이 가지고 있다.
10. 우리 가족은 상당히 친한 편이다.
11. 어린 아이들도 가족규칙에 대한 의견을 제시할 수 있다.
12. 대화를 할 때, 상대방의 말을 끊고 음성을 높이는 경우가 많다.
13. 우리 가족은 서로를 사랑하며 부드럽게 대한다.
14. 한 부모가 다른 부모와 반대를 하며 아이들의 편을 든다.
15. 서로 같이 화합을 하여 문제를 해결한다.
16. 문제에 대한 결론을 각자가 개별적으로 도달할 수 있게 환경을 만든다.
17. 우리 가족은 한번 결정한 사항에 대해서 수정을 하기는 상당히 힘들다.
18. 우리 가족은 서로 진심을 표현한다.
19. 우리 가족은 모든 사항에 대해서 계획을 하지 못하고 결정도 잘 내리지 못한다.
20. 우리 가족은 각자의 그대로를 인정해준다.
21. 결정사항에 대해서 아이들의 의견을 물어보고 같이 참여시킨다.
22. 문제에 대해서 가족들과 의논하는 것보다 제3자와 의논하는 것이 편하다.
23. 각자의 제안을 들어주고 개개인의 의견을 존중한다.
24. 서로를 크게 변화를 시키기 위하여 노력을 한다.
25. 우리 가족구성원들은 모두 다른 사람의 도움 없이 각자의 능력껏 살아가고 있다.
26. 대부분의 경우 우리는 서로 이야기로써 모든 문제를 해결할 수 있다.
27. 우리 가족은 취미생활을 같이 한다.
28. 가족 결정에 가족 모두가 의견을 제시할 수 있다.
29. 의견차이가 있어도 서로 간의 사랑이 줄지는 않는다.
30. 부모들은 모든 결정을 하기 전에 아이들의 의견을 듣는다.

(4) 출처

① 노남숙(2010). 인형을 이용한 애착증진 가족놀이치료 프로그램 개발 및 효과: 애착문제 유아가족을 중심으로. 명지대학교 박사학위논문.

② Noller, P. Seth-Smith, M. Bouma, R., & Schweutzer, R. (1992). Parent and adolescent perceptions of family functioning: am comparison of clinic and nonclinic families. *Journal of Adolescence*, *15*, 101-114. 1992.

9) 한국형 가족기능도 척도

(1) 소개

한국형 가족기능도 척도는 최희진과 유영주(2003)가 국내 가족의 기능성을 측정하기 위해 개발한 척도이다. 한국형 가족기능도 척도는 총 36개 문항으로 Likert 5점 척도이다.

(2) 척도구성 및 표준화

표 27 척도구성과 신뢰도

하위요인	문항수	내용	문항번호	신뢰도
정서적 지지	8개	가족들 간의 신뢰, 협동, 배려와 존중, 심리적 안정감에 관한 것	1,3,4,6,7,8,20,21	.88
생활시간 공유	7개	가족들이 시간을 공유하는 정도와 태도 등에 대한 것	11,14,15,22,26,33,36	.84
가족원 간의 친밀감	6개	주로 가족들이 서로 마음을 여는 정도, 즉 개방성과 관련된 내용	5,16,17,19,30,31	.73
가족의사소통	6개	가족 간의 대화정도와 태도에 대한 내용	13,23,24,27,28,29	.81
가족규칙	5개	가족규칙 유무 및 융통성 등에 관한 것	2,9,10,12,18	.75

하위요인	문항수	내용	문항번호	신뢰도
가족원의 자율성 지원	4개	가족원의 잠재력 개발, 욕구충족 등에 관한 것	25, 32, 34, 35	.71
전 체	36개			.93

한국형 가족기능도 척도는 정서적 지지, 생활시간 공유, 가족원 간의 친밀감, 가족의 사소통, 가족규칙 및 가족원의 자율성 지원 등 6개의 하위요인으로 구성되어 있으며, 척도의 신뢰도는 내적일치도 Cronbach's α=.93이고, 하위요인별 신뢰도는 .71에서 .88까지의 범위로 나타났다. 한국형 가족기능도 척도는 FACES Ⅲ와 FAD와 .80, .78의 상관을 보임으로써, 공인타당도가 입증되었다.

(3) 척도문항

다음은 당신의 가족에 대한 질문입니다.
당신의 가족이 해당한다고 생각되는 곳에 ∨표 해 주십시오.

전혀 그렇지 않다	그렇지 않다	중간이다	그런 편이다	매우 그렇다
1	2	3	4	5

1. 우리 가족은 가족과 함께 있으면 마음이 서로 편안하다.
2. 우리 가족에게는 지켜야 할 행동기준(늦어도 몇 시까지는 집에 들어오기, 자기 방은 각자 청소하기, 빨래는 세탁기에 갖다 놓기 등)이 있다.
3. 우리 가족은 서로 돕는다.
4. 우리 가족은 서로를 믿는다.
5. 우리 가족은 서로에게 속마음을 털어놓기가 어렵다.
6. 우리 가족은 서로 상대방의 입장이 되어 이해하고 배려해준다.
7. 우리 가족은 서로를 존중해준다.
8. 우리 가족은 좋은 일이 있으면 서로 축하해 준다.
9. 우리 가족은 역할분담이 잘 되어 있다.
10. 우리 가족에게는 적합한 생활철학(좌우명, 가훈 등)이 있으며, 그것에 맞게 행동하려 한다.
11. 우리 가족은 대부분의 여가 시간을 함께 보낸다.
12. 우리 가족은 각자 해야 하는 집안일(역할)이 정해져 있다.
13. 우리 가족은 정기적으로 가족모임이나 가족회의를 한다.
14. 우리 가족은 함께 할 수 있는 여가활동이 없다.

15. 우리 가족은 하루에 한 끼 이상을 같이 모여서 식사한다.
16. 우리 가족은 서로의 일과를 다 알려고 하기 때문에, 숨이 막히는 것처럼 답답하게 느껴질 때가 있다.
17. 우리 가족은 각자 자신의 일에만 신경을 쓴다.
18. 우리 가족은 부모와 자녀 간에 지켜야 할 선이 있다.
19. 우리 가족은 마음을 무겁게 하는 일이 생겼을 때, 식구들에게 알리지 않고 혼자서 그 문제를 해결한다.
20. 우리 가족은 나에게 든든한 울타리이다.
21. 우리 가족은 화목하다.
22. 우리 가족은 대부분의 시간을 각자 개인적으로 보낸다.
23. 우리 가족은 중요하게 결정할 일이 있을 때 모든 식구들의 의견을 듣는다.
24. 우리 가족은 서로의 의견을 전달하고 받아들이는 데 어려움이 없다.
25. 우리 집에서는 자녀들이 부모에게 자신의 의견을 자유롭게 말할 수 있다.
26. 우리 가족은 휴일을 함께 보낸다.
27. 우리 가족은 TV나 신문 등을 보면서 자연스럽게 토론을 한다.
28. 우리 가족은 가족 중 누군가가 기분이 좋지 않을 경우, 그 이유를 모든 가족이 안다.
29. 우리 가족은 중요한 결정을 내릴 때, 가족 모두가 만족스럽게 동의할 때까지 의논한다.
30. 우리 가족은 서로 심하게 싸운다.
31. 가족 안에서 어떤 일이 잘못되거나 잘 안될 때는 식구들 중 누군가 한 사람이 꼭 눈총을 받는다.
32. 우리 가족은 나의 잠재력(숨은 능력)을 개발하도록 도움을 준다.
33. 우리 가족은 식구들이 함께 모여서 노는 것(함께 TV보기, 함께 게임하기, 다함께 놀이공원 가기 등)이 중요하다.
34. 우리 가족은 각자의 욕구를 충족시키는 것을 중요하게 생각한다.
35. 우리 가족은 각자의 개성을 존중한다.
36. 우리 가족은 다른 사람보다는 가족과 함께 활동(운동, 청소, 쇼핑 등)하기를 좋아한다.

(4) 출처

① 최희진(2004). 일반청소년과 비행청소년이 지각하는 가족기능도와 그에 따른 스트레스 대처방식. 경희대학교 박사학위논문.

② 최희진, 유영주(2003). 한국형 가족기능도 척도 개발 연구. 한국가정관리학회지, 21(3), 15-28.

10) 한국형 가족기능 척도

(1) 소개

한국형 가족기능 척도는 이인숙 외(2002)가 한국의 사회 문화적 특성을 반영할 수 있는 가족기능 측정도구를 개발하기 위해서 제작한 척도이다. 한국형 가족기능 척도는 Likert 4점 척도 26개 문항이다. 이인숙 외(2002)는 26개 문항 중에서 문항 간 상관계수가 .30이하인 문항을 제외하고, 최종 24개 문항을 선정하였다.

(2) 척도구성 및 표준화

표 28 척도구성과 신뢰도

하위요인	문항수	내용	문항번호	신뢰도
정의적 결속 (Affective Bonding)	7개	정, 애정표현, 조화·화목, 이해 등을 측정	1,2,3,4,5,6,11	.83
외적 자원과 관계 (External Relationship)	4개	외적 자원, 외적자원과의 관계의 질을 측정	23,24,25,26	.82
가족규범 (Family Norm)	5개	규칙의 설정, 권력구조의 안정성, 가훈의 확립, 가족원의 자기주장 수용 등 측정	7,12,13,14,16	.75
역할과 책임 (Roles & Responsibilities)	4개	상호보완적 분담과 수행, 타협에 의한 기대와 수용, 변화에의 융통성 등을 측정	8,9,10,17	.55
의사소통 (Communication)	3개	의사소통의 개방성, 문제해결시의 의견 공유, 협조 등을 측정	15,21,22	.73
재정자원 (Financial Resources)	3개	재정적 자원을 측정	18,19,20	.69
전 체	26개			.87

한국형 가족기능 척도는 정의적 결속, 외적 자원과 관계, 가족규범, 역할과 책임, 의사소통 및 재정자원의 6개 하위요인으로 구성되어 있다. 척도의 신뢰도는 내적일치도 Cronbach's α=.87이고, 반분신뢰도 Guttman 신뢰도 계수는 .84이다.

(3) 척도문항

다음 문항을 잘 읽고 당신 가족을 잘 기술하고 있는 곳에 ∨표 해 주십시오.

전혀 그렇지 않다	그렇지 않다	그렇다	매우 그렇다
1	2	3	4

1. 우리 가족은 서로에게 정(호감)을 느끼고 있다.
2. 우리 가족은 '하나, 함께'라고 느껴진다.
3. 우리 가족은 애정표현(끌어안음, 뽀뽀 등)을 한다.
4. 우리 가족은 화목하다.
5. 우리 가족은 서로를 이해한다.
6. 우리 가족은 서로 믿고 아껴준다.
*7. 우리 가족은 각각 자기중심적이다.
8. 우리 가족은 각자의 역할이 정해져 있다.
9. 우리 가족은 각자의 역할에 만족하고 있다.
10. 우리 가족은 각자의 책임을 완수하고 있다.
11. 우리 가족은 함께 보내는 시간이 많다.
12. 우리 집은 가족 내 대소사(자녀양육, 명절 보내기 등)를 위한 규칙이나 규범이 있다.
13. 우리 가족은 가족 내 규칙, 규범을 지킨다.
14. 우리 집의 규칙, 규범은 융통성이 있다.
15. 가족 내 중요한 일을 결정할 때 가족은 누구나 자유롭게 자신의 의견을 표현하고 가족들 개인의 의견이 반영된다.
16. 우리 가족구성원은 가훈을 지킨다.
17. 우리 가족은 문제가 생겼을 때, 스스로 해결할 수 있는 능력이 있다.
18. 우리 가족은 필요시 시댁/본가 식구들로부터 경제적 도움을 받는다.
19. 우리 가족은 필요시 친정/처가 식구들로부터 경제적 도움을 받는다.
*20. 우리 가족은 필요시 친구, 이웃들로부터 경제적 도움을 받는다.
21. 우리 가족은 속상한 일에 대해서 터놓고 이야기한다.
22. 우리 가족은 문제가 있으면 서로 협조하여 해결한다.
23. 우리 가족에게 문제가 생기면, 언제나 도움을 청할 수 있는 친척이 있다.
24. 우리 가족에게 문제가 생기면, 언제나 도움을 청할 수 있는 친지(이웃, 친구)가 있다.
25. 자주 방문하는 친척이나 친지가 있다.
26. 우리 가족은 친척, 친지들과 잘 지낸다.

* 문항분석시 상관계수 .30 이하로 제외된 문항

(4) 출처

이인숙, 박영숙, 송미순, 이은옥, Kim, H. S., 박연환, 최경원, 진영란, 김대희,

이현숙(2002). 한국형 가족기능 측정 도구 개발을 위한 연구: 만성질환아 가족을 대상으로. 대한간호학회지, 32(3), 395-405.

11) 가족기능임상평정 척도

(1) 소개

가족기능임상평정 척도는 박진희(2013)가 가족의 상호작용을 관찰한 평정자가 가족기능을 평가할 수 있는 관찰평정 척도이다. 가족기능임상평정 척도는 객관적 평정 척도의 개발 필요성에 따라 어린 자녀를 둔 가족의 상호작용과 의사소통을 관찰해 객관적으로 평가할 수 있다는 장점을 지닌다. 척도는 예비연구를 통해 척도의 구성요인을 정의하고, 문항과 평정매뉴얼 및 구조화된 가족상호작용 과제를 개발하여 1차 척도를 완성한 후, 이를 이용해 5가족의 녹화된 비디오 자료를 2인의 전문가가 평정하고 척도를 재분석하여 수정보완하여 내용타당도 검증을 통해 2차 척도를 완성하였다. 최종 가족기능임상평정 척도는 30개 문항으로 Likert 5점 척도로 구성되어 있다.

(2) 척도구성 및 표준화

표 29 척도구성과 신뢰도

하위요인	문항수	문항번호	신뢰도
가족구조	9개	1, 2, 3, 4, 5, 6, 7, 8, 9	.83
긍정적 정서반응	7개	10, 11, 12, 13, 14, 15, 16	.90
부정적 정서반응	5개	17, 18, 19, 20, 21	.86
문제해결적 의사소통	8개	22, 23, 24, 25, 26, 27, 28, 29	.90
삼각관계 현상	1개	30	-
전 체	30개		.88

가족기능임상평가 척도는 삼각관계 문제를 평가하는 문항을 제외한 29개 문항에 대한 탐색적 요인분석을 실시한 결과, 가족구조 9개 문항, 긍정적 정서반응 7개 문항, 부정적 정서반응 5개 문항, 문제해결적 의사소통 8개 문항의 4개 하위요인으로 나뉘었다. 여기서 가족구조 하위요인은 부부 3개 문항, 부모 4개 문항, 자녀 2개 문항으로 구성된다. 가족기능임상평가 척도는 가족사정 척도(FAD), 부부응집성 척도, 부부의사소통 척도, 부모양육태도 척도, 부모자녀 간 의사소통 척도 및 형제-자매관계 척도와의 높은 상관을 보임으로써 공인타당도가 입증되었다. 가족기능임상평가 척도의 신뢰도는 내적일치도 Cronbach's α=.88이다. 평정자간 일치도는 총 문항에 대해 93.27%였고, 각 하위요인에서 .88.03%~.94.42%까지의 범위를 보였다.

(3) 척도문항

문항내용	행동평가기준
1. 부부가 한 팀이 되어 자녀들을 이끌어 가는가?	부부체계가 부모-자녀체계보다 권력을 더 많이 갖고, 주도하며, 양측 모두 자녀와의 관계에서 리더십을 갖고 함께 양육에 참여하는지를 평정한다. 부부가 서로 한 팀이 되어 자녀들을 효과적으로 리드해나가는 정도를 평가한다. 1점: 부부 모두 자녀들을 리드하지 않는다. 무관심하거나 자녀들의 지시나 말에 관여 없이 수동적으로 따른다. 2점: 부부가 간간이 리드하려는 모습이 관찰되지만, 한 팀이 된 느낌은 없다. 3점: 부부가 각자 리드하려는 모습이 관찰되지만 한 팀이 된 느낌은 지속되지 못한다. 일관적이고 지속적으로 자녀를 리드하려고 하지만 한 명 씩 따로 일관적으로 리드하려는 모습이 더 많이 관찰된다. 4점: 부부가 대체로 서로 협력하여 한 팀이 된 모습이 자주 관찰된다. 하지만 효과적으로 리드하지 못 할 때도 있다. (강제적으로 자녀를 리드하기도 하고, 과제에 따라서는 주도적인 부모가 나서기도 한다) 5점: 시간 내내 부부가 동등하게 한 팀으로 상호 협동하며 민주적이고 효과적으로 자녀들을 이끌어가는 모습이 관찰된다. 부모의 리드가 효과적인 결과를 가져오고 자녀들은 부모의 리드에 잘 따라가는 모습이 관찰되며 안정적이다.

문항내용	행동평가기준
2. 부부응집력은 어떠한가?	부부간의 응집력은 부부간의 동질감, 하나된 느낌, 관심, 애정, 친밀감을 표현하는 정도를 평정한다. 부부가 서로 언어적으로나 비언어적으로 긍정적인 감정을 표현하고 따뜻하며 존경하고 애정을 느끼는 모습을 평가한다. 관찰자가 보기에 부부가 서로 호감을 느끼고 우호적이며 친근한 모습이 관찰된다. 응집력이 낮은 경우에는 부부간의 거리감이 느껴지고 각자 개별적으로 활동하며 고집스러워 보이며 귀찮아 보이거나 무관심해 보이기도 한다. 1점: 전혀 부부간의 애정이나 관심, 친밀감이 느껴지지 않는다. 냉담하거나 무관심하다. 서로를 비난하는 경우도 있다. 2점: 한두 번 부부간의 애정이나 관심, 친밀감이 보이는 순간이 나타나지만 오래 가지 않는다. 3점: 종종 부부간의 애정이나 관심이 느껴지는 순간도 있지만 친밀하지 않은 모습과 서먹한 모습도 관찰된다. 또는 한 사람은 친근하지만 한 사람은 그렇지 않은 모습이 관찰된다. 4점: 자주 부부간의 애정과 관심이 느껴지는 경우가 더 많다. 서로 간의 친밀함과 편안함을 양자에게서 느낀다. 5점: 매순간 부부간의 애정과 관심이 느껴진다. 두 사람 모두 서로에게 관심을 표현하고 긍정적인 감정을 지닌 것이 느껴진다.
3. 부부의사소통은 어떠한가?	부부 의사소통은 부부간의 대화를 관찰해 평정한다. 부부가 서로 자신들의 감정과 의견을 직접적이고 정확하고 분명하게 말하며 서로 존중하는 방식으로 이야기하는지를 평가한다. 좋은 의사소통이란 상대방의 의견을 듣고 감정을 존중하며 위협적이지 않고 평가적이지 않아야 한다. 서로의 의견을 정리하여 말하거나 상대방의 의견을 알기 쉽게 바꾸어 말하거나 좀 더 정보를 요구하는 식의 질문을 하는 방법들은 서로를 이해하려는 노력으로 간주된다. 일치되지 않거나 부정적인 반응이 나왔을 때 조율하려는 노력을 포함해 비난하거나 방어적으로 되지 않고 이를 수용하거나 한 편을 들어 이야기를 나누는 것도 좋은 의사소통이다. 의사소통의 좋은 행동적인 예는 편안하고 잦은 시선 접촉, 상대에게 향해져 있는 신체자세, 목소리의 톤(단조롭지 않고 다양하며 생기있는 톤)으로 표현된다. 1점: 전혀 서로 대화하지 않는다. 서로에게 직접적으로 말을 하지 않는다. 2점: 한두 번 대화하지만, 매우 짧고 간간이 부정적이고 피상적이며 비난하는 식의 표현도 나타난다. 3점: 종종 서로 대화하고 존중하며 조율하는 모습을 보인다. 한 두번 정도 방어적이거나 비난하는 식의 대화가 있기도 하다.

문항내용	행동평가기준
	4점: 자주 효과적으로 대화하며 존중하는 모습을 보이는 경우가 더 많다. 자신들의 생각, 의지, 감정을 표현하고 상대방의 말을 귀기울여 듣는다. 5점: 매순간 건설적이고 존중하는 방식으로 의사소통하고 자신들의 감정을 정직하고 직접적으로 대화하며 편안하고 방어적이지 않다.
4. 아버지가 자녀들에게 개입하는 정도는 어떠한가? 5. 어머니가 자녀들에게 개입하는 정도는 어떠한가?	아버지/어머니와 자녀(들)의 전체 상호작용 동안 아버지/어머니의 개입 정도를 측정한다. 개입이란 지시나 설명을 해주고 가이드해 주는 모든 내용의 활동을 말한다. 개입은 자녀(들)가 요구할 때 도움을 주는 것과 요구하지 않았는데 도움을 주는 것을 모두 포함한다. 효과적인 개입은 자녀의 행동을 관찰한 것을 바탕으로 한 개입이다. 1점: 전혀 개입이 없다. 무관심하다. (무관심, 무개입) 2점: 과도하고 일방적인 개입이 있다. 자녀의 행동을 관찰하기보다는 아버지/어머니가 제한과 직접적인 지시를 하는 등 과도한 개입이 더 많다. 시간 내내 자녀들보다 말이 많고 개입과 관여가 많은 편이다. 다소 일방적이고 위협적인 느낌이 들기도 한다. 3점: 한두 번의 개입이 있지만 대체로 자녀에게 수동적으로 따른다. (약간 또는 수동적인 개입) 4점: 종종 개입이 있고 비일관적이다. (중간수준의 적극적 개입: 효과적이거나 지속적이지는 않음) 5점: 자주 개입이 있고 효과적이며 일관적이다. 자녀의 행동을 잘 관찰하고 반영해 주며 적극적으로 관여한다. 적절한 지시를 사용하고 자녀들의 행동과 반응을 듣고 질문하며 활발한 상호작용을 이끌며 가이드한다.
6. 아버지가 자녀들에게 애정표현을 하는 정도는 어떠한가? 7. 어머니가 자녀들에게 애정표현을 하는 정도는 어떠한가?	부모가 자녀에게 기분 좋은 표현을 하는 정도와 긍정적이고 지지적인 말과 애정 표현을 하는 전반적인 정도를 평정한다. 자녀를 바라볼 때, 웃거나 미소짓는 행동과 자녀와 가까이 앉거나 신체적 접촉을 시도하며 긍정적인 분위기를 만들어가는 정도를 표현한다. 말하는 내용뿐 아니라 말하는 것과 연관된 감정을 포함해 평정한다. 애정표현은 신체적인 표현, 목소리 톤, 얼굴표정, 말의 내용과 뉘앙스 등 전체적인 분위기로 나타난다. 얼굴 표정은 미소 짓기, 웃음, 이완되어 보이는 표정 등이 될 수 있고, 껴안기, 가볍게 신체접촉을 시도하기, 머리를 쓰다듬기, 어깨를 감싸 안기, 손을 잡아주기 등이 될 수 있다. 1점: 애정 표현이 전혀 관찰되지 않고 무관심하다. 2점: 애정 표현이 한두 번 관찰된다. 전반적으로 자녀를 대하는 전체적인 아버지/어머니의 표정과 감정은 침체되어 있거나 무미건조하다.

문항내용	행동평가기준
	3점: 애정 표현이 종종 관찰된다. 때때로 미소짓고 농담을 걸고 웃고, 신체접촉을 하지만, 지속되지 못한다. 4점: 애정표현이 자주 관찰된다. 만족감, 웃음, 열정, 환호, 사랑스러움의 순간들이 관찰되고 자녀들에게 표현된다. 5점: 애정표현이 매순간 관찰된다. 아버지/어머니는 자녀들에게 계속적으로 애정을 표현하고 관심을 보이며 적극적으로 시선을 마주치고, 신체적 접촉을 시도하고 칭찬이나 지지의 말을 빈번하게 하는 모습이 관찰된다.
8. 자녀1의 자기표현정도는 어떠한가?	자녀가 부모에게 자신의 의견과 감정을 잘 표현하고 주장하는 정도를 평정한다. 부모의 개입에 대해서도 자신의 의견이나 감정을 확실하게 말하고 거부를 받아도 계속적으로 자기의 입장을 설명하는 정도나 부모에게 자신의 욕구를 표현하거나 도움을 요청하는 말을 하거나 질문이나 지시, 거부하는 모든 내용의 표현을 포함한다.
9. 자녀2의 자기표현정도는 어떠한가?	1점: 자기표현을 전혀 하지 않는다. 침체되어 있고 의욕이 없고 무기력하고 의기소침하다. 2점: 자기표현을 한두 번 한다. 눈치를 보며 간간이 거부의 표현이나 소극적인 표현만 한다. 3점: 자기표현을 종종 한다. 하지만 조용하게 부모의 지시를 듣고 아무 말 없이 수용하는 경우도 많다. 4점: 자기표현을 자주 하는 편이다. 5점: 자기표현을 매순간 적극적으로 하며 말이 많은 편이다.
10. 가족은 긍정적인 감정을 말로 표현하는가?	긍정적인 감정이란 친밀감, 만족, 기쁨, 애정, 지지, 격려, 즐거움, 쾌활함, 흥분, 환호, 우호적이고 긍정적인 모든 감정 등을 포함한다. 여기서는 긍정적인 감정을 말로 자발적 또는 반응적으로 표현하는 정도를 평정한다. 1점: 긍정적인 감정을 전혀 말로 표현하지 않는다. 2점: 긍정적인 감정을 한두 번 말로 표현하는 경우가 있다. 3점: 긍정적인 감정을 종종 말로 표현한다. 4점: 긍정적인 감정을 자주 말로 표현한다. 5점: 긍정적인 감정을 계속, 지속적으로 말로 표현한다.
11. 가족은 긍정적인 감정을 행동으로 표현하는가?	가족의 상호작용을 관찰하여 긍정적인 감정을 비언어적으로 표현하는 정도를 평정한다. 비언어적인 감정의 행동 표현이란 시선접촉, 웃음, 미소, 신체적 접촉, 뽀뽀나 가벼운 포옹, 머리 쓰다듬기, 손바닥 마주치기(하이파이브), 의자를 당겨서 가까이 앉기, 어깨를 마주치기 등의 표현 정도를 평정한다. 목소리 톤도 포함되는데, 목소리 톤은 흥분되거나 만족스럽거

문항내용	행동평가기준
	나 즐거운 목소리가 될 수 있다. 얼굴표정은 미소 짓기, 웃음, 이완된 표정들이 될 수 있다. 가족이 상호작용하는 동안 행복하고 쾌활하고 만족스럽거나 흥분된 목소리가 들리는 분위기도 포함된다. 1점: 긍정적인 감정을 표현하는 행동이 전혀 관찰되지 않는다. 2점: 긍정적인 감정을 표현하는 행동이 한두 번 관찰된다. 3점: 긍정적인 감정을 표현하는 행동이 종종 관찰된다. 4점: 긍정적인 감정을 표현하는 행동이 자주 관찰된다. 5점: 긍정적인 감정을 표현하는 행동이 계속, 지속적으로 관찰된다.
12. 자녀1의 긍정적인 정서 표현 정도는 어떠한가? 13. 자녀2의 긍정적인 정서 표현 정도는 어떠한가?	자녀의 몸짓이나 얼굴 표정, 목소리의 톤, 몸짓, 말하는 내용과 분위기를 관찰해 긍정적인 정서의 정도를 평정한다. 긍정적인 정서란 편안하게 이완된 모습, 미소를 짓거나 즐거워하는 모습, 행복감, 즐거움, 만족감, 유머와 재미, 흥분된 모습, 정겨운 모습, 자신 있어 하는 모습 등을 모두 포함한다. 1점: 긍정적인 정서가 전혀 관찰되지 않는다. 2점: 긍정적인 정서가 한두 번 관찰된다. 3점: 긍정적인 정서가 종종 관찰된다. 4점: 긍정적인 정서가 자주 관찰된다. 5점: 긍정적인 정서가 계속, 지속적으로 관찰된다.
14. 형제자매간 긍정적인 상호작용의 정도는 어떠한가?	형제자매가 서로 제안하거나 돕거나 부르거나 자신이 하고 있는 것을 보여주거나 설명하는 정도를 평가한다. 서로 협동하거나 연합하여 활동을 수행하는 경우를 평가한다. 곁에 앉거나 자주 서로를 쳐다보고 말하거나 소리 내어 웃거나 미소를 짓거나 포옹을 하거나 손을 잡거나 미안하다고 사과를 하거나 배려해 주거나 기분 좋은 신체적인 접촉을 하는 정도를 평가한다. 1점: 긍정적인 상호작용이 전혀 관찰되지 않는다. 무관심하고 각자 행동한다. 2점: 긍정적인 상호작용이 한두 번 관찰되지만, 한 사람이 주도하거나 절반 이하만 관찰된다. 3점: 긍정적인 상호작용이 종종 관찰되고 절반가량 관찰된다. (한 사람만 주도하거나 두 사람 모두 참여가능) 4점: 긍정적인 상호작용이 두 형제 모두에게서 나타나고 절반 이상 관찰된다. 또는 한 사람의 긍정적인 일방적 행동이 과도하다. 5점: 긍정적인 상호작용이 두 형제 모두에게서 나타나고 계속, 지속적으로 관찰된다. 둘 간의 상호 균형이 유사하며 자유롭고 긍정적으로 상호작용한다.

문항내용	행동평가기준
15. 가족이 과제에 흥미와 동기를 보이며 적극적으로 참여하는가?	가족구성원 모두가 과제에 흥미와 동기, 호기심을 보이는 정도를 평정한다. 의욕적으로 과제에 관심을 보이며 해결을 위해 노력하려고 하며 적극적으로 참여하는 정도를 평가한다. 1점: 대부분 무관심하다. 2점: 전체적인 흥미가 낮다. 과도한 의욕을 보이는 한 명이 있을 경우 다른 가족은 침체되어 있다. 3점: 중간 정도의 흥미를 보인다. 4점: 대체로 흥미가 높은 편이다. 5점: 항상 흥미가 높고 열정이 높아 모두 열심히 참여한다
16. 가족은 결과에 대해 수용하는가?	선택되어 시도된 해결책의 결과에 대한 가족의 반응은 어떠한가? 결과의 성패와 관련 없이 가족이 자신들의 행위의 결과에 대한 감정과 의견을 나누는 과정을 살펴본다. 자신들의 시도의 결과에 대해 무관심 한지 즐거워하며 긍정적인 감정을 나누는지를 평가한다. 1점: 무관심함. 반응이 거의 없다. 2점: 거부하거나 좌절하고 다른 가족원을 비난, 원망, 후회하거나 아쉬워하는 모습이 더 많다. 3점: 즐거워하거나 격려하고 수용하기도 하고 비난, 원망, 후회하기도 한다. 4점: 대체로 즐거워하고 만족하며 수용하는 모습이 더 많다. 5점: 고든 가족이 결과에 무관하게 서로의 노력을 격려하고 과정을 즐거워하고 결과에 만족스러워 하며 수용한다.
17. 가족은 부정적인 감정을 말로 표현하는가?	가족 전체가 부정적인 감정을 말로 표현하는 정도를 평정한다. 부정적인 감정이란 서로 비난, 거부, 무시, 적대시하거나 빈정대는 것을 포함하며 긴장, 좌절, 분노, 짜증, 적대감의 표현을 포함한다. 1점: 부정적인 감정을 전혀 말로 표현하지 않는다. 2점: 부정적인 감정을 한두 번 말로 표현하는 경우가 있다. 3점: 부정적인 감정을 종종 말로 표현한다. 4점: 부정적인 감정을 자주 말로 표현한다. 5점: 부정적인 감정을 계속, 지속적으로 말로 표현한다.
18. 가족은 부정적인 감정을 행동으로 표현하는가?	가족 전체의 부정적인 정서톤이나 긴장 수준을 평가한다. 부정적인 감정은 긴장, 좌절, 분노, 짜증, 적대감의 명백한 표현뿐 아니라 좀 더 애매한 형태의 부정적인 감정의 표현도 포함한다. 예를 들어, 목소리나 얼굴 표정 또는 신체의 긴장감이나 약간 높아진 목소리, 조바심을 내는 것, 귀

문항내용	행동평가기준
	찮아하는 것, 갑작스럽게 거절하거나 긴장된 분위기를 조장하는 행동들을 포함한다. 행동의 예는 가볍게 때리기, 어깨를 밀치기, 도구를 들고 있는 손에서 도구를 빼앗기, 손을 저으며 거부의 표현을 함, 팔짱을 끼고 돌아앉아 있기, 곁눈질로 째려보기, 눈살을 찌푸림, 눈 흘기기, 무서운 표정으로 쳐다보기, 큰 소리를 지르며 눈을 크게 뜨고 부라리는 등 엄포를 놓는 듯한 분위기를 만드는 것들을 포함한다. 말하는 내용이 아니라 말하는 것과 연관된 감정을 의미한다. 1점: 부정적인 감정을 표현하는 행동이 전혀 관찰되지 않는다. 2점: 부정적인 감정을 표현하는 행동이 한두 번 관찰된다. 3점: 부정적인 감정을 표현하는 행동이 종종 관찰된다. 4점: 부정적인 감정을 표현하는 행동이 자주 관찰된다. 5점: 부정적인 감정을 표현하는 행동이 계속, 지속적으로 관찰된다.
19. 자녀1의 부정적 정서 표현 정도는 어떠한가? 20. 자녀2의 부정적 정서 표현 정도는 어떠한가?	자녀의 몸짓이나 얼굴 표정, 목소리의 톤, 몸짓, 말하는 내용과 분위기를 관찰해 부정적인 정서의 정도를 평정한다. 부정적인 정서란 눈치를 보고 부모를 신경쓰는 것, 불편해 보이는 모습, 긴장, 불안, 분노, 공격, 반항, 시기, 빈정댐, 적의(적개심), 화, 위축, 슬픔, 울음, 짜증스러움, 무기력감, 혼란스러워하는 모습, 불순응 등을 모두 포함한다. 적극적으로 화를 내거나 부정적인 감정을 표출하는 것도 포함되며 감정표현이 두드러지지는 않지만 긴장감이 흐르거나 위축되어 있거나 눈치를 보고 불만족스러워 하며 볼 멘 표정으로 아무 말도 하지 않고 침묵하는 모습도 해당된다. 1점: 부정적인 정서가 전혀 관찰되지 않는다. 2점: 부정적인 정서가 한두 번 관찰된다. 3점: 부정적인 정서가 종종 관찰된다. 4점: 부정적인 정서가 자주 관찰된다. 5점: 부정적인 정서가 계속, 지속적으로 관찰된다.
21. 형제자매간 부정적 상호작용의 정도는 어떠한가?	형제자매를 놀이에 포함시키지 않거나 형제가 잡고 있는 도구나 물건을 빼앗거나 던지는 행동, 방해하거나 비교하며 경쟁하거나 형제가 제안한 아이디어를 무시하거나 놀리거나 비난하는 정도를 평가한다. 형제자매의 의견이나 표현을 무시하거나 제안을 거부하고 부정한다. 비애정적인 표현(싫어, 저리가, 미워)이나 놀리거나 조롱하는 표현들의 정도도 포함된다. 형제를 때리거나 차고 꼬집거나 미는 등의 행동과 형제에게 욕을 하거나 고함을 치거나 무시하는 행동들을 포함한다. 부모에게 형제의 행동을 고자질하거나 하지 말도록 위협하는 행동 및 형제를 무시하는 반응들도 포함한다.

문항내용	행동평가기준
	1점: 부정적인 상호작용이 전혀 관찰되지 않는다. 무관심하고 각자 행동한다. 2점: 부정적인 상호작용이 한두 번 관찰되지만, 한 사람이 주도하거나 절반 이하만 나타난다. 3점: 부정적인 상호작용이 종종 관찰되고 절반가량 관찰된다. (한 사람만 주도하거나 두 사람 모두 참여가능) 4점: 부정적인 상호작용이 두 형제 모두에서 나타나고 절반 이상 관찰된다. 또는 한 사람의 긍정적인 일방적 행동이 과도하다. 5점: 부정적인 상호작용이 두 형제 모두에서 나타나고 시간 내내 관찰된다. 둘 간의 상호 균형이 유사하며 둘 모두 부정적인 행동이 과도하다.
22. 가족은 다른 가족원의 말에 경청하는가?	가족원이 다른 가족원이 말을 할 때 시선을 마주하거나 듣고 있다는 표현을 하거나 말을 해서 반응을 해주는 정도를 말한다. 1점: 전혀 경청하지 않는다. 다른 가족원이 말을 할 때 쳐다보지 않고 잘 듣지 않고 다른 말이나 행동을 하며 무관심하다. 2점: 약간 경청하는 모습이 관찰되지만, 반시간이나 반수 이하만 경청한다. 비난하거나 무시하는 가족도 있다. 3점: 절반 정도 경청한다. 4점: 절반 이상 서로 경청하는 모습이 관찰된다. 반수 이상의 가족이 다른 가족원이 말을 할 때 바라보며 시선을 마주하고 고개를 끄덕이거나 하던 행동을 멈추어 집중한다. 5점: 모든 가족이 시간 내내 다른 가족원이 말을 할 때 고개를 들어 시선을 마주하고 인정하거나 지지하거나 집중하는 표현을 한다. 서로서로 경청하는 분위기가 지속된다.
23. 모든 가족이 대화에 참여하는가?	가족이 서로 이야기를 주고받는 대화를 하는 것을 평가한다. 가족 중 한두 사람만이 아닌 모두가 시간 내내 대화에 참여하여 활발하게 의논하고 토의하는지를 평가한다. 전체 수행시간 동안 대화에 주로 참여하는 가족이 몇 명인지를 기준으로 평정한다. 1점: 대화를 나누기보다는 각자 혼자 과제를 묵묵히 수행한다. 2점: 대화가 이뤄지지만, 가족원 중 주로 한 명만이 말을 하고 주도하는 편이다. 3점: 가족원의 절반 정도만 대화한다. 말을 하지 않는 한 두 명도 간간이 참여하지만, 대체로 문제해결에 참여하는 사람은 반정도이다. 4점: 가족원의 절반 이상이 대화에 참여하여 이야기 나누며 문제해결을 한다. 5점: 가족원 모두가 참여하여 문제해결을 위해 적극적으로 대화한다.

문항내용	행동평가기준
24. 가족은 자신의 의견을 명확하게 표현하는가?	가족원들이 자신의 의견을 말할 때, 말하는 성량과 소리, 발음이 분명하며 말하는 내용이 명확하고 구체적이어서 상대방이 들을 때 말의 내용을 쉽게 듣고 이해할 수 있어 원활한 대화가 가능한지를 평정한다. 웅얼거리듯 말끝을 흐리는 경우나 입에서 맴도는 듯한 말, 작은 소리로 하는 말, 상대방을 쳐다보지 않고 시선을 아래로 두고 작게 말하는 등 말하는 소리나 억양, 발음이 분명치 않으면 명확한 대화를 한다고 볼 수 없다. 1점: 전혀 이해되지 않는 대화를 한다. 2점: 말의 내용들이 명확하지 않고 소통이 원활하지 않다. (웅얼거리거나 말끝을 흐리는 등의 대화) 3점: 절반정도 명확하며 단순히 이해가 가능한 말을 하는 경우가 대부분이다. 4점: 절반이상 명확한 대화를 한다. 소통의 어려움은 없지만 활발하지는 않다. 한두 번의 주고받음에서 끝난다. 5점: 모두가 명확한 대화를 하고 소통이 원활하며 주고받음이 활발하다.
25. 가족은 현재 상황이나 주제와 연관된 말을 하는가?	가족원들이 자신의 의견을 말할 때, 그 내용이 현재 상황이나 과제와 관련이 있고 적합하며 문제해결에 도움이 되는 말을 하는 정도를 평정한다. 1점: 서로 말을 거의 하지 않는다. 2점: 대화량의 절반 이하만 상황에 연관된 대화이다. 3점: 대화량의 절반 정도가 상황에 연관된 대화이다. 4점: 대화량의 절반 이상이 상황에 연관된 대화이다. 5점: 대화량의 전부가 현재 상황과 일치되는 이야기를 하며, 가족원의 모든 이야기가 초점과 소재가 잘 일치되어 한 팀으로 대화한다.
26. 가족은 시작 전에 문제가 무엇인지 정의를 내리는가?	가족이 문제를 해결하기에 앞서 함께 해결해야 할 문제가 무엇인지 정의하고 이해하며, 이를 위해 설명을 해주고 이해를 했는지, 동의하는지를 의논하는 정도를 평가한다. 해결책을 고민하기에 앞서, 가족이 해결해야 하는 문제가 무엇이고, 절차가 어떠한지에 대해 설명하고 가족의 이해를 구하는지를 살펴본다. 가족들이 문제가 무엇인지에 대한 대화를 나누거나 가족에게 제시되는 상호작용 과제 설명서를 큰 소리로 읽어주는 등의 행동을 포함한다. 1점: 시작 전에 문제에 대해 전혀 정의를 내리지 않는다. 바로 해결에 들어간다. 2점: 시작 전은 아니지만, 중간에라도 문제에 대해 대화하며 정의하려는 시도를 한두 번 보인다. 3점: 시작 전에 문제에 대해 한 번 이상 정의내리려 한다. 가족원에게 해

문항내용	행동평가기준
	결해야 하는 문제가 무엇인지 묻거나 이야기해 주는 가족원이 있다. 4점: 시작 전에 대체로 문제를 정의내리려 한다. 5점: 시작 전에 언제나 문제를 정의내리려 하고, 온 가족에게 문제가 무엇인지 알려주고 시작한다.
27. 가족은 해결을 위한 해결책을 자유롭게 제시하고 시도해보는가?	가족구성원이 해결을 위한 다양한 방법을 제안하고, 이에 대해 자유롭게 대화하고 시도해보는지를 평정한다. 해결을 위한 대화란 문제를 어떻게 해결할 지에 대해 궁금해 하며 서로 질문을 하고 여러 가지 해결 방법을 제시하는 모든 대화를 포함한다. (예: 이걸 어떻게 할까? 어떻게 할 수 있지? 이건 *** 이렇게 해봐. 먼저 **부터 하자.) 1점: 해결을 위한 대화를 전혀 나누지 않는다. 2점: 해결을 위한 제안이 간간이 나오기도 하지만, 대부분 제시하지 않는 경우가 더 많다. (예: 한 명단 제시) 3점: 해결을 위한 제안을 말하지만, 각자 자신의 방법대로만 움직인다. 4점: 가족의 반 수 이상이 제안을 하고 함께 시도하며 모두 참여하는 모습이 간간이 관찰된다. 5점: 가족이 모두 다양한 제안을 자유롭게 말하고, 이에 대해 함께 시도하며 팀으로 함께 움직인다.
28. 가족은 민주적인 의사결정을 거치는가?	가족구성원이 문제해결을 위한 제안들을 듣고 해결책을 결정하기 위한 의논을 적극적으로 하는지를 평가한다. 민주적인 의사결정이란 서로의 의견을 존중하고 각자의 의견을 물으며 의사결정과정에서 동의를 구하거나 공평하게 진행하려고 다양한 방법을 고안해내는 등 민주적인 절차를 거쳐 해결책을 결정하는 정도를 평가한다. 가족이 모두 하고 싶은 대로 각자의 방식대로 하는 것을 허용하고 격려하는 것은 민주적인 의사결정을 거치는 것이 아니라 지나치게 허용적인 것으로 해석한다. 주로 FAST 배치과제와 여름휴가 계획 세우기 과제에서 민주적인 의사결정을 관찰할 수 있다. 1점: 결정을 위한 의논이 전혀 없다. 2점: 가족원의 반 수 이하만 의논을 하고 의견을 물으며 존중받는다. (한 명의 의사만 존중된다) 3점: 가족원의 반 정도가 민주적인 의논에 참여한다. (두 명만 의사결정에 참여한다.) 4점: 가족원의 반 수 이상이 민주적인 의논을 위한 대화에 참여하고 의견을 묻거나 의견을 내놓는다. 5점: 가족 모두 민주적인 의논을 거치며, 결정에 대한 동의와 이해를 묻는 과정을 통해 의사결정을 내린다.

문항내용	행동평가기준
29. 해결의 결과가 성공적인가?	가족원이 제안한 해결방법이 성공적인지를 평가한다. 성공적인 결과란 5분 안에 과제를 모두 성공하는 것을 말한다. 예를 들어, 4인 가족이 5분 안에 퍼즐을 완성하고, 5분 안에 체스판을 완성해 동의한 한 장의 사진을 찍고, 10분 안에 휴가 계획을 수립하는 것을 말한다. 휴가계획을 수립하는 경우에는 최소한 장소와 날짜, 기간에 관한 합의가 이뤄지는 것을 과제성공의 기준으로 본다. 가족이 시간을 넘겨서도 과제를 계속하는 경우나 시간을 넘겨 성공하는 경우에는 성공으로 보지 않는다. 1점: 매우 빈약한 결과. 모든 시도에서 가족의 시도와 노력이 효과적이지 않아 시간 내에 성공하지 못했다. 2점: 빈약한 결과. 시간 내에 성공하는 경우가 적다. 3점: 중간 정도의 결과. 시간 내에 과제를 성공하는 경우와 그렇지 못한 경우가 반반이다. 4점: 좋은 결과. 대체로 시간 내에 성공하는 경우가 더 많다. 5점: 매우 좋은 결과. 모든 경우에 시간 내에 가족이 과제를 성공하고 여유시간도 있다.
30. 삼각관계 현상: 한 부모와 자녀(들)의 상호작용이 두드러지는가? (소외된 부모/자녀(들)가 있는가?)	한 부모와 자녀(들)의 상호작용이 가족의 상호작용 중에서 두드러지는 정도를 평정한다. 삼각관계란 부모 중 한 명이 자녀들을 자신의 편으로 만들기 위해 자신과 유사한 특징이나 행동을 골라 언급하거나 상대 배우자와 한 편이 되지 못하도록 사이를 갈라놓는 것들을 포함한다. 삼각관계가 일어나는 경우 부모 중 한 명과 자녀(들)와의 상호작용과 대화가 더 빈번해지고 친밀하며 주도적이 되는 모습을 관찰할 수 있다. 이 경우 자녀가 한 부모 편을 적극적으로 들거나 부모 한 명이 자녀 편을 적극적으로 드는 모습이 관찰된다. 또한, 소외된 자녀(들)나 부모는 "제3자"처럼 보이고 그의 의견이나 제안은 무시되어진다. 이는 부모-자녀 간의 경계가 모호하거나 역할이 역전이될 때, 나타날 수 있다. 이렇듯 부모-자녀관계가 부부관계보다 두드러지게 친밀하거나 의존적이거나 융합되어 있을 때, 부부관계는 유리되어 있을 가능성이 높다. 1점: 부부만 서로 상호작용한다. 자녀들이 소외되는 모습이 두드러진다. (부부≫부모자녀) 2점: 부부의 상호작용이 부모와 자녀(들)의 상호작용보다 더 많고 현저하다. (부부〉부모자녀) 3점: 부부의 상호작용과 부모와 자녀들의 상호작용이 유사하다. (부부≒부모자녀) 4점: 한 부모와 자녀(들)의 상호작용이 부부의 상호작용보다 더 많고 현저하다. (부부〈부모자녀) 5점: 한 부모와 자녀(들)만이 서로 상호작용한다. 다른 한 부모가 소외되는 모습이 두드러진다. (부부≪부모자녀)

(4) 출처

박진희(2013). 가족기능평가를 위한 임상평정 척도 개발연구.
서울여자대학교 박사학위논문.

12) 가족정신건강 사정도구

(1) 소개

가족정신건강 사정도구는 한국 가족의 정신건강을 사정할 수 있는 도구를 개발하기 위해 권수자와 이길자(1997)가 제작한 척도이다. 척도는 Likert 4점 척도로 총 48개 문항으로 구성되어 있다.

(2) 척도구성 및 표준화

표 30 척도구성과 신뢰도

하위요인	문항수	문항번호	신뢰도
정서적 지지	13개	1,4,6,10,19,20,23,25,27,30,32,41,45	.91
건전한 생활	3개	13,15,34	.78
의사소통	4개	7,11,29,44	.84
화목한 생활	11개	5,12,14,18,35,36,37,40,42,43,47,48	.81
사회생활 적응	5개	2,22,28,31,33	.75
성실한 생활	3개	3,38,46	.64
자기통제	3개	17,24,26	.53
삶의 의욕	5개	8,9,16,21,39	.75
전체	48개		.94

가족정신건강 사정도구는 정서적 지지, 건전한 생활, 의사소통, 화목한 생활, 사회생활 적응, 성실한 생활, 자기통제, 삶의 의욕의 8개 하위요인으로 구성되어 있으며, 신뢰도는 내적일치도 Cronbach's α=.94이다.

(3) 척도문항

다음 문항을 잘 읽고 당신 가족을 잘 기술하고 있는 곳에 V표 해 주십시오.

전혀 그렇지 않다	그렇지 않다	그렇다	매우 그렇다
1	2	3	4

1. 우리 가족은 서로 이해한다.
2. 우리 가족은 친구와 잘 어울린다.
3. 우리 가족은 모두 맡은 바 일을 열심히 한다.
4. 우리 가족은 서로 존중해준다.
5. 우리 가족은 여가를 즐기는 생활을 한다.
6. 우리 가족은 정으로 뭉쳐져 있다.
7. 우리 가족은 조그마한 일이라도 서로 의논한다.
8. 우리 가족은 바르게 살려고 노력한다.
9. 우리 가족은 매사에 하고자 하는 의욕이 왕성하다.
10. 우리 가족은 서로 잘 도와준다.
11. 우리 가족은 공통된 화제를 갖고 대화한다.
12. 우리 가족은 경제적인 어려움이 없다.
13. 우리 가족은 책임감이 있다.
14. 우리 가족은 서로의 관계가 원만하다.
15. 우리 가족은 옳고 그름을 판단할 수 있다.
16. 우리 가족은 어려운 환경에서도 이겨나가는 힘이 있다.
17. 우리 가족은 좋은 마음을 가지려고 노력한다.
18. 우리 가족은 생활(일, 직업)에 대한 보람과 만족을 느끼고 산다.
19. 우리 가족은 서로 단점을 수용해준다.
20. 우리 가족은 상대방의 입장을 먼저 고려해준다.
21. 우리 가족은 미래에 대한 꿈과 희망이 있다.
22. 우리 가족은 이웃과 잘 지낸다.
23. 우리 가족은 서로 격려할 줄 안다.
24. 우리 가족은 스트레스 해결을 위한 방법을 잘 찾는다.
25. 우리 가족은 서로 감사하는 마음을 갖고 있다.
26. 우리 가족은 마음을 수양하는 자세를 갖고 있다.

27. 우리 가족은 서로 장점을 칭찬해준다.
28. 우리 가족은 친척과 잘 지낸다.
29. 우리 가족은 대화를 많이 한다.
30. 우리 가족은 서로 믿는다.
31. 우리 가족은 현실에 잘 적응한다.
32. 우리 가족은 기쁨과 슬픔을 서로 나누어 갖는다.
33. 우리 가족은 공중질서를 잘 지킨다.
34. 우리 가족은 매사를 좋게 생각한다.
35. 우리 가족은 형제간에 우애있게 지낸다.
36. 우리 가족은 더 잘 살기 위하여 절약하고 저축한다.
37. 우리 가족의 분위기는 평온하다.
38. 우리 가족은 근면하다.
39. 우리 가족은 더 나은 생활을 위해 스스로 노력한다.
40. 우리 가족은 부모에게 효도하고 존경한다.
41. 우리 가족은 작은 일에도 서로에게 관심을 갖는다.
42. 우리 가족은 즐겁고 기쁜 마음으로 생활한다.
43. 우리 가족은 정신적으로 안정되어 있다.
44. 우리 가족은 많은 시간을 같이 지낸다.
45. 우리 가족은 서로 마음에 위로가 되는 말을 해준다.
46. 우리 가족은 성실히 생활한다.
47. 우리 가족은 신체적으로 건강하다.
48. 우리 가족의 분위기는 화목하다.

(4) 출처

권수자, 이길자(1998). 가족 정신건강 사정도구 개발. 정신간호학회지, 7(2), 352-362.

13) 가족권력 척도

(1) 소개

브레이, 윌리엄슨과 말론(Bray, Williamson과 Malone, 1984)이 개발한 가족권력 척도(The Personal Authority in Family System Questionnaire, PAFS-Q)는 가족원 개개인이 3세대 간 가족 내 상호작용을 측정하기 위한 자기보고식 질문지다. 가족권력 척도(PAFS-Q)는 자녀가 있는 성인가족용(Version A for adults with children), 자녀가 없는 성인가족용(Version B for adults without children), 자녀가 없는 청장년가족용(Version C for young adults without children)의 3개 버전으로 되어 있다. PAFS-Q는 Version에 따라 132(A), 122(B), 84(C)개 문항으로 구성되어 있으며, Likert 5점 척도이다. 미혼인 경우에는 '배우자(spousal)와의 관계' 척도에서 의미있는 타인에 대해 평가하면 되고, 기본적으로 3세대 가족관계를 측정한다. 총점 점수가 높을수록 개인화, 친밀도, 권력이 높고, 삼각관계와 적대감이 낮다는 것으로 해석된다. 본서에서는 저자의 요청으로 일부, 윈(Winn, 1993) 박사학위논문에 수록된 Version B 원가족과의 상호작용 87개 문항만 소개한다. 관심있는 분은 저자에게 문의하여 23쪽의 PAFS-Q 매뉴얼을 참조하기 바란다(Williamson, D. S., Bray, J. H., & Malone, P. E. (1982). Personal Authority in the Family System Questionnaire. Houston Family Institute와 Bray, J. H., Williamson D. S., & Malone, P. E. (1984). Personal Authority In The Family System Questionnaire Manual. Unpublished document. 참조).

(2) 척도구성 및 표준화

표 31 척도구성과 신뢰도

하위요인	문항수*	내용	반분신뢰도
부부 친밀도 (Spousal Intimacy)	11개	부부나 중요한 타인과의 관계에 친밀도와 만족하는 정도	.71
부부 융합/개인화 (Spousal Fusion/Individuation)	21개	부부나 중요한 타인과의 관계에서 정서적으로 융합되었거나 개인화되어 있는 정도	.70
핵가족 삼각관계 (Nuclear Family Triangulation)	11개	부부와 자녀 간의 삼각관계 정도	.95
원가족 친밀도 (Intergenerational Intimacy)	24개	원가족 부모(아버지, 어머니 개별 측정)와의 친밀도와 만족하는 정도	.71
개인화/원가족 융합 (Individuation/ Intergenerational Fusion)	9개	원가족 부모에게 정서적으로 융합되었거나 개인화되어 있는 정도	.55
원가족 삼각관계 (Intergenerational Triangulation)	13개	원가족 부모와의 삼각관계 정도	.72
원가족 적대감 (Intergenerational Intimidation)	34개	원가족 부모와의 관계에서 경험하는 적대감 정도	.82
가족 내 권력 (Personal Authority in the Family System)	18개	개인화를 유지하면서 부모와 친밀한 상호작용을 하는 정도	–
전체	141개		

* 브레이와 동료들(Bray et al., 1984) 연구에서 7개 하위요인 181개 문항의 타당화 작업과정에서 가족 내 권력(PERAUT) 18개 문항을 포함시켜 8개 하위요인을 탐색한 문항수임.

PAFS-Q는 부부 친밀도(Spousal Intimacy, SPINT), 부부 융합/개인화(Spousal Fusion/Individuation, SPFUS), 핵가족 삼각관계(Nuclear Family Triangulation, NFTRI), 원가족 친밀도(Intergenerational Intimacy, ININT), 개인화/원가족 융합(Individuation/ Intergenerational Fusion, INFUS), 원가족 삼각관계(Intergenerational Triangulation, INTRI), 원가족 적대감

(Intergenerational Intimidation, INTIM), 가족 내 권력(Personal Authority in the Family System, PERAUT)의 8개 하위요인으로 구성되어 있다(Bray et al., 1984). 단, 자녀가 없는 성인가족용(Version B for adults without children)에는 핵가족 삼각관계(Nuclear Family Triangulation, NFTRI) 하위요인이 포함되지 않는다. PAFS-Q의 신뢰도는 내적일치도 Cronbach's α=.74에서 .96의 범위를 보였고, 반분신뢰도는 평균 time1 .90에서 time2 .89였다(INFUS 제외 척도의 경우, .55에서 .95). 또한, 브레이와 동료들(1984)에 의해서 PAFS-Q의 타당도를 입증되었고(Bray et al., 1984), PAFS-Q는 임상집단을 위한 변별력이 높았다. PAFS-Q는 미혼이나 기혼부부, 자녀가 있는 부부나 자녀가 없는 부부와 대학생에게 모두 유용한 척도라는 장점을 지닌다.

(3) 척도문항

다음 관계의 질과 만족도를 평가하여 주십시오.

매우 좋다	좋다	그저 그렇다	좋지 않다	전혀 좋지 않다
1	2	3	4	5

1. 어머니와의 관계의 질
2. 아버지와의 관계의 질

매우 만족한다	만족한다	그저 그렇다	만족하지 않는다	전혀 만족하지 않는다
1	2	3	4	5

3. 어머니와의 관계만족도
4. 아버지와의 관계만족도
5. 어머니와 접촉(예, 편지, 전화, 대면)하는 빈도에 어느 정도 만족하십니까?
6. 아버지와 접촉(예, 편지, 전화, 대면)하는 빈도에 어느 정도 만족하십니까?

다음 문장을 읽고 해당하는 곳에 ∨표 해 주십시오.

전적으로 책임을 느낀다	매우 책임을 느낀다	어느 정도 책임을 느낀다	거의 책임감을 느끼지 않는다	전혀 책임감을 느끼지 않는다
1	2	3	4	5

7. 부모 중 한 분이 직장에서 어려움을 겪고 있을 때, 당신이 개인적으로 그 문제를 해결해야 한다는 책임감은 어느 정도입니까?
8. 부모가 결혼생활에서 심각한 문제를 겪고 있을 때, 당신이 개인적으로 그 문제를 해결해야 한다는 책임감은 어느 정도입니까?

부모의 직업 성공과 만족도를 당신과 비교했을 때, 당신의 직업 성공과 만족도는 어느 정도입니까? 해당하는 곳에 ∨표 해 주십시오.

훨씬 못 미친다	미치지 못한다	동등하다	다소 성공적이다	매우 성공적이다
1	2	3	4	5

9. 어머니의 경제적 성공
10. 어머니의 정서적 안락함
11. 아버지의 경제적 성공
12. 아버지의 정서적 안락함

다음 문장을 읽고 해당하는 곳에 ∨표 해 주십시오.

항상	종종	중간	가끔	전혀
1	2	3	4	5

13. 당신은 얼마나 자주 어머니가 당신을 '어린 소년/소녀'로 취급한다고 생각하십니까?
14. 당신은 얼마나 자주 아버지가 당신을 '어린 소년/소녀'로 취급한다고 생각하십니까?
15. 당신은 분노, 상처, 충격, 또는 당황스러움과 같이 부모로부터 강렬한 정서적 반응을 이끌어 낼 수 있는 일을 얼마나 꺼리십니까?
16. 당신은 얼마나 자주 부모의 동의(예, 개인적인 문제 처리방식이나 중요한 결정 등)를 구합니까?

다음 문장을 읽고 해당하는 곳에 ∨표 해 주십시오.

상당히 중요하다	매우 중요하다	어느 정도 중요하다	조금 중요하다	전혀 중요하지 않다
1	2	3	4	5

17. 당신은 당신의 일에 대한 어머니의 기대를 충족시키는 것이 얼마나 중요합니까?
18. 당신은 당신의 일에 대한 아버지의 기대를 충족시키는 것이 얼마나 중요합니까?
19. 당신은 당신의 결혼에 대한 어더니의 기대를 충족시키는 것이 얼마나 중요합니까?
20. 당신은 당신의 결혼에 대한 아너지의 기대를 충족시키는 것이 얼마나 중요합니까?
21. 당신은 당신의 육아에 대한 어더니의 기대를 충족시키는 것이 얼마나 중요합니까?
22. 당신은 당신의 육아에 대한 아너지의 기대를 충족시키는 것이 얼마나 중요합니까?
23. 당신은 당신의 외모에 대한 어머니의 기대를 충족시키는 것이 얼마나 중요합니까?
24. 당신은 당신의 외모에 대한 아버지의 기대를 충족시키는 것이 얼마나 중요합니까?
25. 당신은 당신의 생활방식에 대한 어머니의 기대를 충족시키는 것이 얼마나 중요합니까?
26. 당신은 당신의 생활방식에 대한 아버지의 기대를 충족시키는 것이 얼마나 중요합니까?

다음 문장을 읽고 해당하는 곳에 V표 해 주십시오.

항상	종종	중간	가끔	전혀
1	2	3	4	5

27. 당신은 얼마나 자주 당신의 일에 대한 어머니의 기대에 부응하기 위해 당신의 행동을 고쳐야 한다고 느끼십니까?
28. 당신은 얼마나 자주 당신의 일에 대한 아버지의 기대에 부응하기 위해 당신의 행동을 고쳐야 한다고 느끼십니까?
29. 당신은 얼마나 자주 당신의 결혼에 대한 어머니의 기대에 부응하기 위해 당신의 행동을 고쳐야 한다고 느끼십니까?
30. 당신은 얼마나 자주 당신의 결혼에 대한 아버지의 기대에 부응하기 위해 당신의 행동을 고쳐야 한다고 느끼십니까?
31. 당신은 얼마나 자주 당신의 육아에 대한 어머니의 기대에 부응하기 위해 당신의 행동을 고쳐야 한다고 느끼십니까?
32. 당신은 얼마나 자주 당신의 육아에 대한 아버지의 기대에 부응하기 위해 당신의 행동을 고쳐야 한다고 느끼십니까?
33. 당신은 얼마나 자주 당신의 외모에 대한 어머니의 기대에 부응하기 위해 당신의 행동을 고쳐야 한다고 느끼십니까?
34. 당신은 얼마나 자주 당신의 외모에 대한 아버지의 기대에 부응하기 위해 당신의 행동을 고쳐야 한다고 느끼십니까?
35. 당신은 얼마나 자주 당신의 생활방식에 대한 어머니의 기대에 부응하기 위해 당신의 행동을 고쳐야 한다고 느끼십니까?
36. 당신은 얼마나 자주 당신의 생활방식에 대한 아버지의 기대에 부응하기 위해 당신의 행동을 고쳐야 한다고 느끼십니까?

당신은 부모 중 한 분만 저녁 식사에 초대하였습니다. 다른 한 분이 시간이 괜찮아서 당신과 함께 저녁을 하고 싶어 할지라도, 단둘만 저녁 식사를 하고자 합니다.
다음 문장을 읽고 해당하는 곳에 V표 해 주십시오.

상당히	매우	어느 정도	조금	전혀
1	2	3	4	5

당신은 부모 중 어느 한 분만 저녁식사에 초대할 의향이 얼마나 있습니까?

37. 어머니 초대
38. 아버지 초대

당신은 부모 중 어느 한 분과 저녁식사를 하는 것이 얼마나 편합니까?

39. 어머니 초대
40. 아버지 초대

당신이 부모 중 어느 한 분을 저녁식사에 초대하지 않는 것이 얼마나 부당한 일입니까?

41. 어머니를 초대하지 않음
42. 아버지를 초대하지 않음

당신은 초대한 어느 부모와 얼마나 편하게 식사하고 친밀한 대화를 나눌 수 있습니까?

43. 어머니 초대　　　　44. 아버지 초대

당신이 만약 어느 부모를 초대하지 않는다면, 얼마나 죄책감을 느낍니까?

45. 어머니를 초대하지 않음　　　　46. 아버지를 초대하지 않음

다음 문장을 읽고 동의하는 정도에 ∨표 해 주십시오.

매우 동의	동의	중립	반대	매우 반대
1	2	3	4	5

나는 내 인생에서 중요한 일을 부모와 진심으로 공유한다.

47. 어머니　　　　48. 아버지

부모와 나는 서로의 인생에서 중요한 사람이다.

49. 어머니　　　　50. 아버지

나는 부모와 함께 가끔 대화와 오락을 한다.

51. 어머니　　　　52. 아버지

나는 부모의 생각과 감정을 진지하게 받아들이지만, 항상 똑같은 행동에 동의하지 않는다.

53. 어머니　　　　54. 아버지

나는 부모에게 연민을 드러낸다.

55. 어머니　　　　56. 아버지

나는 부모와의 관계에서 공정하다.

57. 어머니　　　　58. 아버지

나는 우리가 공유하는 것에 대해 부모를 믿을 수 있다.

59. 어머니　　　　60. 아버지

부모와 나는 서로 존경한다.

61. 어머니　　　　62. 아버지

나는 부모를 좋아한다.

63. 어머니　　　　64. 아버지

65. 나의 부모는 나를 난처하게 하는 행동을 한다.
66. 만약 부모가 다르게 행동하거나 행동했다면, 지금의 내 문제들은 덜 심각할 것이다.
67. 부모는 자주 내 성격의 어떤 부분을 바꾸려고 한다.

68. 나는 가끔 부모가 나를 얼마나 사랑하는지 궁금하다.
69. 나는 보통 화를 내지 않고 부모의 의견에 반대할 수 있다.
70. 나는 종종 부모와 정서적으로 얽혀서 제대로 생각할 수가 없다.
71. 나는 보통 내가 어떻게 생각하고, 느끼고, 믿는지를 부모에게 말해줌으로써, 부모가 나를 이해할 수 있게 한다.
72. 부모는 나에게 말하는 것과 진짜로 의미하는 것이 다르다.

다음 문장을 읽고 해당하는 곳에 ∨표 해 주십시오.

매우 그렇다	그렇다	보통이다	그렇지 않다	전혀 그렇지 않다
1	2	3	4	5

73. 당신은 부모가 집에 있을 때, 침실에서 은밀하게 성관계를 맺는 것이 얼마나 편안합니까?
74. 당신은 어머니, 아버지에게 원가족과 확대가족의 성장에 대한 사적이고 개인적인 이야기(예, 아버지, 어머니, 형제자매, 이모, 삼촌 등과의 관계에 대한 인식, 생각, 감정에 대해 이야기 하는 것)를 얼마나 편하게 합니까?
75. 당신은 실제이든 가상이든 간에, 벽장 안에 묵혀놓은 가족비밀을 어머니와 아버지에게 얼마나 편하게 이야기합니까?
76. 당신은 과거 부모의 실수나 잘못된 결정(예, 결혼, 배우자, 직업 등)에 대해 아버지나 어머니에게 얼마나 편하게 이야기 합니까?
77. 당신은 이성부모에게 더 이상 가장 사랑하는 사람이 아니라는 사실을 얼마나 편하게 이야기합니까?
78. 당신은 동성 부모에게 당신의 믿음, 가치관, 태도와 행동이 동성 부모와 다르다는 것을 얼마나 편하게 공개적으로 이야기합니까?
79. 당신은 더 이상 의존적인 어린 소년/소녀가 아니라, 동등한 동료적 위치라고 아버지와 어머니에게 얼마나 직접적으로 편하게 이야기하십니까?
80. 당신은 아버지와 어머니에게 부모의 삶과 행복에 책임이 없으며, 부모(또는 이전 세대)로부터 물려받은 인생의 목표와 성취에 부합하기 위해 일하지 않는다는 것을 분명히 얼마나 편하게 마주보고 이야기하십니까?
81. 당신은 아버지, 어머니와 부모의 성생활과 성경험을 얼마나 편하게 이야기하십니까?
82. 당신은 언제, 어디서, 어떻게, 그리고 필연적으로 예견하는 태도와 감정에 대해 다가올 죽음을 아버지와 어머니에게 얼마나 편하게 이야기하십니까?

다음의 질문들은 당신이 부모와 특정 주제를 논의했는지 여부를 알기 위한 문항들입니다. 특정 주제를 토론하지 않은 경우 1, 특정 주제를 토론한 경우 2로 표시하여 주십시오.

79. 74번 질문에 대한 주제 ______
80. 75번 질문에 대한 주제 ______
81. 76번 질문에 대한 주제 ______
82. 77번 질문에 대한 주제 ______
83. 78번 질문에 대한 주제 ______
84. 79번 질문에 대한 주제 ______
85. 80번 질문에 대한 주제 ______
86. 81번 질문에 대한 주제 ______
87. 82번 질문에 대한 주제 ______

(4) 출처

Winn, K. I. (1993). *Examining marital power through intergenerational lenses. Unpublished manuscript, Ph. D. Dissertation*, Texas Tech University.

14) 권력 척도

(1) 소개

권력과 자기노출 척도(Power and Self Disclosure in Relationship Scale, PSDR)는 머스타인과 아들러(Murstein & Adler, 1995)가 중요한 이자관계에서 상대방의 권력 사용과 자기노출, 관계의 질과 친밀감 등을 측정하기 위한 척도이다. 본서에서는 하위척도인 권력 척도만을 소개하고자 한다. 권력과 자기노출 척도는 20쌍의 교재 중인 미혼남녀와 20쌍의 기혼부부를 대상으로 개발된 총 37개 문항이다. 본서에서는 권력 척도 21개 문항을 소개한다.

(2) 척도구성 및 표준화

권력 척도의 신뢰도는 내적일치도 Cronbach's α=.79이며, 점수가 낮을수록 상대방의 권력을 높게 지각하고 있다는 것을 의미한다.

(3) 척도문항

관계에서 누가 주로 결정권을 갖는지, 다음 중 해당되는 곳에 V표 해 주십시오.					
항상 본인	주로 본인	둘이 공평하게	주로 상대	항상 상대	해당사항 없음
1	2	3	4	5	0

1. 당신들이 외출시 무엇을 할 것인지 누가 결정합니까?
2. 당신들이 어디로 갈 것인지 누가 결정합니까?
3. 당신들이 무엇에 대해 얘기할 것인지 누가 결정합니까?
4. 당신들이 얼마나 함께 시간을 보낼 것인지 누가 결정합니까?
5. 대개 둘만 시간을 보낼 것인지 혹은 다른 커플들과 시간을 보낼 것인지 누가 결정합니까?
6. 만약 대화의 말투가 심각하거나 어리석다면, 누가 결정합니까?
7. 어떤 영화를 볼 것인지 누가 결정합니까?
8. 당신들이 성관계를 맺는다면, 누가 결정합니까?
9. 만약 당신들이 공공장소에서 손을 잡거나 키스를 한다면, 누가 결정합니까?
10. 만약 당신들이 각자의 부모님들과 함께 시간을 보내야만 한다면, 누가 결정합니까?
11. 당신들이 영화를 보러 나가거나 집에서 비디오를 빌려 볼지를 누가 결정합니까?
12. 만약 당신들이 공식적인 행사에 참여한다면, 누가 결정합니까?
13. 잔치나 파티에서 언제 자리를 떠나야 하는지 누가 결정합니까?
14. 서로서로 친근하게 얘기를 나눌지 누가 결정합니까?
15. 어떤 레스토랑에 갈 것인지 누가 결정합니까?
16. 언제 논쟁을 끝낼 것인지 누가 결정합니까?
17. 차 안에 있을 때 라디오에서 어떤 노래를 들을 것인지 누가 결정합니까?
18. 텔레비전의 어떤 프로그램을 볼 것인지 누가 결정합니까?
19. 극장에서 어디에 앉을 것인지 누가 결정합니까?
20. 당신들 중에 어느 쪽이 더 자주 상대방에게 충고를 합니까?
21. 당신들 중에 어떤 사람이 더 자주 다른 사람에게 조언을 요청합니까?

(4) 출처

Murstein, B. I., & Adler, E. R. (1995). Gender diffenrence in power and self-disclosure in dating and married couples. *Personal Relationship*, *2*, 199-209.

15) 가족자원 척도

(1) 소개

가족자원 척도(Family Rescurce Scale: FRS)는 던스트와 릿(Dunst & Leet, 1987)이 개발한 Likert 5점 척도 30개 문항 자기보고식 질문지로써, 전체 가족과 개별 가족의 욕구를 충족하기 위해 필요한 시간, 돈, 에너지와 같은 가족자원의 보유 정도를 측정한다.

(2) 척도구성 및 표준화

가족자원 척도(FRS)의 신뢰도는 내적일치도 Cronbach's α=.92이며, 검사-재검사 신뢰도는 .52이고, 신뢰로운 타당도를 보인다.

(3) 척도문항

본 척도는 당신과 가족이 적절한 자원(시간, 돈, 에너지 등)을 갖고 있는지를 측정하는 것입니다. 각 문항을 잘 읽고 매달 당신 가족의 요구를 충족하는 정도를 나타내는 것에 ∨표 해 주십시오. 아래와 같은 자원들이 당신 가족에게 어느 정도 적절합니까?

NA	전혀 적절하지 않음	약간 적절	가끔 적절	주로 적절	거의 항상 적절
	1	2	3	4	5

1. 하루에 두 번 식사할 음식
2. 집이나 아파트
3. 생필품을 살 돈
4. 가족들에게 충분한 옷
5. 거주지의 난방
6. 하수 및 수도시설
7. 매달 고지서를 낼 돈
8. 본인과 배우자의 좋은 직장
9. 가족 의료보험
10. 공적부조(정부보조금 등)
11. 사용가능한 수송 수단
12. 충분한 수면과 휴식을 위한 시간

13. 거주지의 가구
14. 혼자 있을 시간
15. 가족이 함께 할 시간
16. 자녀와 함께 할 시간
17. 배우자나 가까운 친구와 함께 할 시간
18. 전화나 휴대폰
19. 자녀의 베이비시터
20. 자녀를 위한 탁아/유치원
21. 자녀를 위한 특별한 장비나 도구를 살 돈
22. 가족의 치과 치료
23. 말할 사람
24. 사교할 시간
25. 외모를 가꿀 시간
26. 자녀의 장난감
27. 자신을 위해 뭔가를 살 돈
28. 가족오락을 위한 돈
29. 저축할 돈
30. 여행이나 휴가

(4) 출처

Dunst, C. J., & Leet, H. (1987). Measuring the adequacy of resource in households with young children. *Child Care Health and Development, 13*, 111-125.

16) 부모지원 척도

(1) 소개

부모지원 척도(Parenting Support Scale: PS)는 보웬과 체프먼(Bowen & Chapman, 1996)이 최근 (지난 30일간) 가정에서 경험한 부모의 지원에 대한 자녀의 지각을 측정하는 척도로써, Likert 3점 척도 총 20개 문항이다.

(2) 척도구성 및 표준화

대규모 설문도구인 학교성취 프로파일의 일부인 부모지원 척도(PS)는 원래 학교에서 어려움을 갖는 청소년을 대상으로 개발되었지만, 일반학생들에게 사용하였다. 남녀 청소년 간에는 유의한 성차를 브이지 않았고, 척도의 신뢰도는 내적일치도 Cronbach's α=.96이며, 타당도가 입증되었다.

(3) 척도문항

지난 30일간 가정에서 부모로부터 어떤 방식의 지원을 받았는지 적절한 곳에 V표 해 주십시오.
아래와 같은 지원들이 당신 가족에게 어느 정도 적절합니까?

전혀	가끔	종종
1	2	3

1. 아프거나 힘들 때, 돌봐 주신다.
2. 문제해결을 도와주신다.
3. 문제가 있을 때, 뒷받침해 주신다.
4. 애정적 지원을 해주신다.
5. 옳고 그름을 변별하도록 해주신다.
6. 좋은 모범을 보여주신다.
7. 격려해 주신다.
8. 사랑받는다는 것을 알게 해주신다.
9. 도움이 되는 조언을 해주신다.
10. 중요하다고 느끼게 해주신다.
11. 가야 할 곳에 데려다 주신다.
12. 필요로 할 때, 도와주신다.
13. 사생활이 필요할 때, 보장해 주신다.
14. 필요한 것을 사 주신다.
15. 고맙다고 느끼게 해주신다.
16. 잘했다고 말씀해 주신다.
17. 특별하다고 느끼게 해주신다.
18. 여가를 나와 보내신다.
19. 하겠다고 말씀하신 것을 하신다.
20. 좀 어떠냐고 물어봐 주신다.

(4) 출처

Bowen, G. K., & Chapman, M. V. (1996). Poverty, neighborhood danger, social support, and individual adaptation among at risk youth in urban areas. *Journal of Family Issues, 17*, 641-666.

17) 가족욕구 조사

(1) 소개

가족욕구 조사(Family Needs Survey: FNS)는 자녀를 가진 가족의 욕구, 지역사회, 탁아, 전문가들의 지원과 정보에 대한 필요(요구)를 측정하는 질문지로 섹스턴과 동료들(Sexton st al., 1992)이 제작하였다. 가족욕구 조사는 '예', '아니오'로 응답하며, 총 35개 문항이다.

(2) 척도구성 및 표준화

가족욕구조사(FNS)는 정보 7개 문항, 가족과 사회적 지원 8개 문항, 재정 6개 문항, 타인에게 설명 5개 문항, 탁아 3개 문항, 전문가 지원 3개 문항, 지역사회 서비스 3개 문항, 기타 요구 2개 문항의 8개 하위요인으로 구성되어 있다. 특히, 기타의 마지막 범주는 개방형 질문으로 되어 있다. 가족욕구조사의 6개월 간 반분신뢰도는 어머니 .67, 아버지 .81이었다.

(3) 척도문항

어린 자녀를 가진 가족들은 정보와 지원의 필요성을 느낍니다. 다음은 도움이 될 수 있는 자원을 알기 위한 조사이오니, 응답에 솔직하게 말씀하여 주시기 바랍니다.

예	잘 모르겠다	아니오
1	2	3

〈정보〉

1. 어떻게 자녀들이 성장하고 발달하는지?
2. 어떻게 내 자녀와 놀거나 이야기하는지?
3. 어떻게 내 자녀를 가르칠 것인지?
4. 어떻게 내 자녀의 행동을 다룰 것인지?
5. 내 자녀가 가지고 있는 어떤 조건이나 장애에 대한 정보
6. 현재 내 자녀에게 유용한 서비스에 대한 정보
7. 내 자녀가 미래에 받을 수 있는 서비스에 대한 정보

〈가족과 사회적 지지〉

8. 걱정거리를 가족 중 누군가와 함께 얘기하는 것
9. 이야기할 친구를 갖는 것
10. 내 자신을 위해 더 많은 시간을 찾는 것
11. 우리 자녀가 가지고 있는 어떤 상황을 배우자가 받아들이도록 돕는 것
12. 우리 가족이 문제를 논의하고 해결책을 찾도록 돕는 것
13. 우리 가족이 힘든 시기 동안 서로서로 지지하도록 돕는 것
14. 가사노동, 자녀 돌보기 그리고 다른 가족과업을 누가 수행할 것인지 결정하는 것
15. 가족적인 여가(레크레이션) 활동을 결정하고 실행하는 것

〈재정〉

16. 의식주와 의료비, 교통비 등의 비용지출
17. 자녀가 필요로 하는 특별한 도구 구입
18. 자녀가 필요로 하는 상담비나 탁아비 등의 서비스 비용 지출
19. 직장을 구하기 위해 상담이나 도움
20. 아이돌보는(baby-sitting) 비용 지출
21. 자녀가 필요로 하는 장난감 구입

〈타인에게 설명〉

22. 친정부모님이나 시부모님께 자녀의 상태에 대해 설명함
23. 다른 자녀(들)에게 아이의 상태에 대해 설명함
24. 친구나 이웃이 자녀에 대해 물어볼 때, 어떻게 응답해야 할지를 앎
25. 다른 아이들에게 내 아이의 상태를 이야기해 줌
26. 우리 아이같은 자녀를 둔 다른 가족에 대한 읽을거리를 찾아봄

〈탁아〉
27. 주변에 내 아이를 돌보아 줄 의사가 있고 능력이 되는 베이비시터가 있음
28. 자녀를 위한 탁아프로그램이나 유치원이 주변에 있음
29. 종교의식(예, 예배)동안 기관(교회) 내에 아이를 돌보아줄 적당한 곳이 있음

〈전문가 지원〉
30. 성직자(목사나 스님)와의 만남
31. 상담자(심리학자, 사회복지사, 정신과의사 등)와의 만남
32. 자녀의 선생님이나 치료자와 많이 이야기할 시간

〈지역사회 서비스〉
33. 내 아이 같은 자녀를 둔 다른 부모와의 만남과 대화
34. 나와 내 자녀의 욕구를 이해하는 의사가 주변에 있음
35. 자녀를 진료해 주는 치과의사가 주변에 있음

〈기타〉
이외에 도움이 될 만한 주제나 정보를 적어보시오.
귀하가 만나고 싶은 특정인이 있습니까?

(4) 출처

Sexton, D. Burrell, B., & Thompson, B. (1992). Measurement integrity of the Family Needs Survey. *Journal of Early Intervention*, 16-343-352.

3. 가족관계와 의사소통 척도

1) 가족분화 척도

(1) 소개

앤더슨과 사바텔리(Anderson & Sabatelli, 1992)가 개발한 가족분화 척도(The Differentiation In The Family System Scale, DIFS)는 가족의 각 하위체계 내 분화의 정도를 측정하는 Likert 5점 척도, 11개 문항(6개의 긍정적 내용, 5개의 부정적 내용)으로 구성되어 있다. 척도 소개에서 앤더슨과 사바텔리(1992)는 가족분화를 가족체계 내의 연결성과 분리성의 균형의 정도를 조정해 주는 가족 내 거리조절 유형 또는 상호작용 유형이라고 정의하였다. 각 하위체계에서 받을 수 있는 가족분화 점수는 5에서 55점이고, 각 하위체계에 대한 점수는 곱셈을 한다. 부모하위체계를 예를 들어보자. 한 개인의 부모의 가족분화 점수는 어머니의 행동에 대한 아버지의 지각 점수와 아버지의 행동에 대한 어머니의 지각 점수 각각의 총 점수를 곱한 것이다. 각 하위체계에서 다른 사람의 행동에 대한 개인의 지각 점수의 총점을 곱한 것은 이자간의 가족분화수준과 가족분화수준의 차이를 보다 잘 반영하기 때문이다. 예를 들어, A라는 사람이 어머니의 행동에 대한 아버지의 지각 점수에 30점, 아버지의 행동에 대한 어머니의 지각 점수에 30점을 받았고, B라는 사람이 각각 50점과 10점을 받았을 때, 각 총점을 더하면 A와 B는 모두 60점의 가족분화점수를 받게 된다. 그러나 아버지의 행동에 대한 어머니의 지각 점수에서 30점을 받은 사람은 10점을 받은 사람보다 가족분화가 잘 이루어졌다고 볼 수 있다. 따라서 다른 사람의 행동에 대한 개인의 지각 점수의 총점을 곱하게 되면, A의 부모의 가족분화점수는 900점이고, B의 부모의 가족분화점수는 500점으로 가족분화수준의 차이를 보다 잘 설명할 수 있다.

(2) 척도구성 및 표준화

앤더슨과 사바텔리(1992)는 연구(Bartle & Sabatelli, 1989; Bower, 1990; Sabatelli & Anderson, 1991)를 통해서 가족분화 척도의 각 하위체계에서 Cronbach's α=.84에서 .94의 내적 신뢰도를 보고하였다. 남순현과 한성열(1999)의 연구에서 각 하위체계는 각각 α=.65에서 .77의 내적 신뢰도를 보였다.

(3) 척도문항

다음은 당신 가족을 대하는 태도에 관한 기술입니다. 각 문항을 잘 읽고 해당되는 곳에 ∨표 해 주십시오.

전혀 그렇지 않다	그렇지 않다	보통이다	그렇다	매우 그렇다
1	2	3	4	5

1. 나(어머니, 아버지)는 어머니(아버지, 나)의 견해가 내 견해와 다르더라도 존중한다.
*2. 나(어머니, 아버지)는 어머니(아버지, 나)의 감정을 대수롭지 않게 여긴다.
3. 나(어머니, 아버지)는 어머니(아버지, 나)의 사생활을 존중한다.
*4. 나(어머니, 아버지)는 어머니(아버지, 나)에게 내 생각을 강요하는 편이다.
5. 나(어머니, 아버지)는 어머니(아버지, 나)의 감정을 이해하려 한다.
*6. 나(어머니, 아버지)는 어머니(아버지, 나)에게 말하는 것과 진짜 의미하는 것이 일치하지 않는 편이다.
*7. 나(어머니, 아버지)는 어머니(아버지, 나)의 감정에 대해 관심을 보이지 않는 편이다.
8. 나(어머니, 아버지)는 어머니(아버지, 나)가 감정을 솔직하게 표현하도록 도와준다.
*9. 나(어머니, 아버지)는 어머니(아버지, 나)의 생각과 의견을 무시하는 경향이 있다.
10. 나(어머니, 아버지)는 어머니(아버지, 나)가 감정을 공유하고 싶어 하지 않을 때도 있다고 생각한다.
11. 나(어머니, 아버지)는 어머니(아버지, 나)가 의견을 주장할 수 있도록 도와준다.

* 역 채점 문항

(4) 출처

남순현(2001). 가족의 정서체계 역동성에 관한 연구: 성인자녀 가족과 3세대 가족을 중심으로. 고려대학교 박사학위논문.

2) 자기분화 척도

(1) 소개

자기분화 척도(Differentiation of Self Inventory-Revised, DSI-R)는 스코론과 프리드랜더(Skowron & Friedlander, 1998)의 자기분화 척도(DSI)를 스코론과 슈미트(Skowron & Schmitt, 2003)가 개정한 척도이다. DSI-R는 보웬이론을 바탕으로 원가족을 비롯해서 현재 성인들이 중요하게 맺고 있는 관계에 집중해서 개인의 분화 정도를 다차원적으로 측정하기 위해 제작된 척도로 46개 문항 4개의 하위척도로 구성되어 있다.

(2) 척도구성 및 표준화

표 32 척도구성과 신뢰도

하위요인	문항수	내용	문항번호	신뢰도
정서적 반응성 (Emotional Reactivity)	11개	상황이나 관계 안에서 보이는 개인의 감정적인 반응, 사려성, 자기감정의 통제능력 등의 분화를 측정	1, 6, 10, 14, 18, 21, 26, 30, 34, 38, 40	.89
자기입장 (I–Position)	11개	개인이 관계체제 또는 타인이나 상황으로부터 정서적 압력을 받았을 때, 얼마나 자기 자신의 신념과 생활원리를 잘 견지하고 있는가를 측정	4, 7, 11, 15, 19, 23, 27, 31, 35, 41, 43	.81
정서적 단절 (Emotional Cutoff)	12개	애착에 대한 강한 부정이나 고립 등의 정신내적 기제사용, 정서적 거리, 의장된 독립성 등을 측정	2, 3, 8, 12, 16, 20, 24, 28, 32, 36, 39, 42	.84
타인과의 융합 (Fusion with Others)	12개	새로운 일을 앞두었거나 위기 상황에서 대처해 나가는 방법, 갈등 처리 방식이나 의사결정 경향을 측정	5, 9, 13, 17, 22, 25, 29, 33, 37, 44, 45, 46	.86
전체	46개			.92

DSI-R는 정서적 반응성, 자기입장, 정서적 단절, 타인과의 융합의 4개 하위요인으로 구성되어 있으며, Likert 6점 척도이다. 개인이 자기분화수준으로 받을 수 있는 점수의 범위는 46에서 276점이고, 자기분화 총점이 높을수록 자기분화수준이 높음을 의미한다. DSI-R의 신뢰도는 내적일치도 Cronbach's α=.92이고, 결혼만족도와 정적 상관, 특성불안과 부적 상관을 보임으로써 공인타당도가 입증되었다(Skowron & Schmitt, 2003).

(3) 척도문항

다음 문항은 당신 자신과 다른 사람들과의 관계에 대한 당신의 생각과 감정을 확인하는 문항입니다. 적절하다고 생각되는 곳에 ∨표시 해 주시기 바랍니다.

전혀 그렇지 않다	그렇지 않다	대체로 그렇지 않다	대체로 그렇다	그렇다	매우 그렇다
1	2	3	4	5	6

*1. 내가 지나치게 감정적이라는 것을 사람들이 잘 안다.
*2. 내가 관심있어 하는 사람에게 감정을 표현하는 것이 어렵다.
*3. 나는 종종 가족들 곁에 있을 때 뭔가 억압당하는 느낌이 든다.
4. 나는 스트레스 상황에서도 아주 평정을 유지할 수 있다.
*5. 나는 대개 큰일을 시작할 때, 다른 이들로부터 많은 격려를 필요로 한다.
*6. 친하게 지내는 사람이 나를 실망시킬 때, 잠시 동안 그와 떨어져 지낸다.
7. 어떤 일이 있어도 나는 내가 누구임을 결코 잊지 않을 것이다
*8. 나는 사람들이 너무 가까이 다가올 때, 스스로 거리를 두는 편이다.
*9. 나는 부모님의 기대에 부응하기를 원한다.
10. 나는 내가 너무 감정적이지 않기를 바란다.
11. 나는 단지 다른 사람을 기쁘게 하기 위해서 내 행동을 바꾸지 않는다.
*12. 내가 어떤 일에 대한 솔직한 감정을 표현한다면,
내 배우자(파트너)는 그것을 참을 수 없을 것이다.
*13. 배우자(파트너)가 나를 비난할 때, 나는 며칠 동안 그것 때문에 괴로울 것이다.
*14. 내 감정상태가 최상일 때가 있고, 어떤 것을 분명하게 사고하는 게 어려울 때가 있다.
15. 내가 어떤 사람과 싸울 때,
나는 그 사람에 대한 개인적인 감정과 그 문제에 대한 내 생각을 구분할 수 있다.
*16. 나는 사람들이 너무 가까이 다가올 때 종종 불편함을 느낀다.
*17. 나는 실제로 모든 이들로부터 인정을 받아야 할 필요를 느낀다.
*18. 나는 때때로 감정의 롤러코스터를 탄 것 같은 느낌이 든다.
19. 나는 바뀔 수 없는 것 때문에, 화가 나는 적이 없다.

*20. 나는 친밀한 관계에서 내가 독립심을 잃게 되는 것에 대해 염려한다.
*21. 나는 비평이나 비난에 대해 지나치게 민감하다.
*22. 나는 부모님의 기대에 부응하려고 노력한다.
23. 나는 꽤 자기수용적이다.
*24. 나는 종종 배우자(파트너)가 나에게 너무 많은 것을 원한다고 느낀다.
*25. 나는 종종 누군가의 기분을 맞춰주기 위해서만 그 사람에 동의한다.
*26. 배우자(파트너)와 싸웠다면, 나는 하루 종일 그것에 대해 생각할 것이다.
27. 나는 사람들로부터 압력을 받았을 때조차 "아니다"라고 말할 수 있다.
*28. 어떤 관계가 매우 강렬해진다고 느낄 때, 나는 그것으로부터 달아나고 싶은 느낌이 든다.
*29. 부모나 형제자매들과의 싸움이 여전히 나를 괴롭힐 수 있다.
*30. 누가 나를 화나게 하면, 나는 그것을 쉽게 내버려둘 수 없다.
31. 나는 다른 사람이 나를 인정하는 것 보다 내가 옳다고 생각하는 일을 하는 것에 더 관심이 있다.
*32. 나는 가족들 중 누구에게도 정서적 지지를 받기 위해 입장 바꾸는 것을 고려해 본 적이 없다.
*33. 나는 의사결정을 할 때, 다른 사람의 도움이 없으면 종종 불안하다.
*34. 나는 다른 사람들로부터 상처 받는 것에 대해 매우 민감하다.
*35. 나의 자존감은 다른 사람들이 나를 어떻게 생각하느냐에 달려있다.
*36. 배우자(파트너)와 같이 있을 때, 나는 종종 숨이 막힐 것 같은 느낌이 든다.
37. 나는 의사결정을 할 때, 다른 사람이 무슨 생각을 할까에 대해 거의 걱정하지 않는다.
*38. 나는 종종 내가 만들어낸 기분에 대해 놀라곤 한다.
*39. 일이 잘못되어 갈 때, 그것에 대해 이야기를 하는 것이 대개는 상황을 악화시킨다.
*40. 나는 다른 사람보다 모든 것을 더 강하게 느낄 수 있다.
41. 나는 다른 사람의 말에 상관없이 내가 옳다고 생각하는 대로 행동한다.
*42. 배우자(파트너)가 내가 필요로 하는 여유를 준다면, 우리 관계는 더 좋아질 수 있다.
43. 나는 스트레스 상황에서도 아주 편안한 느낌을 갖는다.
*44. 나는 가끔 배우자(파트너)와 싸운 후에 몸이 아픔을 느낀다.
*45. 나는 의사결정을 하기 전에 부모님의 의견을 듣는 것이 중요하다고 생각한다.
*46. 나를 아프게 하거나 상처를 주거나 화나게 하면서 나와 친해지려고 하는 사람들에 대해 염려가 된다.

* 역 채점 문항

(4) 출처

강은숙(2005). 남녀 대학생의 자아분화와 사회불안이 커플 친밀감에 미치는 영향. 서울여자대학교 석사학위논문.

3) 제석봉의 자아분화 척도

(1) 소개

제석봉의 자아분화 척도(Differentiation of Self Scale)는 보웬의 가족체계이론을 기본으로 제석봉(1989)이 우리나라 현실에 맞게 수정하여 제작한 척도로써, 보웬이론의 개념 중 인지적 기능 대 정서적 기능, 자아의 통합, 가족투사과정, 정서적 단절, 가족퇴행의 5개 영역으로 구성된 척도이다. 자아분화 척도는 총 36개 문항으로 Likert 4점 척도이다.

(2) 척도구성 및 표준화

표 33 척도구성과 신뢰도

하위요인	문항수	내용	문항번호	신뢰도
인지적 지능 대 정서적 지능	7개	지적 체계가 정서적 체계에서 얼마나 분화되어 있는가의 정도	1,2,3,4,5,6,7	.76
자아의 통합	6개	개인이 타인과의 관계 체계 내에서 정서적인 압력을 받을 때, 얼마나 자기 자신의 신념과 생활원리를 잘 견지하고 있는지 측정	8,9,10,11,12,13	.63
가족투사 과정	6개	자아가 분화되지 못한 핵가족 정서체계에서는 부부간의 갈등이 심하거나 역기능적 증상이 발생하면, 부부간의 문제나 자신들의 미분화 특성을 특정 자녀에게 투사하게 되는데, 이러한 투사과정을 측정	14,15,16,17,18,19	.80
정서적 단절	5개	자아분화가 낮은 사람은 가정 내에서 정서적으로 단절하려는 경향을 보인다는 개념에 근거하여 무시하거나 가출, 고립, 부정 등의 정신 내적 기제를 통해 부모나 자기 자신의 과거로부터 단절하려는 경향 측정	20,21,22,23,24	.75

가족퇴행	12개	가정의 위기가 발생했을 때, 가족원들 간의 갈등처리방법을 말하는 것으로써, 자아분화 수준이 낮은 가정에서는 중요한 의사결정이나 스트레스 상황에서 건설적인 방법보다는 퇴행적인 행동을 보이는데 그 정도 측정	25, 26, 27, 28, 29, 30, 31, 32, 33, 34, 35, 36	.88
전체	36개			.85

제석봉의 자아분화 척도는 인지적 기능 대 정서적 기능, 자아의 통합, 가족투사과정, 정서적 단절과 가족 퇴행의 5개 하위요인으로 구성되어 있다. 초기 자아분화 척도는 135개 문항이었으나 전문가 평가를 통해 120개 문항이 선정되었고, 요인분석을 통해 최종 5개 하위요인 36개 문항이 추출되었다. 자아분화 척도의 신뢰도는 내적일치도 Cronbach's α=.85다.

(3) 척도문항

1~13번까지의 문항은 최근 2년 간의 전반적인 행동, 경험 및 의견을 묻는 문항입니다.
각 문항을 잘 읽고 해당되는 곳에 V표 해 주십시오.

전혀 그렇지 않다	그렇지 않은 편이다	그런 편이다	매우 그렇다
1	2	3	4

1. 나는 중요한 결정을 내릴 때, 마음 내키는 대로 결정하는 일이 많다.
2. 나는 말부터 해 놓고 나중에 가서 그 말을 후회하는 일이 많다.
*3. 나는 비교적 내 감정을 잘 통제해 나가는 편이다.
4. 나는 화가 나면 물불을 가리지 않고 행동하는 편이다.
5. 나는 욕을 하고 무엇이든 부수고 싶은 충동을 자주 느낀다.
6. 나는 다른 사람들과의 싸움에 잘 말려드는 편이다.
7. 나는 대수롭지 않은 일에도 화를 잘 내는 편이다.
*8. 나는 남이 지적할 때보다 내가 틀렸다고 여길 때, 의견을 더 잘 바꾼다.
*9. 나는 대다수 사람들의 의견보다 내 의견을 더 중시한다.
*10. 논쟁이 일더라도 필요할 때에는 내 주장을 굽히지 않는다.
11. 내 말이나 의견이 남의 비판을 받으면 얼른 바꾼다.
12. 내 계획이 주위 사람의 인정을 받지 못하면 잘 바꾼다.
*13. 주위의 말을 참작은 해도 어디까지나 내 소신에 따라 결정한다.

14번에서 36번까지는 아동기, 청소년기뿐만 아니라 현재에 이르기까지의 전반적인 행동, 경험 및 의견을 묻는 문항입니다. 각 문항을 잘 읽고 해당되는 곳에 ∨표 해 주십시오.			
전혀 그렇지 않다 1	그렇지 않은 편이다 2	그런 편이다 3	매우 그렇다 4

14. 자라면서 부모님께서 나에 대해 근심을 하는 것을 많이 보아왔다.
15. 부모님은 내가 미덥지 못해서 지나치게 당부하는 일이 많다.
16. 우리 부모는 형제들 중 유독 나 때문에 속을 많이 썩였다.
17. 부모님은 내게만 문제가 없다면, 아무 걱정이 없겠다는 말을 많이 했다.
18. 내가 처한 상황은 부모님이 예전부터 입버릇처럼 말해 오던 그대로이다.
19. 내 걱정이나 근심은 옛날 부모님이 내게 말씀하시던 그대로이다.
*20. 부모님과 떨어져서 살면, 대단히 불편하리라 생각했다.
21. 가정을 떠나는 것이 독립할 수 있는 좋은 길이다.
22. 나는 부모님 슬하에서 하루 빨리 독립했으면 하는 생각이 많았다.
23. 부모님과 자주 다투기보다는 안보는 것이 상책이라 생각했다.
24. 나는 자라면서 집을 나가고 싶은 충동을 많이 느껴왔다.
25. 나는 자라면서 부모님과 별로 대화를 나누지 않았다.
*26. 내가 자랄 때, 우리 가족은 각자 자기의 본분을 다했다.
*27. 우리 가족은 심각한 일이 있어도 가족 간에 금이 잘 가지 않았다.
*28. 가족 간에 말썽이 있어도 서로 상의해가며 잘 해결해 왔다.
*29. 우리 가정에는 소리를 지르거나 주먹다짐을 하는 일이 드물었다.
*30. 가정에 어려운 일이 생겨도 부모님은 차분하게 잘 처리하셨다
*31. 우리 가정은 대체적으로 화목하고 단란했던 편이다.
*32. 우리 가족은 각자 의견이 달라도 서로 존중해 준 편이다.
33. 나는 어릴 때 다른 가정에서 태어났으면 하는 생각이 들었다.
34. 우리 가족은 사소한 문제 때문에도 잘 싸웠다.
35. 부모님은 나를 낳았을 뿐, 교육에도 별 관심이 없었다.
36. 우리 가족들은 서로에 대해 별 관심이 없었다.

* 역 채점 문항

(4) 출처

제석봉(1989). 자아분화와 역기능적 행동과의 관계: Bowen의 가족체계이론을 중심으로. 부산대학교 박사학위논문.

4) 전춘애의 자아분화 척도

(1) 소개

전춘애의 자아분화 척도는 전춘애(1994)가 선행연구들(제석봉, 1989; Bray, williamson, & Malone, 1984)을 토대로 한국문화에 맞는 자아분화 척도를 개발한 것이다. 전춘애의 자아분화 척도는 정신내적 분화, 대인관계적 분화, 삼각관계와 정서적 단절 4개의 구성개념을 통해서 자아분화수준을 측정하며, 총 51개 문항 Likert 5점 척도이다. 각 하위척도에서 개인의 자아분화점수가 낮을수록 자아분화수준이 높다고 할 수 있다.

(2) 척도구성 및 표준화

전춘애의 자아분화 척도는 보웬이론의 8개 주요 구성개념 중에서 내용이 상호연동적이거나 중복되는 개념을 제외하고, 연구자가 자아분화를 가장 잘 측정하는 개념이라고 판단한 정신내적 분화, 대인관계적 분화, 삼각관계와 정서적 단절의 4개 구성개념으로 이루어진 51개 문항의 질문지다. 각 문항은 전문가들의 내용타당도가 입증되었으며, 척도의 신뢰도는 내적일치도 일반인 집단 Cronbach's α=.91, 임상집단 Cronbach's α=.79였다.

(3) 척도문항

다음은 당신의 전반적인 행동, 경험 및 의견에 관한 문항입니다. 당신의 생각을 가장 잘 설명한다고 생각하는 곳에 ∨표 해 주십시오.

전혀 그렇지 않다	그렇지 않다	보통이다	그렇다	매우 그렇다
1	2	3	4	5

〈정신내적 분화〉

1. 나는 차근차근 따져 생각하기보다는 느낌과 감정에 따라 행동한다.
*2. 나는 어려움에 직면해도 주의깊게 생각한 뒤 신중하게 처신한다.
3. 나는 중요한 결정을 즉흥적으로 결정할 때가 많다.
4. 나는 사람들에게 말부터 해놓고 나중에 가서 후회하는 일이 많다.
5. 나는 멀리 내다보는 장기적 목표는 잘 세우지 못한다.
*6. 나는 내 감정을 잘 통제한다.
7. 나는 화가 나면 물불을 가리지 않고 행동한다.
8. 나는 우유부단하여 결정을 잘 내리지 못한다.
9. 나의 마음은 변하기를 잘 한다.
*10. 나는 충동적인 감정을 쉽게 억제할 수 있다.
11. 나는 대부분의 일에 대해서 먼저 생각해보지도 않고 무작정 시작한다.
12. 나는 화를 잘 낸다.
13. 나는 남의 조그마한 비판에도 마음이 잘 상한다.
14. 나의 말이나 의견이 남에게 비판을 받으면 잘 바꾸는 편이다.

〈대인관계적 분화〉

1. 내 의견이 친구나 주위 사람과 같아야 안심이 된다.
2. 내 의견이 주의 사람과 상충되면, 마음이 편치 못하다.
3. 가족 간에는 의견이 일치되는 것이 당연하다고 생각한다.
*4. 나는 부모님과 의견이 일치하지 않을 때에도 기분이 상하지 않는다.
5. 나는 지금도 내 생각과 결정에 대해 부모님의 인정을 받고 싶어 한다.
6. 나는 내 생각과 결정에 대해 남편이 항상 인정해 주기를 바란다.
7. 부부간에는 항상 의견이 일치해야 한다고 생각한다.
8. 나는 대부분의 경우, 남편(아내)과 의견이 일치하지 않으면 감정이 격해지곤 한다.
9. 내 남편(아내)은 대부분의 경우, 나와 의견이 일치하지 않으면 감정이 격해지곤 한다.
10. 나는 화가 나면 누군가를 만나 털어놓아야 직성이 풀린다.
11. 나는 화가 나면 혼자 해결하지 못하고 누군가가 해결해 주기를 바란다.

〈삼각관계〉

1. 부모님끼리 싸우면, 어머니(또는 아버지)는 나에게 동정을 구하곤 하였다.
2. 부모님끼리 싸우면, 어머니(또는 아버지)는 나에게 상대방에 대한 불평을 털어놓곤 하였다.
3. 부모님끼리 싸우면, 그 문제를 내가 해결해 주기를 은근히 바라셨다.

4. 부모님과 떨어져 살면, 대단히 편하리라 생각했다.
5. 나는 집에 있어도 외로움을 느꼈다.
6. 나는 우리 가정이 싫어서 빨리 결혼하여 새 출발을 하고 싶어 했다.
7. 나는 부모님 슬하에서 뛰쳐나와 하루빨리 독립했으면 하는 생각이 들곤 했다.
8. 부모님과 자주 다투기보다는 안 보는 것이 상책이라 생각했다.
9. 나는 부모님과 별로 대화를 나누고 싶지 않다.
10. 나는 자라면서 집을 나가고 싶은 충동을 많이 느껴왔다.
*11. 나는 부모님에게 항상 고마운 마음이 들었다.
*12. 나는 부모님과 의견이 달라도 항상 그분들을 존경했다.
*13. 나는 바깥에서 일어난 일에 대해 부모님과 잘 상의하였다.
14. 나는 가족과 함께 있어도 남 같은 생각이 들 때가 있었다.
15. 내가 어릴 때 우리 집보다 더 편한 느낌이 드는 집이 있었다.
16. 나는 어릴 때 차라리 다른 집에서 태어났으면 하는 생각이 들곤 했다.
17. 나는 나의 부모님이 다른 유형의 부모님이었으면 하고 바란 적이 있었다.
18. 나의 부모님은 나를 어려운 처지에 빠뜨리는 일을 많이 하셨다.
19. 나는 부모님이 나를 정말로 사랑하는 마음이 있는지 의심될 때가 있었다.

〈정서적 단절〉

1. 나는 남편(아내)과 싸우면, 자녀에게 그 불평을 털어놓는다.
2. 내 남편(아내)은 나와 싸우면, 자녀에게 그 불평을 털어놓는다.
3. 내 자녀는 나를 멀리하고 남편(아내)하고만 친하게 지낸다.
4. 내 자녀는 남편(아내)을 멀리하고 나하고만 가까이 지내려 한다.
5. 부부간에 문제가 생기면, 자녀는 평소 하지 않던 행동을 하는 경우가 있다.
6. 나는 남편(아내)과 자녀 사이의 싸움에 끼여 들어 참견하는 경우가 있다.
7. 남편(아내)은 나와 자녀 사이의 싸움에 끼여 들어 참견하는 경우가 있다.

* 역 채점 문항

(4) 출처

전춘애(1994). 부부의 자아분화수준과 출생가족에 대한 정서적 건강지각이 결혼 안정성에 미치는 영향. 이화여자대학교 박사학위논문.

5) 가족관계의 질 척도

(1) 소개

허드슨, 아클린과 바토쉬(Hudson, Acklin와 Bartosh, 1980)가 개발한 가족관계의 질 척도(Index of Family Relations, IFR)는 가족 관계에서 야기되는 만족과 갈등의 정도를 측정하는 척도이다. 허드슨과 동료들(1980)은 가족관계의 질 척도(IFR)가 가족관계를 검토하고 평가할 수 있을 뿐만 아니라 가족의 삶의 질을 평가할 수 있는 하나의 지표라고 보았다. IFR은 Likert 5점 척도이며, 25개의 문항(12개의 긍정적 내용, 13개의 부정적 내용)으로 구성되어 있고, 각 하위체계에서 받을 수 있는 점수는 0에서 100점이다. 각 하위체계에서 받은 점수의 합이 클수록 가족관계의 질은 좋은 것이고, 적을수록 가족관계의 질은 나쁜 것이다.

(2) 척도구성 및 표준화

IFR은 임상 집단과 정상 집단의 구별에 대한 변별 타당도가 높다. IFR의 신뢰도는 임상 집단에서 내적일치도 Cronbach's α=.98이며, 대학생 정상 집단에서 내적일치도 Cronbach's α=.91이었다(Hudson, Acklin, & Bartosh, 1980).

(3) 척도문항

다음 문항을 잘 읽고 당신 가족을 잘 기술하고 있는 곳에 ∨표 해 주십시오.				
전혀 그렇지 않다	그렇지 않다	보통이다	그렇다	매우 그렇다
1	2	3	4	5

1. 우리 가족은 서로 아껴준다.
2. 우리 가족은 서로 훌륭하다고 생각한다.
*3. 우리 가족은 서로 짜증나게 한다.
4. 우리 가족은 함께 지내는 것을 즐긴다.
5. 우리 가족은 서로 의지한다.
*6. 우리 가족은 서로에게 일어나는 일에 관심이 없다.
*7. 우리 가족은 내가 가족의 구성원이 아니었으면 한다.
8. 우리 가족은 서로 마음이 잘 맞는다.
*9. 우리 가족은 자주 다툰다.
*10. 우리 가족은 서로에게 친근감을 느끼지 못한다.
*11. 우리 가족은 서로를 이방인처럼 느낀다.
*12. 우리 가족은 서로를 이해하지 못한다.
*13. 우리 가족은 서로 미워한다.
14. 우리 가족은 서로에게 잘한다.
15. 우리 가족은 주위 사람들로부터 존경을 받는다.
*16. 우리 가족은 많은 갈등이 있다.
17. 우리 가족은 사랑이 넘친다.
18. 우리 가족은 서로 잘 지낸다.
*19. 우리 가족의 삶은 대체로 불행하다.
20. 우리 가족은 서로에게 큰 기쁨이다.
21. 우리 가족은 서로를 자랑스럽게 여긴다.
*22. 다른 가족 사이가 우리 가족 사이보다 더 좋아 보인다.
23. 우리 가족은 서로에게 편안함을 제공한다.
*24. 우리 가족은 서로에게 버려진 것 같은 느낌을 받는다.
*25. 우리 가족은 불행하다.

* 역 채점 문항

(4) 출처

남순현(2001). 가족의 정서체계 역동성에 관한 연구: 성인자녀 가족과 3세대 가족을 중심으로. 고려대학교 박사학위논문.

6) 관계의 질 척도

(1) 소개

관계의 질 척도(Quality of relationship between caregiver and parent)는 아치볼드와 동료들(Archbold et al, 1986)이 개발한 가족 간 상호성 척도로써, 인생 회고를 통한 공감대 형성이나 심리적 지지를 통한 언어적, 비언어적 의사소통 능력의 변화 등 가족 관계의 질의 변화를 살펴볼 수 있는 내용들로 구성되어 있다. 국내에서는 양영희(1992)가 번안하여 사용하였으며, 총 15개 문항 Likert 4점 척도이다. 최고 60에서 최저 15점으로 평가되며, 점수가 높을수록 가족관계의 질이 좋다는 것을 의미한다.

(2) 척도구성 및 표준화

관계의 질 척도의 신뢰도는 내적일치도 Cronbach's α=.90이며(Archbold, Stewart, Harvath, & Lucas, 1986), 양영희(1992) 연구에서도 동일하게 Cronbach's α=.90이었다.

(3) 척도문항

다음 문항을 잘 읽고 당신 가족을 잘 기술하고 있는 곳에 ∨표 해 주십시오.

전혀 아니다	비교적 아니다	비교적 그렇다	매우 그렇다
1	2	3	4

1. 나는 아버지(어머니)와 가깝다.
2. 나는 아버지(어머니)와 좋았던 시절에 대해 이야기하는 것이 즐겁다.
3. 아버지(어머니)는 자신을 도와주는 것에 대하여 나에게 감사의 표시를 한다.
4. 우리는 함께 하는 순간들이 많다.
5. 우리는 밀착되어 있다.
6. 아버지(어머니)는 나를 도와준다.
7. 나는 아버지(어머니)와 마주 앉아 이야기하는 것이 즐겁다.
8. 나는 아버지(어머니)에게 사랑을 느낀다.
9. 나는 아버지(어머니)와 서로 생각하는 것이 같다.

10. 내가 쉬기를 원할 때, 아버지(어머니)는 나를 편안하게 해준다.
11. 우리는 서로 함께 웃는 일이 많다.
12. 나는 아버지(어머니)를 신뢰한다.
13. 아버지(어머니)는 나에게 마음으로 힘을 준다.
14. 나는 아버지(어머니)와 함께 보내는 시간을 즐긴다.
15. 아버지(어머니)는 나에게 따뜻함을 느끼게 한다.

(4) 출처

양영희(1992). 만성 입원 환자를 돌보는 가족원의 역할 스트레스와 건강에 관한 이론적 구조 모형. 서울대학교 박사학위논문.

7) 부모와 또래 애착 척도

(1) 소개

암스덴과 그린버그(Armsden & Greenberg, 1987)가 개발한 부모와 또래 애착 척도(Inventory of Parent and Peer Attachment Revised Version, IPPA-R)는 10~20세를 대상으로 부모와 또래 애착정도를 측정하기 위해 제작된 것으로써, 본서에서는 부, 모 애착 척도만을 소개한다. 국내에서는 옥정(1998)이 번안하여 타당화 작업을 하였다. 척도는 부모와 자녀의 애착수준을 반영한 부모-자녀 관계의 질을 보여주는 척도로써, 자녀가 아버지, 어머니와의 관계 속에서 경험한 주관적 느낌이나 생각을 측정하는 자기보고식 척도이다. 부모와 또래 애착 척도(IPPA-R)는 25개 문항으로 구성된 Likert 5점 척도이다.

(2) 척도구성 및 표준화

IPPA-R은 신뢰감 10개 문항, 의사소통의 질 9개 문항, 소외 6개 문항의 3개 하위요인으로 구성된 척도이다. IPPA-R의 신뢰도는 부 애착 척도 Cronbach's α=.89, 모 애착 척도 .87이었고(Armsden & Greenberg, 1987), 높은 타당도를 보였다.

(3) 척도문항

다음은 당신이 아버지, 어머니(또는 아버지, 어머니처럼 돌봐주신 분)에 대한 당신의 생각에 대한 질문입니다. 각 문항을 잘 읽고 아버지, 어머니에 대한 현재 당신의 느낌을 솔직하게 답해 주시기 바랍니다. 가장 적합하다고 생각되는 곳에 ∨표 해 주십시오.

결코 그렇지 않다	드물게 그렇다	가끔 그렇다	자주 그렇다	항상 그렇다
1	2	3	4	5

1. 우리 부모님은 나의 감정을 존중해 주신다.
2. 우리 부모님은 부모님으로서 본분을 다한다고 생각한다.
*3. 다른 분이 우리 부모님이었으면 좋겠다.
4. 우리 부모님은 나를 있는 그대로 받아들여 주신다.
5. 나는 걱정되는 일이 있을 때, 부모님의 의견을 받아들이고 싶다.
*6. 부모님에게 나의 감정을 드러내 봐야 소용없다고 생각한다.
7. 우리 부모님은 내가 어떤 일로 기분이 상했을 때, 알아차린다.
*8. 부모님과 함께 나의 문제를 상의할 때, 나는 수치스럽고 바보같다고 생각한다.
*9. 우리 부모님은 내게 너무 많은 것을 바라신다.
*10. 나는 부모님과 함께 있을 때, 쉽게 기분이 나빠진다.
*11. 나는 기분 나쁜 일이 있을 때, 부모님이 생각하는 것보다 훨씬 더 속상해 한다.
12. 어떤 일에 대해 상의할 때, 부모님은 나의 의견을 고려해 주신다.
13. 우리 부모님은 나의 판단을 신뢰하신다.
*14. 우리 부모님은 부모님 나름대로의 문제가 있기 때문에, 나의 문제로 부모님을 귀찮게 하지 않는다.
15. 우리 부모님은 내가 나 자신을 더 잘 이해할 수 있도록 도와주신다.
16. 나는 부모님께 나의 어려움과 근심거리에 대해 말씀드린다.
*17. 나는 부모님에게 분노를 느낀다.
*18. 나는 부모님으로부터 별 관심을 받지 못한다.
19. 우리 부모님은 내가 나의 어려움을 이야기하도록 격려해 주신다.
20. 우리 부모님은 나를 이해해 주신다.
21. 우리 부모님은 내가 어떤 일로 화가 났을 때, 이해하려고 노력하신다.
22. 나는 우리 부모님을 신뢰한다.
*23. 우리 부모님은 내가 요즘 어떤 일을 겪는지 이해하지 못하신다.
24. 나의 마음의 부담을 떨쳐버리고 싶을 때, 부모님께 의지할 수 있다.
25. 만약 부모님께서 내게 고민거리가 있다는 걸 아신다면, 나에게 그것에 대해 물어보신다.

* 역 채점 문항

(4) 출처

옥정(1998). 청소년 애착 안정성과 우울성향의 관계: 지각된 유능감의 매개효과를 중심으로. 이화여자대학교 석사학위논문.

8) 부부의 관계몰입 척도

(1) 소개

부부의 관계몰입 척도(Family Commitment Scale)는 스티븐슨과 동료들(Stevensen et al, 1982)이 남편과 부인이 그들의 결혼생활에서 느끼고 있는 몰입 정도를 측정하기 위해 개발한 척도이다. 원척도는 Likert 5점 척도로 총 18개 문항으로 구성되어 있으나, 국내에서는 어은주(1991)가 전체 문항과 개별 문항 간 상관이 낮은 문항들을 제외하고, 13개 문항을 소개하였다.

(2) 척도구성 및 표준화

부부의 관계몰입 척도는 도구적 관계몰입 3개 문항, 도덕적 관계몰입 4개 문항, 애정적 관계몰입 6개 문항으로 구성되어 있으며, 신뢰도는 Cronbach's α=.73이었다(어은주, 1991).

(3) 척도문항

다음은 부부관계에 대한 문항입니다. 당신이 생각하시는 대로 해당란에 ∨표 해 주십시오.				
전혀 그렇지 않다 1	그렇지 않다 2	보통이다 3	그렇다 4	매우 그렇다 5

1. 결혼생활이 불만스러워도, 나는 아이들을 위해 결혼생활을 계속 유지해나갈 것이다.
2. 일반적으로, 낭만적인 사랑은 결혼 후에 식게 된다고 한다. 이는 우리의 경우도 마찬가지다.
3. 나는 때때로 부인(남편)과 심각한 갈등을 경험하기도 한다.
4. 나는 죽음이 우리를 갈라놓을 때까지 함께 살 것이다.
5. 부인(남편)은 나에 대해 깊은 애정을 표현한다.
6. 나는 부인(남편)이 중요하게 여기는 가치 중에서 몇 가지에는 동의하지 않는다.
7. 부인(남편)은 나의 기분 파악을 잘 한다.
8. 나는 부인(남편)의 의사와는 상관없이 내가 하고자 한 일을 한다.
9. 나는 자녀들에 대해 깊은 애정을 표현한다.
10. 나에 대한 부인(남편)의 기대가 부담스러울 땐 무시해버린다.
11. 나는 부인(남편)의 기분 파악을 잘할 수 있다.
12. 나는 지금보다 더 좋은 상황을 접하게 된다면, 이혼하겠다.
13. 나는 부인(남편)에 대해 깊은 애정을 표현한다.

(4) 출처

어은주(1991). 주관적 비교수준에 의한 결혼만족도가 관계몰입에 미치는 영향 연구: 서울시 남편과 부인을 대상으로. 경희대학교 석사학위논문.

9) 부부간 친밀감 척도

(1) 소개

부부간 친밀감 척도는 이경희(1995)가 기존 문헌을 참고하여 개발한 척도로, Likert 5점 척도 19개 문항으로 구성되어 있다.

(2) 척도구성 및 표준화

부부간 친밀감 척도는 애정적 요소 10개 문항, 성적 요소 3개 문항, 헌신적 요소 3개 문항, 인지적 요소 3개 문항의 4개 하위요인으로 구성되어 있으며, 척도의 신뢰도는 내적일치도 Cronbach's α=.90이고, 타당도가 높다.

(3) 척도문항

자신과 배우자와의 관계를 생각하며 다음 문항을 주의 깊게 읽고 자신의 생각과 가장 맞는 내용에 ∨표 해 주십시오.

전혀 그렇지 않다	그렇지 않다	보통이다	그렇다	매우 그렇다
1	2	3	4	5

1. 배우자는 나의 복잡한 생각을 명료하게 정리하는데 도움을 준다.
2. 배우자와의 성생활에 만족한다.
3. 배우자와의 관계가 다른 모든 관계보다 우선한다.
4. 배우자는 내 감정이 상했는지 또는 좋은지 잘 안다.
5. 배우자는 나에게 최상으로 적합한 사람이다.
6. 성적인 표현은 우리 부부에게 중요한 부분이다.
7. 혼자만을 위한 일보다는 배우자와 함께하는 활동을 택한다.
8. 우리 부부는 서로의 성격을 충분히 이해하고 있다.

*9. 배우자와 함께 있어도 때때로 허전함을 느낀다.

*10. 배우자는 우리의 성관계에 관심이 없는 것 같다.

11. 우리 부부는 대체로 '나의 것'보다는 '우리의 것'을 고수한다.
12. 배우자와 함께 하고 싶을 때, 그것을 편하게 표현할 수 있다.
13. 배우자를 위해 무엇인가를 하는 것이 기쁘다.
14. 죽음이 우리를 갈라놓기 전까지 우리는 하나다.
15. 배우자에게서 충분한 사랑을 받고 있다.
16. 우리 부부가 나누는 이야기의 주제는 무궁무진하다.
17. 배우자를 볼수록 그 사람의 좋은 점을 발견하게 된다.
18. 누군가에게 나의 심정을 토로하고 싶을 때는 먼저 배우자에게 이야기하게 된다.
19. 둘이 함께 있을 때면, 우리는 어느 다른 부부 못지않게 행복하다.

* 역 채점 문항

(4) 출처

이경희(1995). 부부간 친밀감 척도개발에 관한 연구. 대한가정학회지, 33(4), 235-249.

10) 자녀가 지각한 부부갈등 척도

(1) 소개

그리치와 동료들(Grych et al, 1992)이 개발한 자녀가 지각한 부부갈등 척도(Children's Perception of Interparental Conflict Scale, CPIC)는 자녀가 주관적으로 경험한 부모의 부부갈등에 대한 인식을 평가한다. 국내에서는 권영옥과 이정덕(1997)이 번안하여 한국판 자녀가 지각한 부부갈등 척도(K-CPIC)로 타당화하였다. CPIC는 9개 하위요인 51개 문항으로 구성되어 있었으나, 권영옥과 이정덕(1997)은 8개 하위요인 44개 문항으로 K-CPIC를 타당화하였다. K-CPIC는 Likert 3점 척도이며, 부부갈등의 성질, 비난요인, 위협요인의 3개 하위요인으로 구성되어 있다.

(2) 척도구성 및 표준화

표 34 척도구성과 신뢰도

하위요인	문항수	내용	문항번호	신뢰도
부부갈등의 성질	19개	자녀에게 영향을 미치는 부부갈등의 부정적인 형태를 측정	1, 2, 4, 9, 10, 11, 12, 14, 17, 18, 21, 26, 27, 30, 34, 35, 37, 38, 42	.86
비난요인	9개	자녀가 부부갈등의 탓을 자신에게 돌리는 경향 측정	3, 8, 16, 19, 20, 25, 28, 36, 40	.81
위협요인	16개	부부갈등으로 인해 자녀가 느끼게 되는 위협차원, 갈등에 대한 대처효율성 차원, 부모 사이에서 갖게 되는 곤란한 느낌에 관한 삼각관계 차원을 포함함	5, 6, 7, 13, 15, 22, 23, 24, 29, 31, 32, 33, 39, 41, 43, 44	.79
전체	44개			

그리치와 동료들(Grych et al, 1992)이 개발한 CPIC를 권영옥과 이정덕(1997)이 K-CPIC로 타당화한 척도는 3개 하위요인으로 이뤄져 있으며, 각 하위요인별 신뢰도는 내적일치도 Cronbach's α=.63에서 .81이다.

(3) 척도문항

다음 문항을 읽고 부모님에 대해 가장 잘 나타낸 곳에 ∨표 해 주십시오.

그렇지 않다	약간 그렇다	매우 그렇다
1	2	3

*1. 나는 우리 부모님이 다투거나 의견이 맞지 않는 것을 본 적이 없다.
*2. 우리 부모님이 다투시면, 보통 잘 해결이 된다.
3. 우리 부모님은 나의 학교 일 때문에, 자주 다투게 된다.
4. 우리 부모님은 다투실 때, 굉장히 화를 많이 내신다.
*5. 우리 부모님이 다투실 때, 나는 나의 기분이 좀 나아지도록 무언가를 할 수 있다.
6. 나는 우리 부모님이 다투실 때, 겁이 난다.
7. 우리 부모님이 다투실 때, 나는 부모님 사이에 낀 것 같아 난처하다.

8\. 우리 부모님이 다투실 때, 그것은 내 탓이 아니다.
9\. 우리 부모님은 내가 모른다고 생각하시겠지만, 자주 다투시거나 의견이 맞지 않으신다.
10\. 우리 부모님은 다투신 후에도 서로에게 화를 풀지 못하신다.
11\. 우리 부모님은 다투고 난 후에도 여전히 서로에게 나쁘게 하신다.
*12. 우리 부모님은 의견이 맞지 않으실 때, 조용히 의논하신다.
13\. 우리 부모님이 다투실 때, 나는 어떻게 해야 할지 모르겠다.
14\. 우리 부모님은 내가 옆에 있더라도 자주 서로에게 나쁘게 하신다.
15\. 우리 부모님이 다투실 때, 나는 나에게 무슨 일이 일어날까 걱정한다.
16\. 우리 부모님이 다투실 때, 그것은 흔히 내 탓이다.
17\. 나는 부모님이 다투시는 것을 자주 본다.
*18. 우리 부모님은 어떤 일에 의견이 맞지 않을 때, 대부분 해결책을 찾아내신다.
19\. 우리 부모님은 보통 내가 한 일에 대해서 다투신다.
20\. 우리 부모님이 다투실 때, 보통 그것은 내 탓이 아니다.
21\. 우리 부모님이 다투실 때는 서로에게 나쁜 말이나 욕을 하신다.
*22. 우리 부모님이 다투시거나 의견이 맞지 않을 때, 나는 대부분 일이 잘되도록 도울 수 있다.
23\. 우리 부모님이 다투실 때, 나는 나쁜 일이 일어날까봐 두렵다.
24\. 우리 엄마는 아빠와 다투실 때, 내가 엄마 편을 들기 원하신다.
25\. 부모님이 말하시지 않아도, 나는 우리 부모님이 다투시는 것이 내 탓임을 안다.
26\. 우리 부모님은 거의 다투시지 않는다.
*27. 우리 부모님은 다투신 후 보통 금방 사이가 좋아지신다.
28\. 우리 부모님은 평소에 내가 하는 일 때문에, 다투시거나 의견이 맞지 않는다.
29\. 우리 부모님은 다투실 때, 내가 말하는 것은, 전혀 듣지 않으신다.
30\. 우리 부모님이 다투실 때는 큰 소리를 많이 지르신다.
31\. 우리 부모님이 다투실 때, 나는 부모님이 그만 하시도록 할 수가 없다.
32\. 우리 부모님이 다투실 때, 엄마나 아빠가 다치실까봐 걱정된다.
33\. 나는 우리 부모님의 의견이 서로 맞지 않을 때, 어느 한쪽 편을 들어야 할 것처럼 느낀다.
34\. 우리 부모님은 집안에서 서로에게 자주 잔소리와 불평을 하신다.
*35. 우리 부모님은 의견이 맞지 않으실 때, 서로에게 소리를 지르신 적이 거의 없다.
36\. 우리 부모님은 내가 무엇을 잘못했을 때, 종종 다투시게 된다.
37\. 우리 부모님은 다투시는 중에 물건을 부수거나 던진 적이 있다.
*38. 우리 부모님은 다투신 후에도 서로에게 다정하시다.
39\. 우리 부모님이 다투실 때, 나에게도 소리를 지르실까봐 두렵다.
40\. 우리 부모님은 다투실 때, 내 탓이라고 하신다.
41\. 우리 아빠는 엄마와 다투실 때, 내가 아빠 편을 들기 원하신다.
42\. 우리 부모님은 다투시는 도중 서로 밀치거나 떠민 적이 있다.
43\. 우리 부모님이 다투실 때, 나는 내 자신의 기분이 나아지도록 아무것도 할 수가 없다.
44\. 우리 부모님이 다투실 때, 이혼을 하실까봐 나는 두렵다.

* 역 채점 문항

(4) 출처

권영옥, 이정덕(1997). 자녀가 지각한 부부갈등 척도(CPIC)의 타당화 연구. 아동학회지, 18(1), 65-80.

11) 부모갈등 척도

(1) 소개

블랙과 페드로-카롤(Black & Pedro-Carroll, 1993)이 개발한 부모갈등 척도(Interparental Conflict Scale, ICS)는 청소년 자녀가 지각하는 과거 또는 현재의 부부갈등을 측정하는 척도이다. 부모갈등 척도(ICS)는 Likert 5점 척도 10개 문항이다.

(2) 척도구성 및 표준화

ICS는 대학생과 성인자녀를 대상으로 지각한 부모관계의 갈등을 알아보고자 개발된 척도로써, 현재 문제 3개 문항과 과거 문제 7개 문항의 2개 하위요인으로 구성되어 있다. 척도의 신뢰도는 내적일치도 Cronbach's α .82에서 .93까지이다.

(3) 척도문항

다음은 현재 또는 과거(아동/청소년기)에 부모님 간의 갈등에 대한 문항입니다.
해당하는 곳에 ∨표 해 주십시오.

절대 아님	거의 아님	가끔 그러함	자주 그러함	매우 자주 그러함
1	2	3	4	5

1. 당신이 성장하는 동안 당신의 부모님은 얼마나 자주 싸우셨습니까?
2. 부모님이 싸우실 때, 부모님은 얼마나 화를 내셨습니까?
3. 때때로 사람들은 실제로 드러내 놓고 싸우는 것 없이도 갈등을 경험합니다. 당신이 성장하는 동안, 당신의 부모님은 드러내 놓고 싸우지 않더라도, 얼마나 자주 서로를 숨겨진 적대감을 갖고 대했습니까?
4. 요즘, 당신의 부모님은 얼마나 자주 싸우십니까?
5. 요즘, 당신의 부모님은 싸우실 때, 얼마나 화를 내십니까?
6. 때때로 사람들은 실제로 드러내 놓고 싸우는 것 없이도 갈등을 경험합니다. 요즘, 당신의 부모님은 드러내 놓고 싸우지 않으시지만, 얼마나 자주 서로를 숨겨진 적대감을 갖고 대하고 있습니까?
7. 당신이 성장하는 동안, 당신의 부모님은 얼마나 서로를 지지하셨습니까?
8. 당신의 부모님은 당신이 성장하는 동안 양육에 대해 의논하셨을 때, 두 분이 얼마나 자주 논쟁하셨습니까?
9. 당신이 성장하는 동안, 당신의 부모님은 얼마나 자주 상대방보다 한 발 앞서거나 능가하려고 하셨습니까?
10. 당신이 성장하는 동안, 당신의 부모님은 얼마나 자주 서로를 비난하셨습니까?

(4) 출처

Black, A. E., & Pedro-Carroll, J. L. (1993). Role parent-child relationships in mediating the effects of marital disruption. *Journal of the American Academy of Child and Adolescent Psychiatry*, *32*, 1019-1027.

12) 가족관계 척도-15

(1) 소개

가족관계 척도-15(Family Relations Scale-Brief Form, FRS-15)는 양옥경이 2001년에 개발한 가족관계 척도를 축약한 것으로써, 가족의 정서적 유대관계 및 상호존중 관계의 질을 측정한다. 가족관계 척도-15(FRS-15)는 2001년에 개발한 가족관계 척도에서 인정책임영역을 제외하고, 정서친밀영역과 수용존중영역의 하위 요인으로 구성된 15개 문항이며, Likert 5점 척도이다(양옥경, 김연수, 2007).

(2) 척도구성 및 표준화

FRS-15는 정서친밀영역 10개 문항과 수용존중영역 5개 문항으로 구성되어 있다. 정서친밀영역은 가족원 간의 정서적 친밀성, 지지 및 격려, 여가시간 공유, 상호간 도움요청하기 및 협력적인 문제해결 등 가족원 상호간의 친밀한 관계를 측정하기 위한 문항들로 구성되어 있으며, 수용존중영역은 가족원 상호간의 감정과 서로 다른 의견에 대한 존중, 있는 그대로를 인정함, 각자 자신의 행동에 대해 책임을 짐 등과 관련된 내용들로 이루어져 있다. 척도의 신뢰도는 내적일치도 Cronbach's α=.92이다. FRS-15는 성별과 소득에 따른 변별력이 높았고, 높은 타당도를 보인다.

(3) 척도문항

다음 문항을 잘 읽고, 당신 가족을 잘 기술하고 있는 곳에 ∨표 해 주십시오.				
전혀 그렇지 않다	별로 그렇지 않다	종종 그렇다	자주 그렇다	항상 그렇다
1	2	3	4	5

1. 우리 가족은 가족끼리 대화가 잘 된다.
2. 우리 가족은 문제를 함께 잘 해결하려고 노력한다.
3. 우리 가족은 서로에 대해 잘 알고 있다.
4. 우리 가족은 각자의 감정에 대해 가족들에게 마음을 열고 허심탄회하게 이야기한다.
5. 우리 가족은 도움이 필요할 때, 언제든지 서로 도움을 청할 수 있다.
6. 우리 가족은 여가시간을 함께 보내기를 좋아한다.
7. 우리 가족은 서로 친밀하게 느낀다.
8. 우리 가족은 서로 솔직하고 정직하다.
9. 우리 가족은 서로 지지해주고 격려해준다.
10. 우리 가족은 서로에게 생각과 느낌을 표현할 수 있다.
11. 가족의 일을 계획할 때, 우리 가족 모두에게 발언권이 있다.
12. 우리 가족은 서로를 있는 그대로 인정한다.
13. 우리 가족은 각각 자신의 행동에 책임을 진다.
14. 우리 가족은 가족들 간의 서로 다른 의견을 존중한다.
15. 우리 가족은 서로의 감정을 존중한다.

(4) 출처

양옥경, 김연수(2007). 『축약형 가족관계 척도』 구성과 타당도 연구. 한국가족관계학회지, 12(2), 103-129.

13) 원가족 척도

(1) 소개

원가족 척도(the Family-of-Origin Scale-55: FOS-55)는 최현미(1997)가 호베스타트(Hovestadt) 외(1985)가 원가족의 정서성에 대한 인식을 측정하기 위해 개발한 Family of Origin Scale(FOS)을 문화적 차이를 비롯한 한국 가족의 정서에 적합하도록 수정한 척도이다. 원래 원가족 척도(FOS-55)는 10개 요인 70개 문항으로 구성되어 있으나, 최현미(1997)가 가족공동체 의식이 강한 한국 정서를 고려하여 55개 문항으로 수정한 도구이다. FOS-55는 개인이 원가족의 정서적인 건강을 스스로 어떻게 인식하고 있는지, 원가족에 대한 전반적인 태도가 어떠한지를 측정하는 도구로, 개인이 원가족의 경험을 돌이켜볼 수 있으며 동시에 부분적 혹은 전체적인 가족분위기에 대한 정보를 얻을 수 있기 때문에, 부부상담, 예방교육 프로그램, 치료적 개입에서 활용도가 높다. FOS-55는 8개 하위요인으로 구성되어 있으며, Likert 5점 척도이다. 따라서 전체 및 각 하위요인의 총점이 높을수록 원가족의 정서적 건강성을 높게 지각한다고 할 수 있다.

(2) 척도구성 및 표준화

FOS-55는 가족의 전반적인 건강성, 갈등해소, 분리와 상실의 수용, 다른 가족원에 대한 허용성, 가족의 화목, 확대가족 내의 독립성, 공동체 의식 및 가족의 공평성을 측정하기 위한 8개 하위요인으로 구성되어 있다. 전체 척도의 신뢰도는 내적일치도 Cronbach's α=.95이며, 하위요인의 내적일치도는 .64에서 .92이다(최현미, 1997).

(3) 척도문항

다음은 당신의 원가족에 관한 질문입니다. 원가족이란 자신이 성장해 온 가족을 의미합니다. 친가족이 없었다면, 원가족을 대신한 성장 가족을 생각하시면 됩니다. 당신의 원가족에 대한 기억을 되살리셔서, 당신이 동의하시는 정도를 오른편의 해당란에 ∨표 해 주십시오.

전혀 동의 안함	대체로 동의 안함	그저 그렇다	대체로 동의	전적으로 동의
1	2	3	4	5

1. 우리 가정의 분위기는 즐겁지 못할 때가 많았다.
2. 우리 가족은 새로운 친구와의 교제를 장려했다.
3. 우리 가족은 자신의 실수에 대해 핑계를 댈 때가 많았다.
4. 우리 부모는 가족이 서로의 얘기를 잘 듣도록 가르치셨다.
5. 우리 가정의 갈등은 결코 해결되지 못하였다.
6. 친척이나 친지가 죽었을 때, 우리 가족은 슬픔을 같이 얘기했다.
7. 우리 부모는 당신이 잘못한 경우에 잘못을 터놓고 인정하셨다.
8. 우리 가정에서는 내가 갖고 있는 어떠한 감정도 표현할 수 있었다.
9. 우리 가정의 갈등을 해결하는 것은 매우 고통스러웠다.
10. 우리 가족은 서로 다른 사고방식이나 생활방식을 존중했다.
11. 우리 부모는 내가 나의 견해를 터놓고 표현하도록 격려하셨다.
12. 우리 가정에서 내 태도나 감정은 자주 무시당하거나 비난을 받았다.
13. 우리 가족은 자신이 한 행동에 대해 책임을 거의 인정하지 않았다.
14. 가족 앞에서 나의 의견을 표현하는 것을 자유롭게 느꼈다.
15. 친척이나 친지가 죽었을 때, 우리 가족은 슬픔에 대해 전혀 언급하지 않았다.
16. 우리 가정에서 내가 아무 말을 하지 않아도 가족들이 나를 이해하고 있다고 느낄 때가 있었다.
17. 우리 가정의 분위기는 차갑고 부정적이었다.
18. 우리 가족은 서로의 견해에 수용적이지 못하였다.
19. 친지가 멀리 이사했을 때, 우리 가족은 슬픈 감정을 얘기하지 않았다.
20. 우리 가정에서 나는 사람들을 경계하라고 배웠다.
21. 나는 우리 가정 내에서 갈등을 말할 수 있고 해결할 수 있다고 느꼈다.
22. 가족 앞에서 나의 의견을 표현하는 것이 어려웠다.
23. 우리 가정에서는 식사시간이 대개는 정겹고 즐거웠다.
24. 우리 가정에서는 아무도 다른 가족원의 감정을 배려하지 않았다.
25. 우리는 가정의 갈등을 해결할 때가 많았다.
26. 우리 가정에서는 몇몇 특정한 감정을 표현하는 것이 허락되지 않았다.
27. 우리 가족은 사람들이 우리를 이용한다고 믿었다.
28. 우리 가정에서 나의 생각과 느낌을 표현하는 것이 쉬웠다.
29. 우리 가족은 서로의 감정을 잘 헤아려 주는 때가 많았다.
30. 친지가 멀리 이사를 했을 때, 우리 가족은 상실감을 같이 나누었다.
31. 우리 부모는 우리가 당신들과 다른 견해를 표현하는 것을 용납하지 않으셨다.

32. 우리 가정에서는 감정을 표현하는 것이 아니라는 불문율이 있었다.
33. 나는 우리 가족을 따스하고 지지적이었던 것으로 기억한다.
34. 우리 부모는 우리를 공평하게 대하셨다.
35. 우리 부모는 자녀 양육방법에 대해 부부 사이의 의견이 일치하셨다.
36. 우리 가족은 가족원 한두 사람 때문에 편안하지 못했다.
37. 우리 가족은 외가의 도움을 많이 받아야 했다.
38. 우리 가족은 서로의 일에 지나치게 간섭을 많이 했다.
39. 우리는 조부모와 부모의 말씀을 공경했다.
40. 우리 가족은 친척에게 경제적으로 신세를 많이 졌다.
41. 우리 조부모와 부모는 서로의 역할에 만족하셨다.
42. 우리 친척들은 어려운 상황에 처했을 때, 서로 도와주려고 노력했다.
43. 나의 가장 가까운 의논 상대는 가족이었다.
44. 우리 가족은 조부모와 부모의 갈등으로 인해 늘 불안했다.
45. 우리는 부모 사이의 의견 차이가 있을 때, 중간에서 매우 힘들었다.
46. 우리는 가정에서 부모를 도와드렸다.
47. 우리 가족은 한 가족원의 성공을 위해 다른 가족원의 희생을 강요했다.
48. 우리 집안에는 두려운 사람이 있어 늘 불안했다.
49. 우리 집안에는 비밀이 많았다.
50. 우리 가족은 친척은 우리를 괴롭힐 뿐이라고 믿었다.
51. 우리 조부모와 부모는 우리가 집안에 대해 자긍심을 갖도록 가르치셨다.
52. 우리 가족은 모두 이기적이었다.
53. 우리 가족은 서로의 비밀까지도 얘기할 수 있었다.
54. 나는 가정 내의 내 역할에 만족하지 못했다.
55. 우리 가족은 남성의 의견에 비해 여성의 의견을 무시했다.

(4) 출처

김태희(2007). 기혼 남녀의 관계적 자기: 원가족의 정서적 건강과 가족분화수준에 따른 비교. 이화여자대학교 석사학위논문.

14) 원가족 분화경험 척도

(1) 소개

원가족 분화경험 척도는 원가족의 분화경험을 측정하기 위해서 전연진(2002)이 개발한 척도이다. 이 척도는 한 개인이 결혼, 공부, 취직 등의 이유로 원가족으로부터 독립하기 이전에 독립에 관하여 부모와 어떠한 정서적 관계를 경험하였는가를 알아보기 위한 자기보고식 질문지이다. 원가족 분화경험 척도는 3개의 하위요인으로 구성되어 있으며, 총 26개 문항 Likert 5점 척도이다.

(2) 척도구성 및 표준화

원가족 분화경험 척도는 정서적 단절 12개 문항, 삼각관계 7개 문항, 정서적 분리 7개 문항의 3개 하위요인으로 구성되어 있으며, 총 26개 문항이다. 정서적 단절은 한 개인이 자신의 원가족에서 미해결된 정서적 애착을 해결하려 하지 않고 물리적 거리를 두어 회피하려는 것에 관한 내용이며, 삼각관계는 특별한 형태의 세 사람 간 관계를 의미하는 것으로 가족에서는 부부간의 긴장이 발생하면 긴장을 해소, 완화시키기 위해 부부 중 한 명이 자신들의 문제에 자녀를 끌어들이는 것을 의미한다. 정서적 분리는 한 개인이 원가족으로부터 건강하게 정서적 분리를 경험하고 있는지를 측정한다. 아버지와 어머니에 대한 원가족 분화경험 척도의 신뢰도는 내적일치도 Cronbach's α=.86, 85이고, 하위영역별로는 정서적 단절 영역 아버지, 어머니 모두 .93, 삼각관계 영역 아버지 .87, 어머니 .81, 정서적 분리영역 아버지 .82, 어머니 .81이다.

(3) 척도문항

다음은 당신이 자랄 때(예를 들어 결혼, 공부, 취직, 입대로 집에서 독립하기 전) 아버지(어머니)에 대해 느꼈거나 생각했던 바를 알고자 하는 문항입니다. 그때를 떠올리시면서 당시 당신이 아버지(어머니)에 대해 가졌던 느낌과 생각을 가장 잘 나타내주는 칸에 ∨표 해 주십시오.

전혀 그렇지 않다	별로 그렇지 않다	보통이다	조금 그렇다	매우 그렇다
1	2	3	4	5

1. 나는 아버지(어머니)와 함께 있어도 남 같은 생각이 들 때가 있었다.
2. 나는 아버지(어머니)에게 항상 고마운 마음이 들었다.
3. 부모님끼리 싸우면, 아버지(어머니)는 그 문제를 내가 해결해 주기를 은근히 바라셨다.
4. 나는 어릴 때, 아버지(어머니) 때문에 차라리 다른 집에서 태어났으면 하는 생각을 하곤 했다.
5. 나와 아버지(어머니)는 서로 가깝게 지냈었다.
6. 부모님끼리 싸우면, 아버지(어머니)는 내가 자신의 편을 들어주기를 바라셨다.
7. 나는 아버지(어머니)와 자주 다투기보다는 안 보는 것이 상책이라 생각했다.
8. 나는 아버지(어머니)와 의견이 달라도 항상 그분을 존경했다.
9. 부모님끼리 싸우면, 아버지(어머니)는 나에게 동정을 구하곤 하셨다.
10. 나는 아버지(어머니)와 별로 대화를 나누고 싶지 않았다.
11. 나는 바깥에서 일어난 일에 대해 아버지(어머니)와 잘 상의하였다.
12. 부모님끼리 싸우면 아버지(어머니)는 나에게 어머니(아버지)에 대한 불평을 털어놓곤 하셨다.
13. 나는 아버지(어머니) 슬하에서 하루 빨리 독립했으면 하는 생각이 들곤 했다.
14. 나는 아버지(어머니)의 사생활을 존중하였다.
15. 아버지(어머니)는 어머니(아버지)와 다투거나 싸우고 나서는 나 때문이라고 말씀하시곤 하셨다.
16. 나는 자라면서 아버지(어머니) 때문에, 집을 나가고 싶은 충동을 많이 느꼈었다.
17. 나는 보통 화를 내지 않고도 아버지(어머니)의 의견에 반대할 수 있었다.
18. 아버지(어머니)는 어머니(아버지)와 싸우실 때,
    나에게 선물이나 특권을 주면서 자기편이 되길 바라셨다.
19. 내가 어릴 때, 우리 집보다 더 편한 느낌을 주는 집이 있었다.
20. 나는 아버지(어머니)가 나를 정말로 사랑하는 마음이 있는지 의심할 때가 있었다.
21. 나는 아버지(어머니)와 의견차이가 있어도 기분이 상하지 않았다.
22. 나는 아버지(어머니)가 싫어서 빨리 결혼하여 새 출발을 하고 싶어 했다.
23. 나는 나의 아버지(어머니)가 다른 모습의 아버지였으면 하고 바란 적이 있었다.
24. 아버지(어머니)는 나 때문에 어머니와 싸우셨다.
25. 나는 아버지(어머니)와 떨어져 살면 대단히 편하리라 생각했다.
26. 나는 아버지(어머니) 때문에, 집에 있어도 외로움을 느꼈다.

(4) 출처

전연진(2002). 삼세대 가족관계 경험과 아동의 스트레스 대처행동이 아동의 행동문제에 미치는 영향. 연세대학교 박사학위논문.

15) 부모-자녀 의사소통 척도

(1) 소개

부모-자녀 의사소통 척도(Parent-Adolescent Communication Scale, PACS)는 반과 올슨(Barns & Olson, 1982)이 개발하였고, 부모와 자녀 간의 의사소통의 기능 정도를 알아보기 위한 척도이다. 부모-자녀 의사소통 척도(PACS)는 Likert 5점 척도로 총 20개 문항으로 부모용과 자녀용으로 구분된다.

(2) 척도구성 및 표준화

표 35 척도구성과 신뢰도

하위요인	문항수	내용	문항번호	신뢰도
개방형 의사소통	10개	상호작용에서 억압을 느끼지 않고 자유로운 감정 하에 사실적으로 표현할 수 있는 긍정적인 면을 측정	1,3,6,7,8,9,13,14,16,17	.78
문제형 의사소통	10개	의사교환에 있어서 주저하는 부정적인 면을 측정	2,4,5,10,11,12,15,18,19,20	.78
전체	20개			.87

PACS는 개방형 의사소통과 문제형 의사소통의 2개 하위요인으로 구성되어 있다. 점수가 높을수록 의사소통이 보다 기능적이고 긍정적인 의사소통을 하고 있음을 의미하며,

문제형 의사소통 10개 문항은 역 채점된다. PACS의 신뢰도는 내적일치도 Cronbach's α=.87이다.

(3) 척도문항

다음 문항을 잘 읽고 해당되는 곳에 ∨표 해 주십시오.				
전적으로 반대				전적으로 동의
1	2	3	4	5

〈부모용〉

1. 나는 딸(아들)에게 나의 생각을 주저하지 않고 의논한다.
2. 때때로 나는 딸(아들)이 말하는 모든 것이 믿기 어려울 때가 있다.
3. 딸(아들)은 항상 내 이야기를 주의깊게 잘 들어준다.
4. 때때로 나는 딸(아들)에게 원하는 것을 부탁하기가 어렵다.
5. 딸(아들)은 말하지 않아도 될 것을 나에게 말하곤 한다.
6. 딸(아들)은 내가 말하지 않아도 내가 어떤 기분상태인지 잘 안다.
7. 나는 딸(아들)과 대화하는 형태에 만족한다.
8. 나는 내가 힘든 일이 있을 떠, 딸(아들)과 의논한다.
9. 나는 딸(아들)에게 애정을 솔직히 표현한다.
10. 우리(딸 또는 아들과 나)에게 문제가 생겼을 때, 나는 침묵을 지킨다.
11. 나는 딸(아들)에게 말할 때, 조심스러운 편이다.
12. 나는 딸(아들)에게 말하지 않아도 될 것을 말할 때가 있다.
13. 딸(아들)은 나의 질문에 정직하게 대답해준다.
14. 딸(아들)은 나의 입장을 이해하려고 노력한다.
15. 나에게는 딸(아들)과 얘기하기를 꺼리는 화제가 있다.
16. 나는 딸(아들)과 문제를 의논하기가 쉽다.
17. 나는 딸(아들)에게 나의 모든 진실한 감정을 잘 표현한다.
18. 딸(아들)은 나에게 잔소리를 많이 한다.
19. 딸(아들)은 나에게 화를 낼 대, 모욕감을 준다.
20. 나는 어떤 것에 대한 나의 느낌을 딸(아들)에게 솔직하게 표현하기 어렵다.

〈자녀용〉 – 아버지와의 의사소통

1. 나는 아버지께 나의 생각을 주저하지 않고 의논한다.
2. 때때로 나는 아버지께서 말하는 모든 것이 믿기 어려울 때가 있다.
3. 아버지는 항상 내 이야기를 주의깊게 잘 들어준다.
4. 때때로 나는 아버지께 원하는 것을 부탁하기가 어렵다.
5. 아버지께서는 말하지 않아도 될 것을 나에게 말하곤 한다.

6. 아버지께서는 내가 말하지 않아도 내가 어떤 기분상태인지 잘 안다.
7. 나는 아버지와 대화하는 형태에 만족한다.
8. 나는 내가 힘든 일이 있을 때, 아버지와 의논한다.
9. 나는 아버지께 애정을 솔직히 표현한다.
10. 우리(아버지와 나)에게 문제가 생겼을 때, 나는 아버지께 침묵을 지킨다.
11. 나는 아버지께 말할 때, 조심스러운 편이다.
12. 나는 아버지께 말하지 않아도 될 것을 말할 때가 있다.
13. 아버지께서는 나의 질문에 정직하게 대답해준다.
14. 아버지께서는 나의 입장을 이해하려고 노력한다.
15. 나에게는 아버지께 얘기하기를 꺼리는 화제가 있다.
16. 나는 아버지와 문제를 의논하기가 쉽다.
17. 나는 아버지께 나의 모든 진실한 감정을 잘 표현한다.
18. 아버지께서는 나에게 잔소리를 많이 한다.
19. 아버지께서는 나에게 화를 낼 때, 모욕감을 준다.
20. 나는 어떤 것에 대한 나의 느낌을 아버지께 솔직하게 표현하기 어렵다.

〈자녀용〉 – 어머니와의 의사소통

1. 나는 어머니께 나의 생각을 주저하지 않고 의논한다.
2. 때때로 나는 어머니께서 말하는 모든 것이 믿기 어려울 때가 있다.
3. 어머니는 항상 내 이야기를 주의깊게 잘 들어준다.
4. 때때로 나는 어머니께 원하는 것을 부탁하기가 어렵다.
5. 어머니께서는 말하지 않아도 될 것을 나에게 말하곤 한다.
6. 어머니께서는 내가 말하지 않아도 내가 어떤 기분상태인지 잘 안다.
7. 나는 어머니와 대화하는 형태에 만족한다.
8. 나는 내가 힘든 일이 있을 때, 어머니와 의논한다.
9. 나는 어머니께 애정을 솔직히 표현한다.
10. 우리(어머니와 나)에게 문제가 생겼을 때, 나는 어머니께 침묵을 지킨다.
11. 나는 어머니께 말할 때, 조심스러운 편이다.
12. 나는 어머니께 말하지 않아도 될 것을 말할 때가 있다.
13. 어머니께서는 나의 질문에 정직하게 대답해준다.
14. 어머니께서는 나의 입장을 이해하려고 노력한다.
15. 나에게는 어머니께 얘기하기를 꺼리는 화제가 있다.
16. 나는 어머니와 문제를 의논하기가 쉽다.
17. 나는 어머니께 나의 모든 진실한 감정을 잘 표현한다.
18. 어머니께서는 나에게 잔소리를 많이 한다.
19. 어머니께서는 나에게 화를 낼 때, 모욕감을 준다.
20. 나는 어떤 것에 대한 나의 느낌을 어머니께 솔직하게 표현하기 어렵다.

(4) 출처

Barnes, H. L., & Olson, D. L. (1982). Parent-adolescent communication scale. In D. H. Olson et al. (Eds.), *Family inventories: Inventories used in a national survey of families across the family life cycle* (pp.33-48). St Paul: Family Social Science, University of Minnesota.

16) 한국사티어연구소 의사소통 유형 검사

의사소통 유형 검사는 사티어이론에 근거하여 한국사티어연구소(2006)가 제작한 의사소통 유형 검사이다. 의사소통 유형 검사는 총 40개 문항이며, 각 문항의 측정은 '예', '아니오'로 반응하고, '예'라고 반응하였을 때, 1점이 부여된다. 각 유형별 점수가 높을수록 가족이 그 유형의 의사소통을 많이 사용한다는 것을 나타낸다.

(2) 척도구성 및 표준화

표 36 척도구성과 신뢰도

하위요인	문항수	내용	문항번호	신뢰도
회유형(Placating)	8개	다른 사람과 상호작용하는 상황을 존중하지만, 자신의 진정한 감정을 존중하지 않으며, 자신의 욕구를 숨긴다.	1,6,11,16,21,26,31,36	.76
비난형(Blaming)	8개	다른 사람의 가치를 무시한 채 자신만 중요하다고 여기는 상황만 따진다.	2,7,12,17,22,27,32,37	.80
초이성형 (Super-reasoning)	8개	자신이나 다른 사람을 과소평가한다.	3,8,13,18,23,28,33,38	.62

하위요인	문항수	내용	문항번호	신뢰도
산만형(Distracting)	8개	자신뿐만 아니라 다른 사람에게도 초점을 맞추지 못하고, 상황에 대처하는 것도 매우 부적절하여 주위를 혼란스럽게 한다.	4, 9, 14, 19, 24, 29, 34, 39	.76
일치형(Congruent)	8개	자신의 개성과 독특성을 인정하고 자기를 보호하기 위해 지나치게 방어적이지 않으며, 자기 자신과 다른 사람을 사랑하고 신뢰하며 수용한다.	5, 10, 15, 20, 25, 30, 35, 40	.72
전체	40개			.75

의사소통 유형 검사는 회유형, 비난형, 초이성형, 산만형, 일치형 각각 8개 문항씩 총 40개 문항으로 구성되어 있다. 척도의 신뢰도는 내적일치도 Cronbach's α=.75이고, 각 하위유형별 내적일치도 Cronbach's α=.62에서 .80까지의 범위를 보이며, 가족치료 장면에서 많이 활용되고 있다.

(3) 척도문항

다음 중 자신의 현재 상태를 가장 잘 나타내준다고 생각하는 문항에 ∨표 해 주시기 바랍니다. 그렇다
1. 나는 상대방이 불편하게 보이면, 비위를 맞추려고 한다. 2. 나는 일이 잘못되었을 때, 자주 상대방의 탓으로 돌린다. 3. 나는 무슨 일이든 조목조목 따지는 편이다. 4. 나는 생각이 자주 바뀌고, 동시에 여러 가지 행동을 하는 편이다. 5. 나는 타인의 평가에 구애받지 않고, 내 의견을 말한다. 6. 나는 관계나 일이 잘못되었을 때, 자주 내 탓으로 돌린다. 7. 나는 다른 사람들의 의견을 무시하고, 내 의견을 주장하는 편이다. 8. 나는 이성적으로 차분하며 냉정하게 생각한다. 9. 나는 다른 사람들로부터 정신이 없거나 산만하다는 소리를 듣는다. 10. 나는 부정적인 감정도 솔직하게 표현한다. 11. 나는 지나치게 남을 의식해서 나의 생각이나 감정을 표현하는 것을 두려워한다.

12. 나는 내 의견이 받아들여지지 않으면, 화가 나서 언성을 높인다.
13. 나는 나의 견해를 분명하게 표현하기 위해 객관적인 자료를 자주 인용한다.
14. 나는 상황에 적절하지 못한 일이나 행동을 자주 하고 딴전을 피우는 편이다.
15. 나는 다른 사람이 내게 부탁을 할 때, 내가 원하지 않으면 거절한다.
16. 나는 사람들의 얼굴, 표정, 감정, 말투에 신경을 많이 쓴다.
17. 나는 타인의 결정이나 잘못을 잘 찾아내어 비판한다.
18. 나는 실수하지 않으려고 애를 쓰는 편이다.
19. 나는 곤란하거나 난처할 때는 농담이나 유머로 그 상황을 바꾸려하는 편이다.
20. 나는 나 자신에 대해 편안하게 느낀다.
21. 나는 타인을 배려하고 잘 돌보아주는 편이다.
22. 나는 명령적이고 지시적인 말투를 자주 사용하기 때문에,
    상대가 공격받았다는 느낌을 줄 때가 있다.
23. 나는 불편한 상황을 그대로 넘기지 못하고 시시비비를 따지는 편이다.
24. 나는 불편한 상황에서는 안절부절 못하거나 가만히 있지를 못한다.
25. 나는 모험하는 것을 두려워하지 않는다.
26. 나는 다른 사람들이 나를 싫어할 까 두려워서 위축되거나 불안을 느낄 때가 많다.
27. 나는 사소한 일에도 잘 흥분하거나 화를 낸다.
28. 나는 현명하고 침착하지만, 냉정하다는 말을 자주 듣는다.
29. 나는 한 주제에 집중하기보다는 화제를 자주 바꾼다.
30. 나는 다양한 경험에 개방적이다.
31. 나는 타인의 요청을 거절하지 못하는 편이다.
32. 나는 자주 근육이 긴장되고 목이 뻣뻣하며 혈압이 오르는 것을 느끼곤 한다.
33. 나는 나의 감정을 표현하는 것이 힘들고, 혼자인 느낌이 들 때가 많다.
34. 나는 분위기가 침체되거나 지루해지면 분위기를 바꾸려 한다.
35. 나는 나만의 독특한 개성을 존중한다.
36. 나는 나 자신이 가치가 없는 것 같아 우울하게 느껴질 때가 있다.
37. 나는 타인으로부터 비판적이거나 융통성이 없다는 말을 듣기도 한다.
38. 나는 목소리가 단조롭고 무표정하며 경직된 자세를 취하는 편이다.
39. 나는 불안하면 호흡이 고르지 못하고 머리가 어지러운 경험을 하기도 한다.
40. 나는 누가 나의 의견에 반대해도 감정이 상하지 않는다.

(4) 출처

김영애(2006). Satir 의사소통 훈련프로그램. 서울: 김영애가족치료연구소.

17) 이상순의 의사소통 유형 척도

(1) 소개

의사소통 유형 척도는 이상순(1998)이 사티어(1972)의 의사소통이론에 근거하여 손연주(1997)의 의사소통 유형 체크리스트, 송성자(1985)의 의사소통 유형 검사와 선행연구들을 바탕으로 회유형(placating), 비난형(blaming), 초이성형(Super-reasonable), 산만형(distracting), 일치형(congruent)의 의사소통 유형을 제작한 척도이다. 의사소통 유형 척도는 Likert 5점 척도로 총 73개 문항으로 구성되어 있다.

(2) 척도구성 및 표준화

표 37 척도구성과 신뢰도

하위요인	문항수	문항번호	신뢰도
회유형(Placating)	17개	3,6,11,14,18,21,29,33,37,40,44,51,54,62,64,66,68	.77
비난형(Blaming)	13개	7,12,15,19,41,45,48,52,55,58,63,67,71	.74
초이성형 (Super-reasonable)	11개	4,16,23,26,30,34,49,56,59,61,72	.56
산만형(Distracting)	13개	1,9,24,27,31,35,38,42,47,57,60,69,73	.72
일치형(Congruent)	19개	2,5,8,10,13,17,20,22,25,28,32,36,39,43,46,50,53,65,70	.79
전체	73개		

의사소통 유형 척도는 회유형 17개 문항, 비난형 13개 문항, 초이성형 11개 문항, 산만형 13개 문항, 일치형 19개 문항으로 총 73개 문항으로 구성되어 있다. 각 유형별 점수가 높을수록 가족이 그 유형의 의사소통을 많이 사용하는 것을 의미한다. 예비조사 100개 문항에 대하여 5명의 전문가 평정과 요인분석을 통하여 5가지 의사소통 유형에 최종 73개 문항이 산출되었다. 척도의 신뢰도는 각 하위유형별 내적일치도 Cronbach's α .56에서 .79까지의 범위를 보인다.

(3) 척도문항

다음은 귀하의 전반적인 행동, 경험 및 의견에 관한 문항입니다. 귀하의 생각을 가장 잘 설명한다고 생각하는 곳에 ∨표 해 주시기 바랍니다.

전혀 그렇지 않다	그렇지 않다	보통이다	그렇다	매우 그렇다
1	2	3	4	5

1. 아무도 나에게 관심을 가져주지 않으며 나를 걱정해 주지 않는 것 같다.
2. 내가 뜻하지 않게 어떤 일을 잘못했을 때,
   나는 나의 존재에 대해서가 아니라 나의 행동에 대해 사과한다.
3. 나는 비교적 나와 대화하는 사람의 기분을 맞추어 주려고 하는 편이다.
4. 무뚝뚝하다는 말을 듣는 편이다.
5. 다른 사람을 비판하고 평가해야 할 때,
   그 사람을 비난하는 것이 아니라 그 사람의 행위를 평가한다.
6. 친구의 주장이 나의 생각과 달라도 맞장구를 쳐주는 경향이 있다.
7. 나는 어디에서건 다른 사람에게 지는 것을 싫어한다.
8. 공과 사를 분명히 해야 한다고 생각하며 공정한 것을 좋아하는 편이다.
9. 상대방의 질문에 적절하게 반응하지 못하며 정확한 답을 회피하는 경향이 있다.
10. 남 못지않게 나도 유능하고 재미있다고 생각한다.
11. 반대 의견을 잘 말하지 않는 편이다.
12. 논쟁을 할 때, 상대방의 실수나 결점을 잘 찾아내는 편이다.
13. 의견이 불일치하는 상황에 잘 대처하는 편이다.
14. 어떤 일을 결정할 때 다른 사람의 눈치를 보는 경우가 많으며,
    쉽게 결정을 내리지 못하고 다른 사람의 의견에 따르는 편이다.
15. 학교나 가정에서 다른 사람을 지배하려고 할 때가 있으며, 명령적 · 지시적으로 대한다.
16. 논쟁을 할 때, 감정을 잘 드러내지 않는 편이다.
17. 다른 사람과 대화할 때, 별 어려움을 느끼지 않으며 사람들과의 관계에 만족하는 편이다.
18. 지나치게 겸손한 경향이 있다.
19. 힘이 있고 강한 사람으로 인정받고 싶다.
20. 나는 자신에게 만족하고 자신감을 갖고 있으며, 나에게 좋은 점이 많다고 생각한다.
21. 화가 났을 때, 화를 나게 한 원인이 있는 사람에게 표현하지 않고 혼자서 화난 감정을
    삭이는 편이다.
22. 남에게 충고하는 것을 힘들어하지 않는다.
23. 의견이 대립되는 상황에서 나의 견해를 뒷받침하기 위해 조사 자료를 인용하여 내가 옳다는 것을
    증명한다.
24. 다른 사람의 말이나 행동과 무관하게 반응하는 경우가 종종 있다.
25. 다른 사람에게 말을 할 때, 대체로 사리에 맞게 이야기하는 편이다.
26. 나 자신이나 타인이 어떤 결정을 할 때, 감정을 중요시하는 것을 허용하지 못하는 경향이 있다.
27. 어느 정도 스트레스를 받는 주제에 대하여 되도록 주의를 집중하지 않으려는 경향이 있다.

28. 상대방에게 부정적인 느낌을 갖게 되었을 때, 그 느낌을 솔직하게 잘 표현하는 편이다.
29. 다른 사람에게 화난 모습을 보여주기 싫어하며,
실제로는 기분이 나빠도 나쁘지 않은 척 하는 경향이 있다.
30. 상대방의 요청을 쉽게 거절할 수 있으며, 거절한 후 상대의 반응에 신경 쓰지 않는 편이다.
31. 생각이 자주 바뀌고, 토론하고자 하는 주제에 대하여 사람들의 관심을 분산시키는 경향이 있다.
32. 다른 사람이 나에 대하여 표현하는 긍정적인 느낌을 잘 믿고 받아들이는 편이다.
33. 나는 항상 가족이나 친구, 주위 사람들에게 잘 대해 주어야 하며,
다른 사람을 화나게 하고 싶지 않다.
34. 내가 말할 때, 듣는 사람이 말하는 내용을 이해하지 못해도 상관하지 않는 편이다.
35. 일관성 없고 상황에 맞지 않는 말을 하는 경향이 있다.
36. 나는 의사를 분명하게 밝히며 해야 할 말이 있을 때, 자신 있게 말한다.
37. 무슨 일이든지 내가 먼저 사과하는 편이다.
38. 솔직하지 못하고 무책임하며 거짓말을 하고 숨기려는 경향이 있다.
39. 새로운 상황에 대하여 모든 것을 다 아는 척 하지 않는다.
40. 어떤 행동을 할 때, 다른 사람을 지나치게 의식하는 경향이 있다.
41. 불평불만이 많은 편이다.
42. 미리 생각하지 않고 되는 대로 말하는 경향이 있다.
43. 나는 나 자신의 느낌을 잘 이해하는 편이다.
44. 상대방을 비난하거나 욕하는 말을 잘 하지 못한다.
45. 싸워서 말을 하지 않고 지내는 사람이 많은 편이다.
46. 다른 사람에게 관심이나 온정적 태도를 잘 표현하는 편이다.
47. 때로는 나 스스로가 가치 없게 여겨진다.
48. 나는 다른 사람을 두렵게 하는 경향이 있다.
49. 지나치게 합리적이며 객관적인 경향이 있다.
50. 다른 사람과 나를 비교하지 않는다.
51. 어떤 일이 잘못되어 가고 있으면 나의 책임으로 돌린다.
52. 모든 것을 아는 체하며 말을 할 때,
거드름을 피우고 현명하고 침착한 것 같이 보이려고 하는 경향이 있다.
53. 감정을 솔직하게 털어 놓는 것이 힘들지 않다.
54. 거절하는 말을 잘 못하는 편이다.
55. 윗사람이 꾸중을 하면, 성이 나서 일일이 말대꾸를 한다.
56. 우울함, 슬픔, 기쁨 등의 감정을 잘 드러내지 않는다.
57. 내가 무슨 말을 하면, 상대방이 화낼까 봐 염려된다.
58. 다른 사람이 나에게 충고하려고 하면, 나도 상대방의 결점을 반박하거나 공격한다.
59. 다른 사람에 대해 별 관심이 없으며, 그들에 대해 주목을 하지 않는다.
60. 다른 사람의 대화에 끼어들어 관심을 받으려고 하는 경우가 있다.
61. 할 수 없는 일을 못한다고 거절하는 것이 힘들지 않다.
62. 화가 나도 무조건 참는다.
63. 친구와 언쟁을 해서 모욕을 당하면, 당장 그 자리에서 골려 준다.

64. 나의 최대 장점 중의 하나는 자제력이 강하다는 것이다.
65. 나 스스로가 특별하고 소중한 존재라고 느낀다.
66. 나의 목소리는 애조를 띠며, 때로는 부드럽고 작은 편이다.
67. 나는 사람에게 지나치게 화를 내는 때가 있다.
68. 누구에게도 이성을 잃는 모습을 보이고 싶지 않다.
69. 나 자신이 쓸모없는 자로 생각된다.
70. 정직하게 '예' 혹은 '아니오'라고 말한다.
71. 나의 목소리는 딱딱하고 긴장되어 있으며 날카롭고 큰 편이다.
72. 다른 사람에게 관심이나 온정적 태도를 거의 표현하지 않는다.
73. 까다로운 일 결정하기를 귀찮아한다.

(4) 출처

이상순(1998). 심리경향에 따른 의사소통 유형 분석: Jung과 Satir의 이론을 중심으로. 부산대학교 석사학위논문.

18) 역기능적 의사소통 유형 척도

(1) 소개

고트먼(Gottman, 1994)이 개발한 역기능적 의사소통 유형 척도는 갈등상황 시 부부관계에서 나타날 수 있는 비난, 경멸, 방어 등의 역기능적인 의사소통을 측정하기 위해 개발되었다. 역기능적 의사소통 유형 척도는 Likert 5점 척도로 총 38개 문항으로 구성되어 있으며, 남편과 아내 각각의 의사소통 유형을 따로 계산한다.

(2) 척도구성 및 표준화

표 38 척도구성과 신뢰도

하위요인	문항수	문항번호	신뢰도
비난	9개	1,2,3,4,5,6,7,8,9	.75
경멸	12개	10,11,12,13,14,15,16,17,18,19,20,21	.90
방어	11개	22,23,24,25,26,27,28,29,30,31,32	.80
냉담	6개	33,34,35,36,37,38	.78
전체	38개		

역기능적 의사소통 유형 척도는 비난, 경멸, 방어, 냉담의 4개 하위요인으로 나뉘며, 각 하위요인별 척도의 신뢰도는 내적일치도 Cronbach's α=.75에서 .90까지이다.

(3) 척도문항

다음은 부부가 갈등상황에서 대화하는 방식에 대한 것입니다.
당신이 그 상황에서 어떻게 반응하였는지 해당하는 곳에 ∨표 해 주십시오.

전혀 그렇지 않다	그렇지 않다	보통이다	그런 편이다	매우 그렇다
1	2	3	4	5

1. 일이 잘못되면 누가 그랬는지를 아는 것이 중요하다.
2. 나는 감정이 매우 상하기 전까지는 불평을 하지 않는다.
3. 나는 구체적인 상황이나 행동보다는 전반적인 면에 대해 불평하는 편이다.
4. 나는 불평거리들을 오랫동안 쌓아둔 뒤 한꺼번에 터뜨린다.
5. 나는 불평할 때, 감정이 매우 격해진다.
6. 나는 불평할 때, 배우자의 결점을 들추어낸다.
7. 한번 불평하게 되면, 아무도 나를 멈추게 할 수 없다.
8. 내가 문제를 제기하는 이유는 내가 옳다는 것을 보여주기 위해서이다.
9. 나는 불평할 때, '당신은 항상', '당신은 절대로'와 같은 말을 자주 한다.
10. 배우자의 자질이 의심스러울 때가 있다.
11. 나는 종종 배우자의 기를 꺾는 말을 한다.

12. 배우자가 거만할 때가 있다.
13. 배우자가 잘난 척한다.
14. 배우자가 너무 고집이 세서 타협이 안된다.
15. 의견이 서로 다를 때, 나는 배우자의 입장을 생각하기 어렵다.
16. 나는 배우자를 존중하는 마음이 없어질 때가 있다.
17. 나는 배우자의 태도에 대해 혐오를 느낄 때가 많다.
18. 배우자가 어리석을 때가 있다.
19. 배우자가 유능하지 못할 때, 나는 한심하다는 생각이 든다.
20. 배우자가 이기적일 때가 있다.
21. 배우자가 나를 헐뜯을 때, 나는 앙갚음할 방법을 생각한다.
22. 일이 잘못되었을 때, 나에게는 그다지 책임이 없다.
23. 비난을 피하기 위해서 문제에 대한 이유와 과정을 설명해야만 한다.
24. 배우자가 지나치게 부정적인 태도를 가지고 있다.
25. 배우자가 예민해서 마음의 상처를 쉽게 받는다.
26. 배우자의 불편 중에 맞는 말도 있지만, 모두 맞는 건 아니다.
27. 배우자가 불평하면, 나는 죄가 없다는 생각이 든다.
28. 배우자가 불평하면, 나는 이것을 물리쳐야 한다는 생각이 든다.
29. 배우자가 불평하면, 내 자신을 방어할 방법을 찾게 된다.
30. 배우자가 불평하면, 내 입장을 다시 설명하려고 한다.
31. 배우자가 내 입장을 진정으로 이해한다면, 그런 불평은 하지 않을 것이다.
32. 배우자는 나를 비난하려고만 한다.
33. 배우자가 너무 고집이 세서 타협이 안된다.
34. 내 감정이 폭발했을 때, 나를 혼자있게 놔두었으면 좋겠다.
35. 배우자가 화났을 때, 가만히 있는 것이 상책이다.
36. 배우자와의 사소한 말다툼이 큰 싸움으로 번져 당혹스러울 때가 있다.
37. 배우자의 감정이 격해지면, 그 자리를 피하는 것이 상책이다.
38. 우리가 싸울 때, 내가 이런 대접을 받을 이유가 없다는 생각이 든다.

(4) 출처

김수연, 김득성(2001). 부부폭력과 결혼불안정성의 관계. 한국가정관리학회지, 19(1), 53-62.

참고문헌

강혜숙 (2003). 결혼초기 부부의 결혼만족도와 안정성에 관련된 요인. 충북대학교 석사학위논문.

곽금주 (2002). **아동 심리평가와 검사**. 서울: 학지사.

권정혜, 채규만 (1998). 한국판 결혼만족도 검사의 표준화 및 타당화 연구. **한국심리학회지: 임상, 18**(1), 123-139.

김나미 (2009). 결혼준비평가 한국판 PREPARE 검사의 요인구조 분석 및 타당화 연구. 연세대학교 박사학위논문.

김덕일, 박재우, 송원영, 이지연 (2009). 한국판 ENRICH 결혼만족 검사의 타당화 연구. **한국기독교상담학회지, 11**, 11-34.

김득성 (1986). Spanier의 결혼적응 척도에 관한 연구 (I). **부산대학교 가정대학 연구보고, 12**, 55-73.

김미옥 (2000). 가족체계 진단 척도로서의 동적가족화(KFD) 타당성 연구. 영남대학교 박사학위논문.

김선희 (2009). 여성결혼이민자의 생활실태 및 결혼행복감 결정요인에 관한 연구. 한서대학교 석사학위논문.

김수연 (1998). 家族査定 척도 개발과 타당도 검증: 순환모델 척도의 재구성. 부산대학교 박사학위논문.

김영옥 (1999). 우리나라 여대생의 배우자선택 및 결혼관에 관한 조사연구. **한국생활과학회지, 8**(1), 29-44.

김유숙 (2002). **가족치료: 이론과 실제**. 서울: 학지사.

김유숙 (2006). **가족상담**. 서울: 학지사.

김유숙, 전영주, 김수연 (2003). **가족평가 핸드북**. 서울:학지사.

김윤희 (1990). 부부관계 · 부모-자녀의사소통 · 가족기능과 청소년자녀 비행관의 관계연구. 숙명여자대학교 박사학위논문.

김은진 (1995). 홀로된 노인의 재혼연구. 한양대학교 석사학위논문.

김혜선, 신수아 (2002). 결혼준비도 척도 개발 연구: 기혼 남 · 녀를 중심으로. **대한가정학회지, 40**(3), 41-53.

김희자 (2016). 결혼이주여성의 사회적 지지와 자아존중감이 결혼행복감에 미치는 영향. 세한

대학교 석사학위논문.
남순현 (2012). **보웬가족치료를 위한 짧은 이론서**. 서울: 시그마프레스.
남순현, 전영주, 황영훈 (2005). **보웬의 가족치료이론**. 서울: 학지사.
남순현, 황영훈 (2007). **가계도 분석을 통해 본 세계 유명인의 가족비밀**. 서울: 학지사.
박영숙 (2021). **전문가를 위한 새로운 심리평가의 실제**. 서울: 하나의학사.
박찬미 (1987). 도시주부의 결혼만족도와 이혼태도에 관한 연구. 한양대학교 석사학위논문.
박혜숙 (1991). 정신질환자 가족과 정상 가족의 가족환경 지각정도 비교연구. 이화여자대학교 석사학위논문.
서봉연, 황상민 (1993). 서울대생의 심리사회성숙성에 관한 연구. **학생연구, 28**(1), 1-31.
송성자, 정문자 (1994). **경험적 가족치료: Satir 이론과 기법**. 서울: 중앙적성출판사.
신윤오, 조수철 (1995). 한국형 가정환경척도의 개발. **신경정신의학, 34**(1), 280-290.
안영숙 (1999). Olson의 복합순환모델을 바탕으로 한 집단상담이 심리적 독립 및 가족기능에 미치는 효과: 대학생을 중심으로. 부산대학교 석사학위논문.
안영실 (1990). 精神分裂病 患者家族과 正常家族의 家族環境 比較 分析을 통한 家族治療戰略. 부산대학교 박사학위논문.
어은주 (1991). 주관적 비교수준에 의한 결혼만족도가 관계몰입에 미치는 영향 연구: 서울시 남편과 부인들을 대상으로. 경희대학교 석사학위논문.
유가효 (1988). 子女가 知覺한 父母의 夫婦相互作用과 子女의 父母에 對한 同一視 및 子女의 結婚態度 間의 關係: 大邱市 高等學生, 大學生을 對象으로. 고려대학교 박사학위논문.
유영주 (2004). 가족강화를 위한 한국형 가족건강성 척도 개발 연구. **한국가족관계학회지, 9**(2), 119-151.
이동원 (1981). 도시가족(서울)에 관한 비교연구. **한국문화연구총론, 39**, 197-225.
이민식, 김중술 (1996). 부부 적응 척도의 표준화 예비연구. **한국심리학회지: 임상, 15**, 129-140.
이인수 (1986). 결혼만족도 척도의 타당화 연구. 경희대학교 석사학위논문.
이인수, 유영주 (1986). 결혼만족도 척도의 타당화 연구. **가정관리학회지, 4**, 1-14.
이지은 (1996). 청년기자녀가 지각한 부-모간 상호작용과 부모에 대한 애착 및 자율성이 자녀의 결혼이미지에 미치는 영향. 이화여자대학교 석사학위논문.
장혁표, 제석봉, 김정택 (1995). **가족치료**. 서울: 중앙적성출판사.
전귀연 (1997). 청소년의 적응에 대한 Beavers의 Systems 모델의 유용성. **한국가정관리학회지, 15**(1), 201-212.
전세송 (2020). 인척 부모-자녀 체계가 부부 체계의 결혼적응에 미치는 영향. *Family and Environment Research, 58*(3), 417-428.
정문자 (2003). **사티어 경험적 가족치료**. 서울: 학지사.

정유화 (2018). 미혼남녀의 가족건강성이 결혼가치관에 미치는 영향: 결혼이미지의 매개효과. 인제대학교 석사학위논문.

정채영 (1999). 문제행동아의 가족 응집성 및 적응성과 동작성 가족화 검사 반응간의 관계 연구. 연세대학교 석사학위논문.

제석봉 (1989). 자아분화와 역기능적 행동과의 관계: Bowen의 가족체계이론을 중심으로. 부산대학교 박사학위논문.

조흥식, 김인숙, 김혜란, 김혜련, 신은주 (2017). **가족복지학**. 서울: 학지사.

차명희 (1982). 이혼원인으로서의 파탄주의에 관한 고찰. 이화여자대학교 석사학위논문.

최재석 (1972). 한국가족의 연구. 고려대학교 박사학위논문.

최현미 (1997). 원가족 척도 연구: 결혼 초기 부부를 중심으로. 이화여자대학교 박사학위논문.

한남제 (1971). 가족해체의 문제점. **한국사회학, 4**, 70-90.

황아름 (2019). 남녀 고등학생의 이성교제 관계의 질이 결혼이미지, 결혼가치관과 가족관에 미치는 영향. 이화여자대학교 석사학위논문.

Anderson, S. A., & Sabatelli, R. M. (1992). The differentiation in th e family system scales : DIFS. *American Journal of Family Therapy, 20*, 89-101.

Anthony, J. E. (1970). The impact of mental and physical illness on family life. *American Journal of Psychiatry, 127*, 138-146.

Archbold, P., Stewart, B. J., Harvath, T. A., & Lucas, S. A. (1986). *New measures of concepts central to an understanding of caregiving*. Unpublished manuscript, Oregon Health Sciences University, School of Nursing.

Armsden, G. C., & Greenberg, M. T. (1987). The inventory of parent and peer attachment: Individual differences and their relationship to psychological well-being in adolescence. *Journal of Youth and Adolescence, 16*(5), 427-453.

Beavers. W. R. (1977). *Psychotherapy and growth: Family systems perspective*. NY: Brunner/Mazel.

Beavers. W. R. (1981). A systems model of family for family therapist. *Journal of Marital and Family Therapy, 7*, 299-307.

Becvar, D. S., & Becvar, R. J. (1988). *Family therapy: A systemic integration*. Boston: Allyn and Bacon.

Beavers, W. R., & Hampson, R. B. (1990). *Successful families: Assessment and intervention.* New York: W.W. Norton.

Beavers. W. R., & Hampson, R. B. (2000). The Beavers Systems Model of family functioning. *Journal of Family Therapy, 22*, 128-143.

Beavers. W. R., & Voeller, M. N. (1983). Family model: Comparing and contrasting the Olson Circumplex Model. *Family Process, 22*, 85-98.

Berg, I. K., & Miller, S. D. (1992). *Working with the problem drinker: A solution-focused approach.* W. W. Norton & Company.

Braiker, H. B., & Kelley, H. H. (1979). Conflict in the development of close relationships. In R. L. Burgess & T. L, Huston (Eds,), *Social exchange in developing relationships* (pp.135-168). New York: Academic Press.

Bray, J. H., Williamson, D. S., & Malone, P. E. (1984). Personal authority in the family system: Development of a questionnaire to measure personal authority in intergenerational family process. *Journal of Marital and Family Therapy, 10*(2), 167-178.

Burns, A. (1984). Perceived causes of marriage breakdown and conditions of life. *Journal of the Family, 46*(3), 551-562.

Burns, R. C., & Kaufman, S. H. (1972). *Actions, styles, and symbols in Kinetic Family Drawing* (K-F-D). New York: Brunner/Mazel.

Busby, D. M., Christensen, C., Crane, D. R., & Larson, J. H. (1995). A revision of the Dyadic Adjustment Scale for use with distressed and nondistressed couples: Construct hierarchy and multidimensional scales. *Journal of Marital and Family Therapy. 21*, 289-308.

Carey, M. P., Spector, I. P., Lantinga, L. J., & Krauss, D. J. (1993). Reliability of the Dyadic Adjustment Scale. *Psychological Assessment, 5*, 238-240.

Collins, D,, Jordan, C., & Coleman, H. (2010). *An introduction to family social work*(3ed.). Belmont, CAL Brooks/Cole.

De Jong, P., & Berg, I. K. (2001). *Interviewing for solutions*. Pacific Grove, CA: Brooks/Cole Publishers.

Dinning, W. D., & Berk, L. A. (1989). The Children of Alcoholics Screening Test: Relationship to sex, family environment, and social adjustment in adolescents. *Journal of Clinical Psychology, 45*(2), 335-339.

Duhl, F. J., Kantor, D., & Duhl, N. S. (1973). Learning, space and action in family therapy: a primer of sculpture. In Block, D. A. (ed.) *Techniques of family psychotherapy*. New York: Grune & Stratton.

Epstein, N. B., Baldwin, L. M., & Bishop, D. S. (1983). The McMaster family assessment device. *Journal of Marital and Family Therapy, 9*(2), 171-180.

Epstein, N. B., Bishop, D. S., & Levin, S. (1978). The McMaster model of family functioning.

Journal of Marriage and Family Counseling, 4, 19-23.

Flowers, C., Robinson, B. E., & Carroll, J. (2000). Criterion-related validity of The Marital Disaffection Scale as a measure of marital estrangement *Psychological Reports, 86*(3_part_2), 1101-1103.

Fournier, R. O. (1979) A Revised Equation for the Na/K Geothermometer. *Geothermal Resources Council, 3*, 221-224.

Fowers, B. J., & Olson, D. H. (1989). ENRICH Marital Inventory: A discriminant validity and cross-validity assessment. *Journal of Marital and Family Therapy, 13*(1), 65-79.

Frick, W. B. (1991). *Personality theories: An experimental workbook*(2nd ed.). New York: Teachers College Press.

Gottman, J., Gottman, J. M., & Silver, N. (1995). Why marriages succeed or fail: And how you can make yours last. Fireside: Simon & Schuster.

Grotevant, H. D., & Carlson, C. I. (1989). *Family assessment: A guide to methods and measures*. The Guilford Press.

Grych, J. H., Seid, M., & Fincham, F. D. (1992). Assessing marital conflict from the child's perspective: The Children's perception of interparental conflict scale. *Child Development, 63*(3), 558-572.

Hall, L. A., & Kiernan, B. S. (1992). Psychometric assessment of a measure of the quality of primary intimate relationships. *Health Values: The Journal of Health Behavior, Education & Promotion, 16*(4), 30-39.

Hampson, R. B., Beavers, W. R., & Hulgus, Y. F. (1988), Commentary: Comparing the Beavers and Circumplex models of family functioning. *Family Process, 27*, 85-92.

Hartman, A., & Laird, J. (1983). *Family-centered social work practice*. New York: Free Press.

Haskell, M. (1990). *Love and other infectious diseases*. New York: W. W. Norton.

Heaton, T. B., & Albrecht, S. L. (1991). Stable unhappy marriages. *Journal of Marriage and the Family, 53*, 747-758.

Hepworth, D. H., & Larsen, J. A. (1993). *Direct social work practice: theory and skills*. Pacific Grove, California: Brooks/Cole.

Hoffman, J. H. (1984). Psychological separation of late adolescents from their parents. *Journal of Counseling Psychology, 31*, 70-178.

Holman, A. M. (1983). *Family assessment: tools for understanding and intervention*. Beverly Hills: Sage Publications.

Hudson, W. W., Acklin, J. D., & Bartosh, J. C.(1980). Assessing discord in family relationships. *Social Work Research and Abstracts*, 21-29.

Hunsley, J., Pinsent, C., Lefebvre, M., James-Tanner, S., & Vito, D. (1995). Construct validity of the short forms of the Dyadic Adjustment Scale. *Family Relations: An Interdisciplinary Journal of Applied Family Studies, 44*(3), 231-237.

Insel, P. M., & Moos, R. H. (1974). Psychological environments: Expanding the scope of human ecology. *American Psychologist, 29*(3), 179-188.

Johnson, L. C., & Yanca, S. J. (2010). *Social work practice: A generalist approach*(10th ed.). Boston: Allyn & Bacon.

Jordan, C., & Frankin, C. (1995). *Clinical assessment for social worker*. Chicago: Lyceum Books Inc.

Jorgensen, S., & Johnson, A. C. (1980). Correlates of divorce liberality. *Journal of Marriage and the Family, 42*(3), 617-625.

Kayser, K. (1996). The Marital Disaffection Scale: An inventory for assessing emotional estrangement in marriage. *American Journal of Family Therapy, 24*(1), 83-88.

Kerr, M. E., & Bowen, M. (1988). *Family evaluation*. NY: Norton.

Kurdek, L. A. (1992). Relationship stability and relationship satisfaction in cohabiting gay and lesbian couples: A prospective longitudinal test of the contextual and interdependence models. *Journal of Social and Personal Relationships, 9*(1), 125-142.

Lavee, Y., & Olson, D. H. (1993). Seven types of marriage: Empirical typology based on ENRICH. *Journal of Marital and Family Therapy, 19*(4), 325-340.

Lewis, J. M., Beavers, W. R., Gossett, J. T., & Phillips, V. A. (1976). *No single thread: Psychological health in family systems*. New York: Brunner/Mazel.

Lewis, R. A., Filsinger, E. E., Conger, R, A., & McAvoy, P. (1981). Love relationships among heroin-involved couples: Traditional self-report and behavioral assessment. In E. E. Filsinger, & R. A. Lewis, *Assessing marriage: New behavioral approaches* Beverly Hills, CA: Sage Pub. Inc.

Manson, M. P. (1965). *California marriage readiness evaluation manual*. WPS.

Margolin, G. (1978). Relationships among marital assessment procedures. *Journal of Consulting and Clinical Psychology, 46*, 1556-1558.

Markey, B. (1998). Marriage preparation: a Catholic perspective. In H. Anderson, D. S. Browning, I. S. Evison and M. S. Van Leeuwen (eds) *The family handbook* (pp.107-110). Louisville, KY: Westminster John Knox Press.

McGoldrick, M., & Gerson, R. (1985). *Genograms in family assessment*. New York: Norton.

McGoldrick, M., Gerson, R., & Shellenberger, S. (1999). *Genograms assessment and intervention*. New York: Norton.

Minuchin, S. (1974). *Families & family therapy*. Massachusetts: Harvard University Press.

Moos, R. H. (1974). Determinants of physiological responses to symbolic stimuli: The role of the social environment. *International Journal of Psychiatry in Medicine, 5*(4), 389-399.

Moos, R. H. (1974). *The social climate scales: an overview.* Palo Alto, Calif.: Consulting Psychologists Press.

Moos, R. H. (1990). Conceptual and empirical approaches to developing family-based assessment procedures: Resolving the case of the family environment. *Family Process, 29*, 199-208.

Moos, R. H., & Moos, B. S. (1984). *Family environment scale*. Palo Alto, CA: Consulting Psychological press, Inc.

Nichols, M. P., & Schwartz, R. C. (2001). *Family therapy: concepts and methods*. Boston: Allyn and Bacon.

Olson, D. H. (1997). *PREPARE/ENRICH Program: Version 2000.* Minneapolis MN: Life Innovations.

Olson, D. H. (2011). FACES IV and the Circumplex model: Validation study. *Journal of Marital and Family Therapy, 37*(1), 64-80.

Olson, D. H., & Gorall, D. M. (2006). *FACES IV & the Circumplex Model.* Minneapolis: Life Innovations.

Olson, D, H., Fournier, D., & Drukman, J. (1982). *ENRICH*. Minneapolis: PREPARE/ENRICH.

Olson, D, H., Fournier, D., & Drukman, J. (1986). *PREPARE*. Minneapolis: PREPARE/ENRICH.

Olson, D. H., & Fowers, B. J. (1993). Five types of marriage: An empirical typology based on ENRICH. *The Family Journal, 1*, 196-207.

Papero, D. V. (1990). *Bowen family systems theory.* Boston, MA: Allyn and Bacon.

Porters, Lehman, A. J., & Brown, J. H. (1999). The Child Adjustment Inventory: Assessing transition in child divorce adjustment. *Journal of Divorce & Remarriage, 30*(1), 37-45.

Roach, A. L., Franzier, l. P., & Bowden, S. (1981). The Marital Satisfaction Scale: Development of measure for intervention research. *Journal of Marriage and the Family, 43*, 537-546.

Roosa, M. W., & Beals, J. (1990). Measurement issues in family assessment: The case of the Family Environment Scale. *Family Process, 29*(2), 191-198.

Rosenthal, L. (1987). *Resolving resistance in group psychotherapy*. Jason Aronson.

Russell, C. S. (1979). Circumplex model of marital and family systems: Ⅲ. Empirical evaluation with families. *Family Process, 18*(1), 29-45.

Russell, G. (1989). Work/family patterns and couple relationships in shared caregiving families. *Social Behaviour, 4*(4), 265-283.

Saarijärvi, S. (1991). A controlled study of couple therapy in chronic low back pain patients: Effects on marital satisfaction, psychological distress and health attitudes. *Journal of Psychosomatic Research, 35*(2-3), 265-272.

Saarijärvi, S., Hyyppä, M. T., Lehtinen, V., & Alanen, E. (1990). Chronic low back pain patient and spouse. *Journal of Psychosomatic Research, 34*(1), 117-122.

Sabatelli, R. M. (1984). The Marital Comparison Level Index: A measure for assessing outcomes relative to expectations. *Journal of Marriage and the Family, 46*(3), 651-662.

Sabatelli, R. M., & Cecil-Pigo, E. F. (1985). Relational interdependence and commitment in marriage. *Journal of Marriage and the Family*, 931-937.

Sabatelli, R. M., Cecil-Pigo, E., & Pearce, J. (1982). *Marital cohesiveness and family life transitions: a social exchange perspective*. Paper presented at the annual meeting of the National Council of Family Relations, Washington, DC.

Satir, V., Banmen, J. Gerber, J., & Gomori, M. (1991). *The Satir Model: Family Therapy and Beyond*. Palo Alto, CA: Science & Behavior Books, Inc.

Schmid, K. D., Rosenthal, S. L., & Brown, E. D. (1988). A comparison of self-report measures of two family dimensions: Control and cohesion. *American Journal of Family Therapy, 16*(1), 73-77.

Schumm, W R., Anderson, S. A., Benigas, J. E., McCutchen, M. B., Griffin, C. L., Morris, J. E., & Race, G. S. (1985). Criterion-related validity of the Kansas Marital Satisfaction Scale. *Psychological Reports, 56*, 719-722,

Schumm, W. R., Paff-Bergen, L. A., Hatch, R. C., Obiorah, F. C., Copeland, J. M., Meens, L. D., & Bugaighis, M. A. (1986). Concurrent and discriminant validity of the Kansas Marital Satisfaction Scale. *Journal of Marriage and Family, 48*, 381-387.

Seed, P. (1990). *Introducing network analysis in social work*. London: Jesscia Kingsley Publishers.

Sharpley, C. F., & Cross, D. G. (1982). A psychometric evaluation of the Spanier Dyadic Adjustment Scale. *Journal of Marriage and the Family, 44*(3), 739-747.

Sheafor, B., W., Horejsi, C., R., & Horejsi, G. A. (1997). *Techniques and Guidelines for Social Work Practice*. Boston: Allyn and Bacon.

Skowron, E. A., & Friedlander, M. L. (1998). The differentiation of self inventory: Development and initial validation. *Journal of Counseling Psychology, 45*, 1-11.

Skowron, E. A., & Schmitt, T. A. (2003). Assessing interpersonal fusion: Reliability and validity of a new DSI Fusion with others subscale. *Journal of Marital and Family Therapy, 29*, 209-222.

Snyder, D. K. (1979). Multidimensional assessment of marital satisfaction. *Journal of Marriage and the Family, 41*(4), 813-823.

Snyder, D. K. (1981). *Marital Satisfaction Inventory (MSI) Manual*. Los Angeles: Western Psychological service.

Snyder, D. K. (1997). *Marital Satisfaction Inventory, Revised (MSI-R) Manual.* Los Angeles: Western Psychological service.

Spanier, G. B. (1976). *Differential roles of dysfunctional attitudes and automatic thoughts in depression: An integrated cognitive model of depression.* Unpublished doctorial dissertation. University of Queensland, Australia.

Spanier, G. B. (1976). Measuring dyadic adjustment: New scales for assessing the quality of marriage and similar dyads. *Journal of Marriage and the Family, 38*, 15-28.

Spanier. G. B., & Cole, C. L. (1976). Toward clarification and investigation of marital adjustment. *International Journal of Sociology of the Family, 6*, 121-146.

SRI Research Center, Inc. (1985). *An internal analysis of the FOCCUS attitude scale(technical report)*. Lincoln, NE: Author.

Stevensen, P., Stinnett, N., DeFrain, J., & Lee, P. A. (1982). Family commitment and marital need satisfaction. *Family Perspective, 16*(4), 157-164.

Strean, H. (1996). Psychoanalytic theory and social work treatment. In F. Turner(Eds.), *Social work treatment* (pp.523-554). New York: The Free Press.

Tiesel, J. W. (1994). *Capturing family dynamics: The reliability and validity of FACES Ⅳ.* Unpublished doctorial dissertation. Family Social Science. University of Minnesota, St. Paul, MN.

Tomm, K. (1987). Interventive interviewing. Part II. Reflexive questioning as a means to enable self-healing. *Family Process, 26*(2), 167-183.

Tomm, K. (1988). Interventive interviewing: Part III. Intending to ask lineal, circular, strategic, or reflexive questions? *Family Process, 27*(1), 1-15.

Tutty, L. M. (1995). Theoretical and practical issues in selecting a measure of family functioning. *Research on Social Work Practices, 5*, 80-106.

Watzlawick, P., Beavin, J. H., & Jackson, D. D. (1967). *Pragmatics of human communication*. New York: Norton.

Zilbach, J. J. (1968). Family development. In Marmor, J.(Ed.). *Modern psychoanalysts* (pp.335-368). New York: Basic Books.

찾아보기

ㅇ

ㅈ

저 / 자 / 소 / 개

■ 남순현

경복대학교 교양학과 교수
임상심리전문가

〈저서 및 논문〉
보웬가족치료이론(2005)
가계도 분석을 통해 본 세계 유명인의 가족비밀(2007)
보웬가족평가를 위한 가족치료 자가진단서(2009)
가족을 위로하다(2012)
보웬가족치료를 위한 짧은 이론서(2012)
다문화가족상담(2019)

가족사정 핸드북

1판 1쇄 인쇄 ― 2022년 9월 15일
1판 1쇄 발행 ― 2022년 9월 20일

저 자 - 남순현
발 행 인 - 강철원
발 행 처 - 양성원
주 소 - 경기도 파주시 검산로 173번길 29-20
전 화 - 031-946-3861(代)
팩 스 - 031-946-3864
이 메 일 - tnwpub@naver.com
홈페이지 - tnwpub.co.kr
출판등록 - 2015년 8월 31일 제 2015-000211 호

ISBN 979-11-6126-478-3

정가 24,000원